SketchUp

Pro 8.0

李薇◎编著 | 完/全/自/学/教/程

U0246753

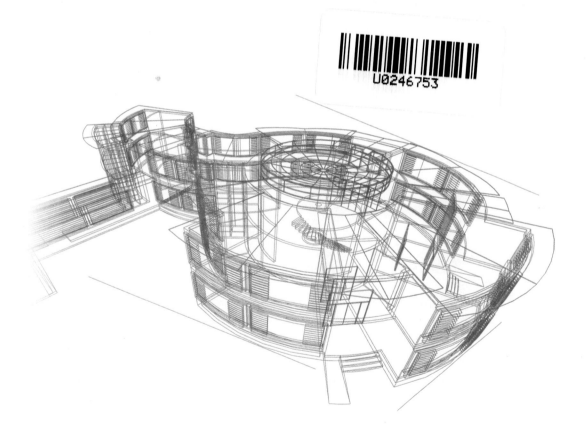

北京大学出版社
PEKING UNIVERSITY PRESS

内 容 提 要

针对零基础读者，本书系统、全面地介绍了中文版 SketchUp Pro 8.0 的基本功能及实际运用方法。全书从 SketchUp 的基本操作入手，结合大量的同步超清教学视频，手把手地教会大家 SketchUp 的建模、材质、动画与插件等方面的技术。

在教学方法方面，笔者根据多年的软件教学经验和读者学习目的的不同，独创了"双轨分层教学法"，即一本书既可以满足希望"快速入门型"的读者需要，又可以满足希望"完全掌握型"的读者需要。即为读者的不同学习目的，设计了不同的学习路线。

本书非常适合初、中级读者，尤其是零基础的读者阅读，也可以作为高等院校相关专业的学生和各类培训班的培训教材。

图书在版编目(CIP)数据

SketchUp Pro 8.0完全自学教程 / 李薇编著. — 北京：北京大学出版社，2016.11
ISBN 978-7-301-27727-0

Ⅰ.①S… Ⅱ.①李… Ⅲ.①建筑设计—计算机辅助设计—应用软件—教材 Ⅳ.①TU201.4

中国版本图书馆CIP数据核字(2016)第266081号

书　　　名	SketchUp Pro 8.0 完全自学教程
	SketchUp Pro 8.0 WANQUAN ZIXUE JIAOCHENG
著作责任者	李薇　编著
责 任 编 辑	尹毅
标 准 书 号	ISBN 978-7-301-27727-0
出 版 发 行	北京大学出版社
地　　　址	北京市海淀区成府路205 号　　100871
网　　　址	http://www.pup.cn　　新浪微博：@ 北京大学出版社
电 子 信 箱	pup7@ pup.cn
电　　　话	邮购部62752015　发行部62750672　编辑部62580653
印 刷 者	北京大学印刷厂
经 销 者	新华书店
	787毫米×1092毫米　16开本　23.25印张　549千字
	2016年11月第1版　2016年11月第1次印刷
印　　　数	1-3000册
定　　　价	88.00元

　　笔者经过多年的教学实践，发现设计类专业的学生在参加设计竞赛或者投标项目时失利，很多时候不是败在设计创意上，而是败在设计作品的表现效果上。要将新颖的创意思路淋漓尽致地表现出来，就必须苦练软件技能。学习任何一款软件，都必须动手勤练，举一反三，没有捷径。

　　选择一本好的软件教材是学好软件技能的第一步，希望我们能够在大家专业学习的道路上一路相伴。本书共 18 章，每章分别介绍一个技术版块的内容，讲解过程细腻，非常符合读者学习新知识的思维习惯。本书附带 1 张大容量的 DVD 教学光盘，内容包括本书所有实例的练习文件、效果图、贴图、场景文件、超清多媒体有声视频教学录像以及赠送读者的一些实用素材。另外，本书详细讲解了 V-Ray for SketchUp 渲染器的应用方法，向读者展示了如何运用 SketchUp Pro 8.0 结合 V-Ray for SketchUp 插件进行建筑方案设计、园林景观设计以及室内装潢设计等内容。让读者无须掌握其他 3D 软件，就能够渲染出高质量的效果图。

　　凡是购买本书的读者，都可以在"设计软件通"官网（www.sjrjt.com）的"图书专区"获得以下福利。

　　（1）赠 5GB SketchUp 常用模型，包含建筑模型、景观模型及室内模型。

　　（2）赠 V-Ray for SketchUp 7GB 材质资源，常用材质随用随取。

　　（3）赠价值 80 元的《SketchUp 交互式 / 动态组件高级教程》1080P 超清视频教程一部。

　　由于编写水平有限，书中如有疏漏之处，欢迎广大读者批评指正。如果您在学习过程中遇到问题，欢迎随时与我们联系。

　　读者 QQ 群：218192911

　　读者信箱：2751801073@qq.com

　　投稿信箱：pup7@pup.cn

目　录
Countens

第一篇　核心功能篇

第 4 章 模型的控制 57

第 5 章 图形的绘制与编辑 74

第 6 章　模型的创建与编辑 84

第 7 章　尺寸的测量与标注 94

第 8 章　群组与组件 110

第9章 材质与贴图 123

第10章 图层与大纲 140

第11章 样式与动画 148

第 12 章　文件的导入与导出 169

第二篇　拓展功能篇

第 13 章　沙盒工具 188

第 14 章　实体工具 195

第 15 章　布局工具——LayOut 3.0 201

第 16 章 插件的应用 232

第 17 章 V-Ray for SketchUp 248

第三篇　综合实例篇

第 18 章　综合实例 295

第一篇
核心功能篇

Chapter
第1章
进入 SketchUp 的世界

SketchUp 是一款极受欢迎并且易于使用的 3D 设计软件，官方网站将它比作电子设计中的"铅笔"。它的主要卖点就是使用简便，设计师可以直接在电脑上进行直观的构思，人人都可以快速上手。

1.1 为什么要学习 SketchUp

SketchUp 是目前市面上为数不多的直接面向设计过程的设计工具，它使得设计师可以直接在电脑上进行十分直观的构思，随着构思的不断清晰，细节不断增加，最终形成的模型可以直接在其他具备高级渲染能力的软件中进行最终渲染。这样，设计师可以最大限度地减少机械重复劳动和控制设计成果的准确性。

1.1.1 SketchUp 的优点

SketchUp 与其他三维软件相比，更加容易上手，能够帮助设计师快速将设计方案制作成相应的模型场景。

- 简洁直观的界面

简便易学，命令极少，完全避免了其他设计软件的复杂性，如图 1-1 所示，设计师在很短的时间内就可以掌握三维建模能力。

图　1-1

- 适用范围广阔

SketchUp 在建筑、规划、园林、景观、室内、工业设计、游戏设计等领域被广泛应用。设计过程的任何阶段都可以作为直观的三维成品，甚至可以模拟手绘草图的效果，完全解决了及时与甲方交流的问题，如图 1-2、图 1-3、图 1-4 所示。

图　1-2

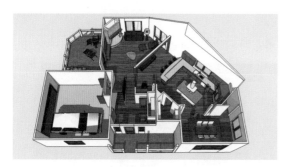

图　1-3

图　1-4

- "推拉建模"的专利功能

设计师通过一个图形就可以推拉生成 3D 几何体，无须进行复杂的参数设置，如图 1-5 所示。

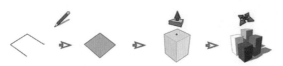

图　1-5

- 快速生成剖面

设计者可以在任意位置增加剖切面以观察建筑内部结构，再结合 LayOut 工具，便可根据 3D 模型生成 2D 图纸，在 LayOut 中添加尺寸标注及文字说明，而且图纸与模型保持动态更新，如图 1-6 所示。当然也可将图纸导入 AutoCAD 进行后续处理。

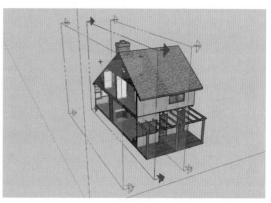

图　1-6

- 支持多种格式文件的导入与导出

可以与其他二维、三维等软件结合使用，快速接入其他软件的设计流程中，实现从方案构思到效果图与施工图绘制的完美结合，如图 1-7 所示。

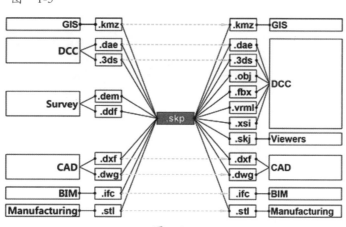

图　1-7

- 拥有世界上最大的三维模型库

很多建筑构件、室内家具、景观小品等模型无须再花时间建模,可直接下载使用,如图 1-8 所示。

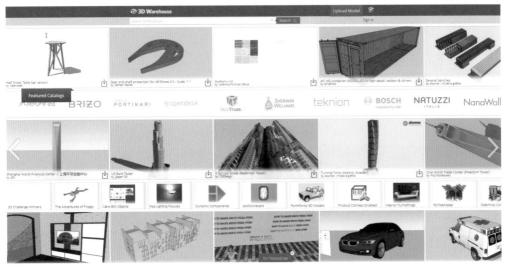

图　1-8

- 轻松制作方案说明

在制作方案时,可以将文本、演示文档、视频动画全方位结合,以表达设计师的创作思路,如图 1-9、图 1-10 所示。

图　1-9

图　1-10

- 强大而有趣的样式

SketchUp 具有一项非常强大而有趣的功能——样式，通过 "样式" 功能可以创作出草稿、线稿、透视、渲染等不同显示模式，可将手绘风格融入模型表现中，如图 1-11、图 1-12、图 1-13 所示。

图　1-11

图　1-12

图　1-13

在 SketchUp 2015 版本中标记出了"快速样式",使用"快速样式"可以提升 SketchUp 的运行速度。

● 快速获得现场资料

可直接调用街景照片、三维城市模型等资源,帮助设计师搜索更加全面的现场资料。

● 准确定位阴影和日照

设计师可以设定建筑所在的城市、时间,并可以实时分析阴影,形成阴影的演示动画。

● 便捷的尺寸标注方法

在 3D 模型中快速地进行空间尺寸的测量与标注、添加文字说明。并且无论模型的视角如何变换,SketchUp 总能使标注文字面向我们的眼睛。

1.1.2 SketchUp 的不足及解决办法

不足之一:SketchUp 提供的创建与编辑方式主要针对室内、建筑设计的应用特点,因此应用在直线结构或者简单曲面结构的创建时会发挥最大的优势,但由于其曲面编辑的工具的能力有限,在制作包含复杂曲面的模型时我们常需要采用其他一些辅助的方法。

解决办法:

(1)自行开发插件

SketchUp 包含了一个 Ruby 开发程序接口(API)。这个接口可以使熟悉 Ruby 脚本程序的用户对默认的系统功能进行相应的扩展,允许用户创建工具、菜单条目和控制生成几何图像等。

(2)使用既有插件

通过 Ruby 开发的插件有一些是可以免费下载使用的。这些插件可以弥补 SketchUp 中

缺失的复杂建模和编辑修改功能,SketchUp 常用的建模插件有 Suapp、超级维拉、贝塞尔曲线、曲面自由分隔以及路径变形等,使用插件可以快速创建复杂的模型效果,成倍提高工作效率。

(3)前期预处理

先在 AutoCAD 中绘制好轮廓线或剖面,再导入 SketchUp 中创建模型。

不足之二:SketchUp 偏重设计构思的过程表现,对于后期仿真效果图的制作相对较弱。

解决办法:

(1)利用其他三维软件,如 3ds Max、Maya 等软件来渲染效果图。

(2)利用 SketchUp 的渲染插件 V-Ray 或者 Twilight 来渲染效果图。

(3)利用 Photoshop 等专业图像处理软件对效果图进行润饰。

1.1.3 SketchUp 的主要应用领域

● 在建筑设计中的应用

SketchUp 在建筑设计中被广泛应用,它可以帮助设计师快速构建设计方案。

➤ 方案构思阶段

在这个阶段对模型的高度要求不高,可以使用 SketchUp 大致推拉出建筑体块,根据建筑功能的需求及周围环境初步确定建筑尺寸,构建建筑群的天际轮廓线,建立三维空间系统,这对于功能分区和交通流线分析有着很大的启发作用。

传统的建筑设计由于技术条件有限,建筑师考虑日照对建筑的影响时,只能依照平面上的间距,然后凭借经验或者想象,对于不规则的组合平面,其光影分析的准确性并不高。在 SketchUp 软件中,不存在布光的问题,因为

它具备强大的光影分析功能，可以用于模拟任何城市的日照效果，既准确又直观，只需要设定项目所在城市或设置经纬度，就可以模拟出一年中任意时刻的日照情况。利用这种光影特性可以准确地把握建筑的尺度，控制造型和立面的光影效果。

> 方案深化和修改阶段

这个阶段主要任务是在上一阶段确立的建筑体块的基础上进行深入，设计师要考虑好建筑风格、窗户形式、屋顶形式，丰富建筑构件、墙体构件等细部元素，使用 SketchUp 细化建筑模型。

在 SketchUp 中，用户可以在同一场景中切换不同的构思方案，在同样的视点、同样的环境条件下感受不同的建筑空间和建筑形象，比较分析不同方案的适应程度，选出更加合理的方案。

> 方案展示阶段

建筑剖面透视功能——SketchUp 强大的剖面透视功能，能按设计师的要求方便快捷地生成各种空间分析剖面图，将透视图的空间距离感和剖面提供的剖面视图结合在一起，直观准确地反映复杂空间结构。

内部空间多方位展示——在内部空间的展示中，SketchUp 提供了漫游功能，使得观察者可以动态地在虚拟建筑场景中进行漫游，让观察者可以更全面地理解和评判设计方案，检验各种空间环境给人的心理感受是否与设计者的初衷相吻合。

• 在室内设计中的应用

近年来，室内设计行业风声水起，随着室内设计行业的发展，越来越多的软件也应用到此行业中。其中，SketchUp 软件在室内设计中可以很方便地结合 CAD 平面图来创建模型，快速做出室内效果图，并且可以实时从不同角度观看三维空间效果。

• 在城市规划设计中的应用

SketchUp 在城市规划设计中，凭借其易学易用的特点，同样被广泛应用。SketchUp 既可以规划宏观的城市空间形态，也可以进行细节规划。SketchUp 的辅助建模及分析功能可以提高设计师规划的科学性与合理性，目前被广泛应用于控制性详细规划、城市设计、修建性详细设计以及概念性规划等不同规划类型项目中。

• 在园林景观设计中的应用

因为 SketchUp 在构建地形高差等方面可以快速生成直观效果，而且有丰富的景观素材库，如水景、植物、街具、照明等小品模型，以及强大的贴图材质库，让 SketchUp 在园林景观设计方面也大受欢迎。

1.1.4　SketchUp 的其他应用领域

• 在工业设计中的应用

SketchUp 在产品草图设计、橱窗和展示设计中也被大量应用。

• 在游戏动漫中的应用

在游戏动漫中，SketchUp 可以被用来创建游戏场景以及游戏角色的低模。

1.2　如何快速成为 SketchUp 达人

本书使用独创的双轨分层教学法，既可以满足"快速入门型"读者的需求，也可以满足"完全掌握型"读者的需求，以帮助读者快速成为 SketchUp 达人。

1.2.1　新手常见问题

新手在学习 SketchUp 的过程中会遇到一些常见的问题，笔者结合自己的使用体会，在这里一一为大家解答。

问：SketchUp 哪个版本最好？

答：目前为止，SketchUp Pro 8.0（以后在本书中简称为 SketchUp 8.0）仍是最经典的版本，SketchUp 每年都会推出新的版本。笔者认为新版本确实会增加一些功能，但多年来功能变化不大，另外新版本在稳定性和与插件的兼容性上会有所欠缺，所以，现在 SketchUp 8.0 仍然是被最广泛应用的版本。而且，由于 SketchUp 8.0 被行业使用的时间最长，所以可以比较方便地获取各种插件及学习资源。SketchUp 8.0 目前主要的短板在于结合 V-Ray 渲染时，渲染效率稍逊于较新的版本。对于想了解 SketchUp 新版本的同学，可以登录"设计软件通"官网，下载讲解 SketchUp 新版本的更多视频教程。

问：SketchUp Pro（专业版）和 SketchUp Make（兴趣版）之间的区别？

答：SketchUp Pro（专业版）是商业收费软件，LayOut 是 SketchUp Pro 特有的功能，它能为 SketchUp 模型提供更好的细节展示、详细的文稿说明、自由的排版样式以及生成专业的施工文档。除此之外，Pro 版用户可以导出比屏幕显示像素尺寸更大的图片，可以导出 DWG、DXF、3DS、OBJ、XSI、VRML 和 FBX 等格式的文件，可以导出动画为 MOV 或 AVI 等格式的文件，可以使用沙盒工具，可以得到为期两年的 E-mail 技术支持，可以将 SketchUp 用于商业行为。SketchUp Make（兴趣版）是免费软件，不具备上面提到的这些功能，且不可以用于商业途径。初次安装 SketchUp Make，可以有 30 天试用专业版本全部的功能，试用期过后会变回兴趣版的基本功能。

问：SketchUp 与 3ds Max 有什么区别？

答：简单地说，SketchUp 主要用来表达设计构思；而 3ds Max 主要用来表现效果、氛围，是专业的效果图制作软件，并可以制作逼真的动画效果。除此之外，SketchUp 使用方法较为简单，容易上手；3ds Max 功能比较复杂，需要较长时间才能上手。

问：SketchUp 软件和 CAD 软件有什么异同？

答：CAD 更多的是画平面图，而制作立体的模型一般就用到 3ds Max 和 SketchUp 了。SketchUp 易学易用（一般会用 CAD 的上手就会用），可以非常方便地生成立体模型，方便你体验设计的空间感受，做得精细一点也可以当效果图用，但画平面图还是要用 CAD，SketchUp 无法画出精细的平面。CAD 正好相反，平面是它的长项，而立体模型做起来则有一定困难。本书在案例中将教大家 SketchUp 与 CAD 协同工作的方法，把 CAD 的平面导入 SketchUp 中，用 CAD 的平面生成立体模型，这样操作起来就很方便了。

问：SketchUp 插件是什么意思？

答：插件实质上是实现某一功能的命令集，通过对插件的使用可以一次到位获得所需效果，无须多余步骤。具体有关插件的介绍，大家可以参阅第 16 章的内容。

问：V-Ray 是什么？为什么要学 V-Ray？

答：V-Ray 是一款有名的渲染器，用来渲染模型，通过灯光、材质等参数的设定，可以渲染出逼真的效果图。V-Ray 为各种三维软件开发相关版本，V-Ray for SketchUp 就是专门为 SketchUp 开发的，因为 SketchUp 自身的渲染功能较弱，使用 V-Ray 可以弥补 SketchUp 的不足以获得优秀的效果图。

1.2.2 "快速入门型"与"完全掌握型"读者的学习路线

根据多年的软件教学经验和读者学习目的的不同,本书独创了"双轨分层教学法",即一本书既可以满足希望"快速入门型"读者的需要,也可以满足希望"完全掌握型"读者的需要。为读者不同的学习目的,设计了不同的学习路线。

本书所配视频均为超清分辨率,看起来轻松舒适!仅看视频就可以轻松快速入门,而观看视频后,加上阅读书中内容,读者就可以高效率、完全透彻地掌握 SketchUp!记住,先看视频教程,再看书,学习效率能够大幅提高!

本书共分为三个篇章,分别为核心功能篇,拓展功能篇和综合实例篇,以下为对应篇章的主要内容列表。

篇章	内容
核心功能篇	✓ SketchUp 软件应用中心的核心知识点 ✓ SketchUp 软件中最常用、最基础的功能
拓展功能篇	✓ SketchUp 软件专业版中的特有功能 ✓ 建模插件的应用 ✓ V-Ray for SketchUp 渲染插件的应用
综合实例篇	✓ 别野综合安例 ✓ 展馆综合案例 ✓ 办公楼综合案例 ✓ 商业综合体案例 ✓ 商定街入口广场景观综合案例 ✓ 室内综合实例

1.3 SketchUp 的安装与卸载

SketchUp 8.0 只有英文版本,没有简体中文版。因此,要想使用中文版的 SketchUp,首先需要安装英文版,然后再使用汉化语言包进行汉化。下面,就来学习如何安装、汉化与卸载 SketchUp。

图　1-14

1.3.1 安装与汉化 SketchUp Pro 8.0

❶ 将 SketchUp Pro 8.0 安装盘放入光驱中,双击"Google SketchUp Pro WEN 8.0.exe"文件,运行安装程序,并初始化,如图 1-14 所示。

❷ 在弹出的"SketchUp Pro 8 Setup"对话框中单击"Next"按钮,如图 1-15 所示,运行安装程序。

图 1-15

❸ 勾选 "I accept the terms in the License Agreement" 复选框，然后单击 "Next" 按钮，如图 1-16 所示。

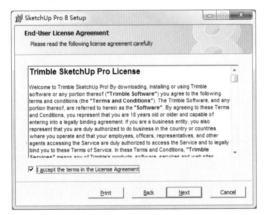

图 1-16

❹ 这里可以修改安装路径，一般保持默认即可，单击 "Next" 按钮，如图 1-17 所示。

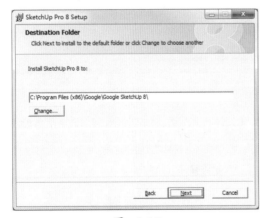

图 1-17

❺ 单击 "Install" 按钮，系统开始安装软件，如图 1-18 所示。

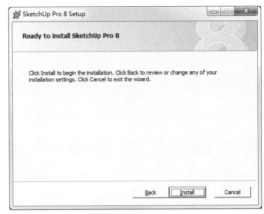

图 1-18

❻ 安装完成后，单击 "Finish" 按钮，如图 1-19、图 1-20 所示。

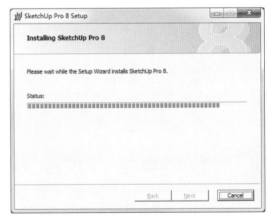

图 1-19

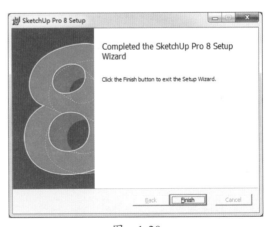

图 1-20

❼ 右键单击汉化语言包文件，选择"以管理员身份运行"命令，在弹出的"安装 Google SketchUp 8.0 Pro 汉化语言包"对话框中单击"下一步"按钮，如图 1-21 所示。

图　1-21

❽ 程序会自动监测到 SketchUp 的安装目录，单击"下一步"按钮，如图 1-22 所示。

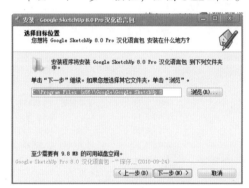

图　1-22

❾ 单击"安装"按钮，安装完毕后，单击"完成"按钮，自此就可以使用汉化后的 SketchUp Pro 8.0 软件了，如图 1-23、图 1-24 所示。

图　1-23

图　1-24

问：我的电脑运行 SketchUp 后刚画几笔就死机是怎么回事啊？

答：可以尝试打开 Auto CAD 或者 3ds Max 等软件，如果它们也死机，说明系统可能不稳定；如果它们不死机，说明 SketchUp 可能不稳定，建议卸载后重装再试。

问：为什么电脑一打开 SketchUp，CPU 就会跳到 50 % 以上，即使什么都不做也不会下来？

答：首先建议杀毒，如果没病毒的话就检查 CPU 风扇是否正常运转，转速是不是足够散去 CPU 散发的热量。如果 CPU 风扇正常运转，温度依然高，就看看是不是转向反了；如不是，就换个更大点的 CPU 风扇保证 CPU 正常工作。

1.3.2　卸载 SketchUp Pro 8.0

❶ 打开控制面板，双击"程序和功能"图标，如图 1-25 所示。

❷ 在打开的对话框中选择 SketchUp Pro 8.0 程序，接着右键单击"卸载"命令，如图 1-26 所示。

图　1-25

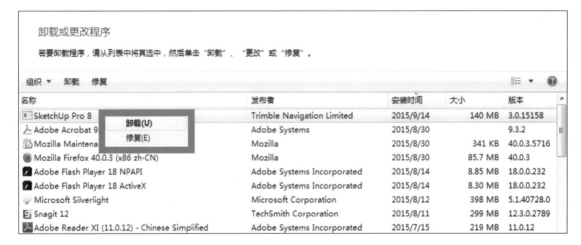

图　1-26

❸　在弹出的"程序和功能"对话框中单击"是"按钮,即可卸载 SketchUp Pro 8.0,如图 1-27 所示。

图　1-27

Chapter
第2章
玩转 SketchUp Pro 8.0 的工作界面

SketchUp Pro 8.0 的工作界面相较于其他三维软件界面是比较简洁的，本章就来为大家具体讲解其工作界面的布局、自定义工作界面的方法、如何在界面中查看模型、如何切换模型的显示方式、SketchUp Pro 8.0 的参数选项设置等众多知识点。

 本章视频教程内容

视频位置：光盘 > 第 2 章玩转 SketchUp Pro 8.0 的工作界面

序号	章节号	知识点	主要内容
1	2.1	SketchUp Pro 8.0 的向导界面	• 设置 SketchUp 的作图模板 • SketchUp Pro 8.0 向导界面简介
2	2.2	SketchUp Pro 8.0 的工作界面	• SketchUp Pro 8.0 的菜单栏、数值控制框、状态栏等界面元素的内容及用法简介
3	2.2.13	实战：自定义工具栏	• 自定义 SketchUp Pro 8.0 的工具栏内容

2.1 SketchUp Pro 8.0 的向导界面

首次运行 SketchUp Pro 8.0 时，会弹出"欢迎使用 SketchUp"的向导界面，如图 2-1 所示。在向导界面中设置了"学习""添加许可证""选择模板"和"始终在启动时显示"等功能。

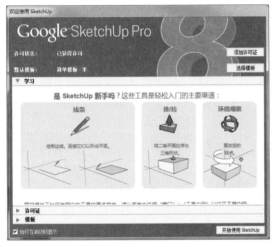

图 2-1

- 添加许可证：安装完 SketchUp Pro 8.0 后，SketchUp 默认处于试用版状态。购买 SketchUp 后，可以单击"添加许可证"按钮，输入用户名、序列号和授权号让 SketchUp 升级为专业版，如图 2-2 所示。

图 2-2

- 选择模板：单击"选择模板"按钮，会自动展开"模板"内容，单击即可选中所需模板，如图 2-3 所示。

图 2-3

- 学习：可以在此处查看 SketchUp Pro 8.0 的一些常用工具用法。

- 许可证：安装完"许可证"，可以在此处查看"许可证"的详情。包含用户名、最大用户数、使用期限等内容，如图 2-4 所示。

图 2-4

- 模板：可以在此处查看并选择 SketchUp 为用户提供的预设模板。

- 始终在启动时显示：勾选该项后，每次启动 SketchUp 都会显示该向导界面。如果不希望下次开机时显示该界面，可以将其取消勾选。

2.1.1　选择模板

若要指定文件所使用的尺寸单位，可以单击"选择模板"按钮，如图 2-5 所示。单击所需使用的尺寸单位之后，再单击"开始使用 SketchUp"按钮，即可开始使用 SketchUp 做图了。

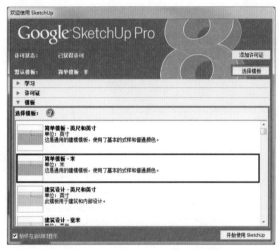

图　2-5

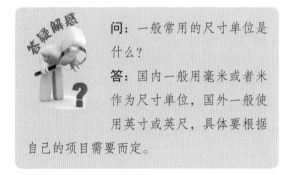

2.1.2　重显向导界面

向导界面中最常用的功能就是"选择模

板"，如果取消勾选"始终在启动时显示"复选框，再打开 SketchUp 时就不再显示向导界面了。此时，如果要重新显示向导界面以切换到其他尺寸模板，可以执行"帮助 > 欢迎使用 SketchUp"命令，如图 2-6 所示，即可重新打开向导界面。

图　2-6

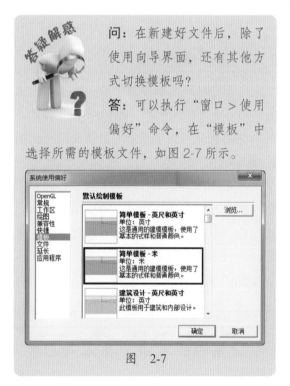

问：在新建好文件后，除了使用向导界面，还有其他方式切换模板吗？

答：可以执行"窗口 > 使用偏好"命令，在"模板"中选择所需的模板文件，如图 2-7 所示。

图　2-7

2.2　SketchUp Pro 8.0 的工作界面

SketchUp Pro 8.0 的工作界面主要由标题栏、菜单栏、工具栏、绘图区、状态栏和数值控制栏 6 个部分组成，如图 2-8 所示。其中，最常用的区域就是界面中的绘图区，本章我们就为大家——讲解有关 SketchUp Pro 8.0 工作界面的详细内容。

标题栏
菜单栏

工具栏

绘图区

状态栏
数值控制栏

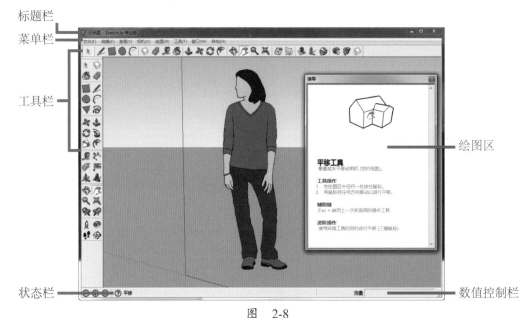

图　　2-8

2.2.1　关于图元的概念

在正式讲解工作界面之前，为了使大家能够更准确地理解菜单栏中部分命令的作用，这里先为大家介绍"图元"的概念。图元就是组成物体的基本单元，在 SketchUp 中一个三维的物体可以看作是点、线、面、组、组件的结合体，这些组成三维物体的元素，就叫作"图元"。为了便于大家理解，在本书后续章节中，笔者将把"图元"统一称为"模型"。

更多关于"组"与"组件"的内容，可以参阅第 8 章的内容。

2.2.2　标题栏

标题栏在菜单栏的上部，从左往右依次显示了当前所编辑的文件名称（如果文件名称为"无标题"，说明还没有保存此文件）、软件版本和窗口控制按钮（最小化、最大化、关闭），如图 2-9 所示。

图　　2-9

2.2.3　菜单栏：文件

菜单栏在标题栏的下方，包含了 SketchUp 所有的命令。具体包含"文件""编辑""视图""镜头""绘图""工具""窗口"和"帮助"等 8 个主菜单，如图 2-10 所示。

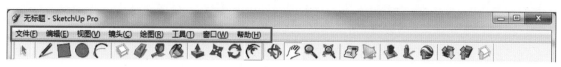

图　2-10

大家需要重点掌握"编辑""视图""镜头""绘图"和"工具"这 5 个菜单中的命令，本书后续章节会详细为大家讲解每个菜单中命令的用法，此时只需大致了解即可。

"文件"菜单中包括了新建、打开、保存、导入、导出和打印等命令，如图 2-11 所示。这里大部分命令都比较简单，稍难一些的是"导入"和"导出"命令，在第 12 章中会详细讲解 SketchUp 中文件导入与导出的相关知识。

图　2-12

图　2-11

• 新建：执行该命令，则关闭当前文件并同时创建一个空白的新文件。如果在执行该命令之前没有保存对当前文件的更改，则系统会提示保存更改。

• 打开：执行该命令，会弹出"打开"对话框，可以打开需要编辑的文件，如图 2-12 所示。如果现有文件未保存，则系统会提示用户先保存该文件。

• 保存：执行该命令，可保存当前正在编辑的文件。

• 另存为：执行该命令，可以将当前编辑的文件另行保存。

技术看板

SketchUp 不同于其他二维软件，它一次只能打开一个文件。

执行"窗口 > 使用偏好"命令，会弹出"系统使用偏好"对话框。勾选"创建备份"复选框，如图 2-13 所示。如果软件意外崩溃或文件被误删除，系统将自动备份文件，并保存在 Windows 系统的"我的文档"中或 Mac 系统的"Library/Application Support/Google SketchUp8.0/SketchUp/Autosave"文件夹下。

为了防止软件出错而丢失文件，大家还可以在"使用偏好"对话框的"常规"面板中勾选"自动保存"复选框，以使 SketchUp 在每隔一段时间就自动保存文件。软件默认为 5 分钟自动保存一次，因为 SketchUp 在保存文件时运行效率较慢，建议将自动保存时间间隔设为 15 分钟一次，以保证工作效率。

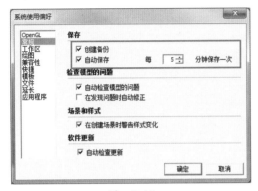

图　2-13

● 副本另存为：执行该命令，可以将正在编辑的文件再另存一份。它与"另存为"命令的区别在于，该命令不会覆盖或关闭当前文件，并且该命令只有在当前文件被保存过之后才能使用。

● 另存为模板：执行该命令，会弹出"另存为模板"对话框，如图 2-14 所示。用户可以为模板命名，单击"保存"按钮即可将文件另存为一个 SketchUp 模板。再次开启SketchUp 时，可以在向导界面中找到并使用该模板。

图　2-14

● 还原：执行该命令，可将当前文档还

原至上次保存的状态。

● 发送到 LayOut：LayOut 是 SketchUp 专业版自带的一个程序，可以帮助设计者准备文档集，传达其设计理念。执行该命令，会自动打开 LayOut，并将模型在 LayOut 中打开。

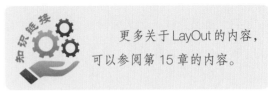
更多关于 LayOut 的内容，可以参阅第 15 章的内容。

● 在 Google 地球中预览：执行该命令，可在 Google 地球中快速查看正在编辑的模型（由于 Google 现已退出中国市场，此项功能目前无法正常使用）。

● 地理位置："地理位置"子命令包含对模型进行地理定位的 3 个子命令，如图 2-15 所示（由于 Google 现已退出中国市场，此项功能目前无法正常使用）。

图　2-15

➢ 添加位置：用于选择模型的位置。

➢ 清除位置：可从模型中删除该位置。

➢ 显示地形：可在 2D 和 3D 图像之间切换 Google 地球快照图像。

● 建筑模型制作工具：包含使用建筑模型制作工具的子命令（由于 Google 现已退出中国市场，此项功能目前无法正常使用）。

➢ 添加新建筑物：可从 SketchUp 中启动建筑模型制作工具。

● 3D 模型库：该项包含获取模型、共享模型和分享组件 3 个子命令，如图 2-16 所示（由于 Google 现已退出中国市场，此项功能目前无法正常使用）。

图　2-16

➢ 获取模型：可从 3D 模型库中下载模型。

➢ 共享模型：可将模型文件和相应的 KML 文件发布到 3D 模型库中。

➢ 分享组件：可将当前选定的组件发布到 3D 模型库。

● 导入：执行该命令，可将模型或图片导入 SketchUp 中。

● 导出：可以将模型导出为 3D 模型、二维图形、剖面或者动画，用于与他人共享或供其他应用程序使用。

在第 8 章中将详细讲解其他获取模型的方法。

更多关于模型导出的内容，可以参阅第 11 章和第 12 章的内容。

● 打印设置：执行该命令，会打开"打印设置"对话框，可以设置所需的打印设备和纸张大小等内容，如图 2-17 所示。

图　2-17

● 打印预览：执行该命令，可预览即将打印的图像。

● 打印：执行该命令，可以打印当前绘图区显示的内容。

● 生成报告：当文件在编辑过程中出现错误时，执行该命令，可将当前文件中"所有模型"或者"选中的模型"的信息生成一个 HTML 或 CSV 格式的报告，上传到 SketchUp 帮助中心，寻求解决方案（由于 Google 现已退出中国市场，此项功能目前无法正常使用）。

● 最近的文件：打开多个文件后，这里会列出最近打开的 SketchUp 文件，从此列表中选择某个文件即可打开该文件。

● 退出：执行该命令，可关闭当前文件并退出 SketchUp 应用程序。

2.2.4　菜单栏：编辑

"编辑"菜单包含的命令不仅包括剪切、复制、粘贴、隐藏，还有创建组和创建组件等，如图 2-18 所示。

还原	Alt+Backspace
重做	Ctrl+Y
剪切(T)	Shift+删除
复制(C)	Ctrl+C
粘贴(P)	Ctrl+V
原位粘贴(A)	
删除(D)	删除
删除导向器(G)	
全选(S)	Ctrl+A
全部不选(N)	Ctrl+T
隐藏(H)	
取消隐藏(E)	▶
锁定(L)	
取消锁定(K)	▶
创建组件(M)...	G
创建组(G)	
关闭组/组件(O)	
相交(I) 平面	▶
没有选择内容	▶

图　2-18

- 还原：执行该命令，可返回上一步的操作，快捷键为 Ctrl+Z 或者 Alt+Backspace。

还原命令可以撤销创建或修改模型的任何操作，但不能撤销改变视图的操作。要撤销改变视图的操作，可以使用"镜头"菜单下的"上一个"菜单项。

关于视图的介绍，可以参阅 2.2.6 小节的相关内容。

- 重做：执行该命令，可以撤销"还原"命令，快捷键为 Ctrl+Y。
- 剪切：执行该命令，可将选定的模型剪切到剪贴板，以供后续使用，快捷键为 Ctrl+X 或者 Shift+Delete。
- 复制：执行该命令，可将选定的模型复制到剪贴板，以供后续使用，快捷键为 Ctrl+C。
- 粘贴：执行该命令，可将剪贴板中的模型粘贴到当前的 SketchUp 文件中，快捷键为 Ctrl+V。
- 原位粘贴：执行该命令，可将模型粘贴到原坐标（即原来在场景中的位置坐标）。
- 删除：执行该命令，可删除当前选定的模型。
- 删除导向器：执行该命令，可删除文件中所有导向器。
- 全选：执行该命令，可选择文件中所有可被选择的模型。

使用"全选"命令不能选择隐藏的模型和使用截平面剪切掉的模型。

更多关于"截平面"的内容，可以参阅第 7 章的内容。

- 全部不选：执行该命令，可以取消对所有模型的选择。
- 隐藏：执行该命令，可以隐藏任何选定的模型。
- 取消隐藏：该命令包含图 2-19 所示的 3 个子命令。

图　2-19

➤ 选定项：可将选中的隐藏模型显示出来。

执行"视图>显示隐藏几何图形"命令，就可以查看和选择隐藏的模型了。

➤ 最后：可显示最近一次被隐藏的模型。
➤ 全部：可以显示所有被隐藏的模型。
- 锁定：执行该命令，可以锁定被选中的模型。
- 取消锁定：执行该命令，可以将被锁定模型解锁，该命令包含如下两个子菜单。
➤ 选定项：可将被选中的锁定模型解锁。
➤ 全部：可将所有的锁定模型解锁。
- 创建组件：执行该命令，可将选中的模型创建为组件。
- 创建组：执行该命令，可将选中的模

型创建为组。

● 关闭组 / 组件：执行该命令，可从组 /
组件的编辑状态中退出。

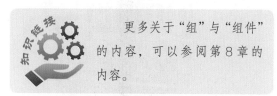

更多关于"组"与"组件"
的内容，可以参阅第 8 章的
内容。

● 相交平面："相交平面"命令包含如
下 3 个子菜单。

➢ 与模型：让所有模型与当前选定的模
型相交，创建相交线。

➢ 与选项：只让被选定的模型相交，创
建相交线。

➢ 与环境：只让当前文件中的模型相交，
创建相交线，这个命令一般很少使用。

2.2.5　菜单栏：视图

"视图"菜单包含了更改模型显示方式的
众多命令，如图 2-20 所示。

图　2-20

● 工具栏：包含了 SketchUp 中所有的工
具命令，单击勾选某个命令，即可在界面中显
示出相应的工具栏，具体包括大工具集、镜头、

构造、绘图、样式、Google、图层、度量、修改、
主要、截面、阴影、标准、视图、漫游、动态
组件和沙盒等命令，如图 2-21 所示。

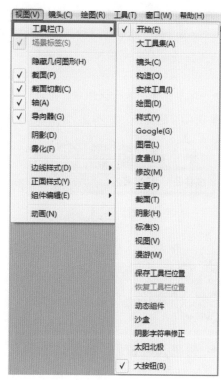

图　2-21

技术看板

"大工具集"是做图中最常用到的工
具栏，执行该命令，可以打开和关闭大工
具集的显示，如图 2-22 所示。

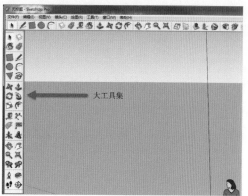

图　2-22

● 场景标签：执行该命令，可以打开 / 关闭场景选项卡的显示，如图 2-23 所示。

图　2-23

更多关于场景的内容，可以参阅第 11 章的内容。

● 隐藏几何图形：执行该命令，可以将隐藏的模型以虚线形式显示出来，效果如图 2-24 所示。

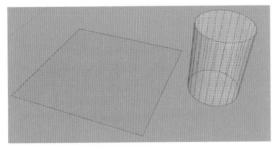

图　2-24

● 截面：执行该命令，可以打开或关闭截平面的显示。图 2-25 所示为打开截平面的效果，图 2-26 所示为关闭截平面的效果。

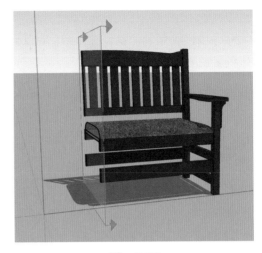

图　2-25

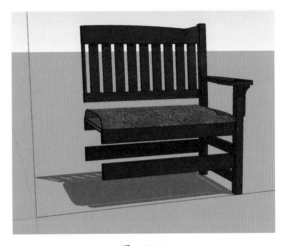

图　2-26

更多关于截平面的内容，可以参阅第 7 章的内容。

● 截面切割：执行该命令，可以打开或关闭截面切割效果的显示。图 2-27 所示为打开截面切割的效果，图 2-28 所示为关闭截面切割的效果。

图　2-27

图　2-28

更多关于"截平面"的
内容，可以参阅第 7 章的内容。

● 轴：执行该命令，可以打开或关闭绘
图轴的显示，如图 2-29 所示。

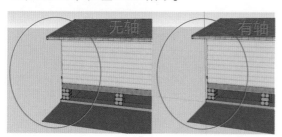

图　2-29

● 导向器：导向器又称"辅助线"，执
行该命令，可以打开或关闭导向器的显示。

● 阴影：执行该命令，可以打开阴影
的显示。图 2-30 所示为未勾选阴影的效果，
图 2-31 所示为勾选阴影后的效果。

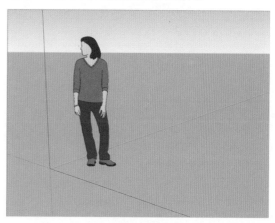

图　2-30

图　2-31

● 雾化：执行该命令，可以打开雾化效果。

更多关于雾化的内容，
可以参阅第 3 章的内容。

● 边线样式：该命令主要控制了边线的
显示方式，包含了边线、后边线等子命令，如
图 2-32 所示。

图 2-32

图 2-35

- 正面样式：该命令主要控制了面的显示方式，包含了 X 射线、线框、隐藏线等子命令，如图 2-33 所示。

图 2-33

更多关于"样式"的内容，可以参阅第 11 章的内容。

- 组件编辑：该命令包含了两个子命令，可用于改变编辑组件时的显示方式，如图 2-34 所示。

图 2-34

➢ 隐藏模型的其余部分：执行该命令，可以在编辑组件时隐藏其他模型。

➢ 隐藏类似的组件：执行该命令，可以在编辑组件时隐藏该组件的副本。

更多关于"组件"的内容，可以参阅第 8 章的内容。

- 动画：该命令包含与场景和动画相关的子命令，如图 2-35 所示。

➢ 添加场景：执行该命令，可以添加新的场景。

➢ 更新场景：执行该命令，可以更新正在编辑的场景。

➢ 删除场景：执行该命令，可以删除正在编辑的场景。

➢ 上一场景：执行该命令，可以切换到上一场景。

➢ 下一场景：执行该命令，可以切换到下一场景。

➢ 播放：执行该命令，可以播放场景动画。

➢ 设置：执行该命令，可以打开"模型信息"对话框的"动画"面板，如图 2-36 所示。

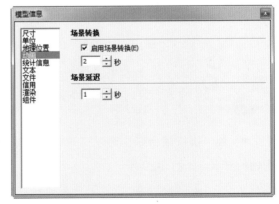

图 2-36

更多关于"场景"与"动画"的内容，可以参阅第 11 章的内容。

2.2.6　菜单栏：镜头

在 SketchUp 中所看到的模型场景，都可以理解为从某个相机的取景器中看到的画面。SketchUp 中的视角是镜头视角，代表了镜头中心点到成像平面两端所形成的夹角。而在界面中所看到的最终场景图像，就是视图，观察场景的角度不同，或者说相机的位置、朝向不同，视图也就不同。"镜头"菜单包含了用于更改视角和视图的众多命令，如图 2-37 所示。在第 3 章会详细讲解相关内容，这里大致了解即可。

图　2-37

- 上一个：执行该命令，可以返回上次使用的视图。
- 下一个：执行"上一个"命令后，执行该命令，可以返回最后使用的视图。
- 标准视图：SketchUp 提供了一些预设的"标准视图"，具体包括顶部、底部、前、后、

左、右和等轴等视图，如图 2-38 所示。

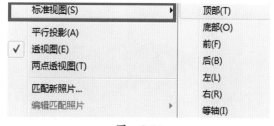

图　2-38

➢ 平行投影：执行该命令，可以进入平行投影显示模式。

➢ 透视图：执行该命令，可以进入三点透视显示模式。

➢ 两点透视图：执行该命令，可以进入两点透视显示模式。

➢ 匹配新照片：执行该命令，可以导入照片作为模型的材质贴图。

➢ 编辑匹配照片：执行该命令，可以编辑之前匹配的照片。

➢ 环绕观察：执行该命令，可以调用"环绕观察"工具，让相机环绕观察模型。

➢ 平移：执行该命令，可以调用"平移"工具，相对于视图平面，垂直或水平移动相机来观察模型。

➢ 缩放：执行该命令，可以调用"缩放"工具，放大或者缩小当前视图，调整相机与模型之间的距离和焦距。

➢ 视角：执行该命令后，按住鼠标左键在屏幕上拖动，可改变相机视角。视角越小，观看范围越窄，透视效果越弱；视角越大，观看范围越宽，透视效果越强。图 2-39 所示为视角是 15° 时的效果，图 2-40 所示为视角是 60° 时的效果。

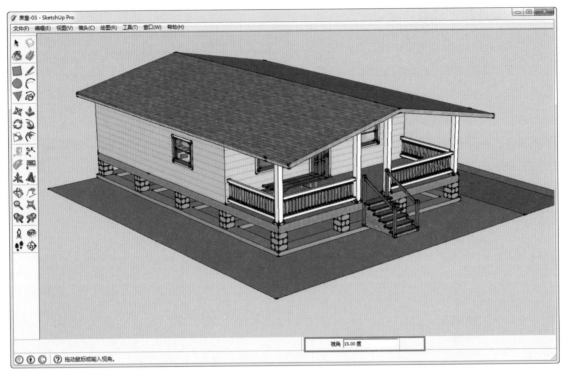

图 2-39

图 2-40

- 缩放窗口：执行该命令，可以调用"缩放窗口"工具，放大绘图区中指定区域的内容。
- 缩放范围：执行该命令，可以调用"缩放范围"工具，最大化显示场景中的所有内容。
- 缩放照片：执行该命令，可以让背景图片充满整个视图。
- 定位镜头：执行该命令，可以调用"定位镜头"工具，精确放置相机位置并控制视点高度。
- 漫游：执行该命令，可以调用"漫游"工具，让用户像散步一样观察模型。
- 正面观察：执行该命令，可以调用"正面观察"工具，以相机自身为旋转中心，旋转观察模型，就像人转动脖子四处观看。
- 冰屋图片："冰屋图片"需要与"匹配照片"草图模式搭配使用，用于为模型增添细节，一般很少被使用。

 更多关于视图操作和显示模式的内容，可以参阅第 3 章的内容。

2.2.7　菜单栏：绘图

"绘图"菜单下包含了多种绘图的工具，如线条、圆弧、徒手画等。每个菜单项对应一个绘图工具，如图 2-41 所示。

图　2-41

- 线条：执行该命令，可以启用线条工具（又称直线工具）来绘制直线、连续线段或者闭合的图形，也可以用来分割平面或修复被删除的平面。
- 圆弧：执行该命令，可以启用圆弧工具来绘制圆弧。

技术看板

圆弧实际上不是曲线，而是由连续的线段构成。

- 徒手画：执行该命令，可以启用徒手画工具，来绘制不规则的共面的连续线段。
- 矩形：执行该命令，可以启用矩形工具来绘制矩形。
- 圆：执行该命令，可以启用圆工具绘制圆形。
- 多边形：执行该命令，可以启用多边形工具，来绘制 3 ~ 100 条边的正多边形。
- 沙盒：该命令包含图 2-42 所示"根据等高线创建"和"根据网格创建"两个子命令，可以用这两个命令来创建地形。

图　2-42

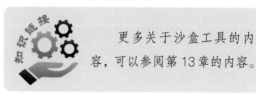 更多关于沙盒工具的内容，可以参阅第 13 章的内容。

2.2.8　菜单栏：工具

"工具"菜单包括编辑模型的常用工具，每个子命令都对应一个编辑工具，如图 2-43 所示。执行某个子命令后，就会自动切换到对应的工具。这些命令的具体使用方法，会在后面的章节进行详细讲解，这里只需大致了解即可。

选择(S)	空格
橡皮擦(E)	E
颜料桶(I)	B
✓ 移动(V)	M
旋转(T)	Q
调整大小(C)	S
推/拉(P)	P
跟随路径(F)	
偏移(O)	F
外壳	
实体工具	▸
卷尺(M)	T
量角器(O)	
轴(X)	
尺寸(D)	
文本(T)	
三维文本(3)	
截平面(N)	
互动	
沙盒	▸

图 2-43

● 选择：执行该命令，可以使用"选择工具"选择模型。

● 橡皮擦：执行该命令，可以使用"橡皮擦工具"直接删除模型或辅助线。

● 颜料桶：执行该命令，可以使用"颜料桶工具"给模型填充材质。

● 移动：执行该命令，可以使用"移动工具"移动，缩放或复制模型。

● 旋转：执行该命令，可以使用"旋转工具"旋转模型。

● 调整大小：执行该命令，可以使用"拉伸工具"缩放模型。

● 推/拉：执行该命令，可以使用"推/拉工具"对模型执行移动、挤压和添加面的操作。

● 跟随路径：执行该命令，可以使用"跟随路径工具"选择一条边线作为路径，沿此路径将图形放样成面。

● 偏移：执行该命令，可以使用"偏移工具"对平面或一组共面的线进行偏移复制，偏移复制后会产生新的平面。

● 外壳：该命令可以将多个组件合并为一个组。

● 实体工具：执行该命令，可以在组或组件间进行布尔运算，以创建更复杂的模型。

● 卷尺：执行该命令，可以使用"卷尺工具"测量两点间的距离和创建导向线。

● 量角器：执行该命令，可以使用"量角器工具"测量两条线条之间的夹角和创建导向线。

● 轴：执行该命令，可以使用"轴工具"移动坐标轴的位置。

● 尺寸：执行该命令，可以使用"尺寸工具"对模型进行尺寸标注。

● 文本：执行该命令，可以使用"文字工具"输入文字。

● 三维文本：执行该命令，可以使用"三维文本工具"创建三维文字。

● 截平面：执行该命令，可以使用"截平面工具"创建和编辑模型的剖切面。

● 互动：执行该命令，可以使用"与动态组件互动工具"与动态组件进行互动。

● 沙盒：该命令包含了 5 个子命令，分别为"曲面拉伸""曲面平整""曲面投射""添加细部""翻转边线"，主要用来编辑地形，如图 2-44 所示。

图　2-44

2.2.9　菜单栏：窗口

"窗口"菜单中的命令代表着不同的编辑器和管理器，通过这些命令可以打开相应的对话框，如图 2-45 所示。

图　2-45

- 模型信息：执行该命令，会弹出"模型信息"对话框，用于显示当前文件的基本信息，如图 2-46 所示。

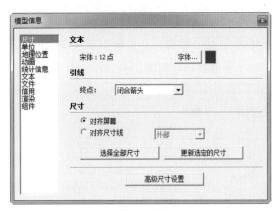

图　2-46

- 图元信息：执行该命令，会弹出"图元信息"对话框，用于显示当前选中的图元的信息。
- 材质：执行该命令，会弹出"材质"对话框。
- 组件：执行该命令，会弹出"组件"对话框。
- 样式：执行该命令，会弹出"样式"对话框。
- 图层：执行该命令，会弹出"图层"对话框。
- 大纲：执行该命令，会弹出"大纲"对话框。
- 场景：执行该命令，会弹出"场景"对话框。
- 阴影：执行该命令，会弹出"阴影设置"对话框。
- 雾化：执行该命令，会弹出"雾化"对话框。
- 照片匹配：执行该命令，会弹出"照片匹配"对话框。
- 柔化边线：执行该命令，会弹出"阴影设置"对话框。
- 工具向导：执行该命令，会弹出"工具向导"对话框。

● 使用偏好：执行该命令，会弹出"系统使用偏好"对话框，可以设置 SketchUp 中的一些基本参数，如图 2-47 所示。

图　2-47

● 隐藏对话框：执行该命令，将隐藏所有对话框。

● Ruby 控制台：执行该命令，会弹出"Ruby 控制台"对话框，用于编写 Ruby 命令。

● 组件选项：执行该命令，会弹出"组件选项"对话框，可以查看组件的介绍信息并对组件相关参数进行切换，如图 2-48 所示。

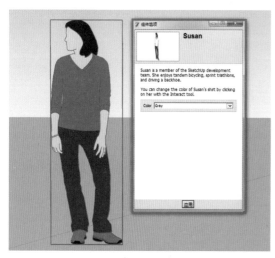

图　2-48

● 组件属性：执行该命令，会弹出"组件属性"对话框，可以设置组件的属性，包括组件的大小、名称、位置和材质等。

● 照片纹理：执行该命令，可以直接从 Google 地图上截取照片纹理，并作为材质贴图赋予模型（目前该功能在国内暂无法使用）。

2.2.10　菜单栏：帮助

通过"帮助"菜单中的命令，可以获得一些软件使用方面的帮助信息，了解软件的版本，实现更新软件，还可以打开或者关闭向导界面，如图 2-49 所示。

图　2-49

问：如何查看 SketchUp 的版本信息？

答：可以执行"帮助＞关于 SketchUp"命令，来获取软件版本信息，如图 2-50 所示。

图　2-50

问：为何执行帮助菜单下的许多命令时，网页不能正常打开？如图 2-51 所示。

答：由于 Google 已退出中国市场，造成一些功能无法正常使用。

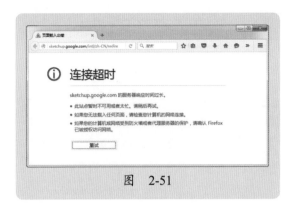

图　2-51

2.2.11　工具栏

工具栏在菜单栏的下方，包含了最常用的工具。在第一次运行 SketchUp 时，只会显示"开始"工具栏。可以执行"视图 > 工具栏"中的子命令来打开其他工具栏，如图 2-52 所示。每个工具栏及其工具的用法，会在后续的章节中进行介绍，这里只需大致了解。

● 开始："开始"工具栏是 SketchUp 的默认工具栏，只包括一些最基本的工具，如图 2-53 所示。

● 大工具集：包含 SketchUp 最常用的工具，推荐使用"大工具集"来替换"开始"工具栏，因为这里的工具更齐全，能够提高做图效率，如图 2-54 所示。

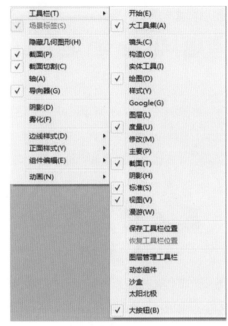

图　2-52

图　2-53

图　2-54

● 镜头：如图 2-55 所示，包括"环绕观察"工具、"平移"工具、"缩放"工具、"缩放窗口"工具、"上一个""下一个""缩放范围"工具等镜头工具，这些工具主要是来调整相机视角和观察视图。

● 构造：如图 2-56 所示，从左到右依次为"卷尺"工具、"尺寸"工具、"量角器"工具、"文本"工具、"轴"工具和"三维文本"工具，这些工具主要是来测量和标注模型的尺寸。

图　2-56

图　2-55

- 实体工具：如图 2-57 所示，从左到右依次为"外壳"工具、"相交"工具、"并集"工具、"去除"工具、"修剪"工具和"拆分"工具，这些工具主要用来对实体模型进行布尔运算，以创建更复杂的模型。

图　2-57

- 绘图：如图 2-58 所示，从左到右依次为"矩形"工具、"直线"工具、"圆"工具、"圆弧"工具、"多边形"工具和"徒手画"工具，这些工具主要是来绘制线条和形状。

图　2-58

- 样式：单击这些图标，可以切换模型的显示样式。如图 2-59 所示，从左到右分别为 X 射线、透明度、线框、隐藏线、阴影、带纹理的阴影和单色显示样式。

图　2-59

- Google："Google"工具栏上的按钮主要用于 SketchUp 和其他 Google 产品之间的协作，包括添加位置信息、上传或下载模型等功能，如图 2-60 所示（因为 Google 已退出中国市场，所以这些功能目前在国内无法正常使用）。

图　2-60

- 图层：使用该工具栏可以切换当前活动的图层和打开图层对话框，如图 2-61 所示。

图　2-61

- 度量：该工具栏默认位于界面右下角，如图 2-62 所示，在做图时可以显示和精确输入模型尺寸。例如，在使用"线条"工具时，可输入具体的直线长度。

图　2-62

- 修改：包含编辑模型的常用工具。如图 2-63 所示，从左到右依次为有"移动"工具、"推 / 拉"工具、"旋转"工具、"跟随路径"工具、"调整大小"工具和"偏移"工具。

图　2-63

- 主要：如图 2-64 所示，从左到右依次为"选择"工具、"制作组件""颜料桶"工具和"橡皮擦"工具。主要用于选择、删除模型，以及为模型填充材质等。

图　2-64

- 截面：可以使用"截面"工具栏方便地执行截面操作。如图 2-65 所示，包含截面切割创建工具和不同截平面显示方式的切换按钮。

图　2-65

- 阴影：用于控制阴影。如图 2-66 所示，不仅包含启动"阴影设置"对话框和启用 / 停用阴影效果的按钮，还包含滑块，通过滑块可以控制阴影的日期、时间等相关参数。

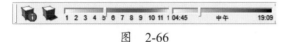

图　2-66

- 标准：如图 2-67 所示，包含帮助管理文件命令，以及打印和帮助操作命令的按钮。

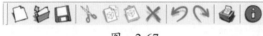

图　2-67

- 视图：如图 2-68 所示，包含 SketchUp 的标准视图按钮（等轴视图、顶视图、前视图、右视图、后视图和左视图）。

图　2-68

技术看板

"视图"工具栏中不包括底视图，要切换到底视图，可以执行"镜头 > 标准视图 > 底部"命令。

- 漫游：如图 2-69 所示，从左到右依次为包含"定位镜头"工具、"漫游"工具和"正面观察"工具，这些工具主要用于改变相机的位置与方向来观察场景。

图　2-69

- 动态组件：如图 2-70 所示，包含了与动态组件交互的工具和打开对话框的按钮。从左到右依次为"交互"工具、打开"组件选项"

对话框和"组件属性"对话框的按钮。

图　2-70

- 沙盒：该工具栏中的工具主要用于创建与编辑地形。如图 2-71 所示，从左到右依次为"根据等高线创建""根据网格创建""曲面拉伸"工具、"曲面平整"工具、"曲面投射"工具、"添加细部"工具和"翻转边线"工具。

图　2-71

- 太阳北极：该工具栏主要用来显示和调整场景的正北方向。如图 2-72 所示，从左到右依次为"切换北向箭头"工具、"设置北极"工具、"输入北角"工具。

图　2-72

- 大按钮：勾选该命令，可以让工具栏中的图标放大显示。

2.2.12　实战：自定义工具栏

第一次开启 SketchUp 以后，可以看到 SketchUp 的默认界面。默认界面使用的是"开始"工具栏，如果它不能满足做图需要或者做图习惯，则可以自定义工具栏，具体步骤如下。

❶　开启 SketchUp，可以看到图 2-73 所示的 SketchUp 默认界面。

❷　执行"视图 > 工具栏 > 开始"命令，取消勾选"开始"命令，如图 2-74 所示，这时工具栏会被关闭。

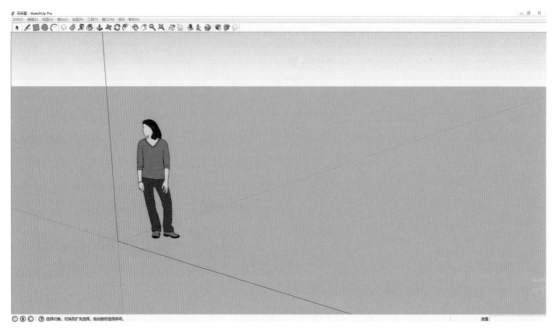

图　2-73

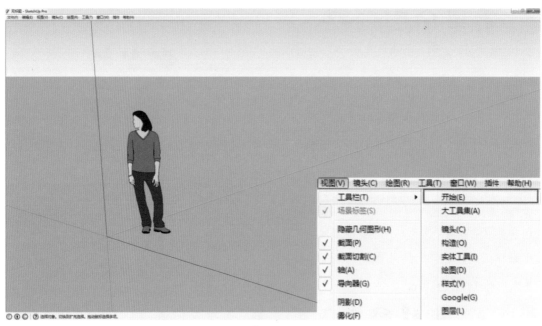

图　2-74

❸ 执行"视图>工具栏>开始"命令,勾选"大
工具集"命令,这时左侧会出现大工具集,
其中的工具种类比"开始"工具集更全,
如图 2-75 所示。

❹ 如果需要打开其他工具栏,只需勾选具体

工具栏即可。例如,这里勾选"实体工具"
命令,然后"实体工具"栏就会被打开,
可以直接将其拖曳到大工具集的下方,效
果如图 2-76 所示。

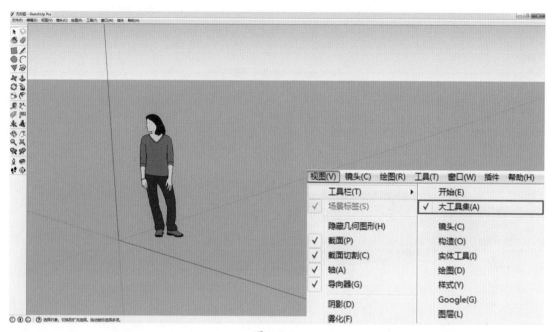

图   2-75

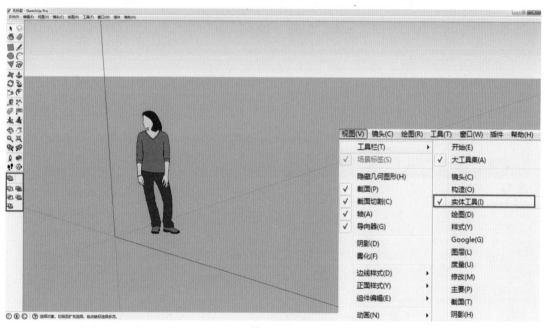

图   2-76

2.2.13　绘图区

绘图区又称绘图窗口，是 SketchUp 界面中占面积最大的区域，在此区可以创建、编辑模型或对视图、视角进行调整，如图 2-77 所示。

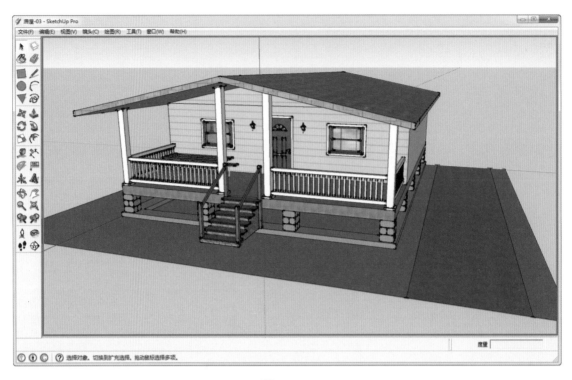

图　2-77

2.2.14　数值控制框

　　绘图区的右下方是数值控制框，如图 2-78 所示。数值控制框可以显示模型的尺寸信息，也可以输入精确数值来控制模型大小。

图　2-78

问：用鼠标指针单击数值控制框，为何没有反应？

答：这是初学者最容易碰到的问题，其实根本无须用鼠标指针单击数值控制框，只需直接通过键盘输入数值即可。

2.2.15　状态栏

　　状态栏位于绘图窗口左下方，如图 2-79 所示，用于显示命令提示和操作提示，这些提示信息会随着操作对象的变化而变化。

图　2-79

2.3 模板的应用

第一次启动 SketchUp 时，在向导界面中会要求用户选择绘制模板，选择好模板后，该模板就成为了默认模板。每次创建新文件时，SketchUp 都会使用该默认模板。

2.3.1 更换现有模板

如要更改已创建的文件所使用的模板，可以执行如下步骤。

❶ 执行"窗口 > 使用偏好"命令，在弹出的"系统使用偏好"对话框的左侧窗格中，单击"模板"面板，如图 2-80 所示。

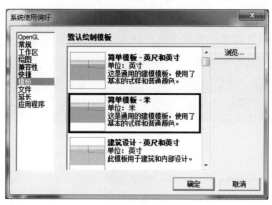

图 2-80

❷ 在右侧窗格中，单击选择一种绘图模板，

单击"确定"按钮。

❸ 关闭并重新启动 SketchUp 后，选定的新模板即会自动应用。

2.3.2 载入外部模板

如要载入外部的模板，具体步骤如下。

❶ 执行"窗口 > 使用偏好"命令，在左侧窗格中，单击"模板"面板，再单击右上角的"浏览"按钮，如图 2-81 所示。

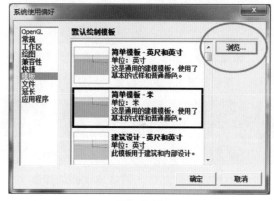

图 2-81

❷ 在"浏览模板"对话框中，导航到要载入的模板的存放位置。选择模板，单击"打开"按钮即可载入模板，如图 2-82 所示。

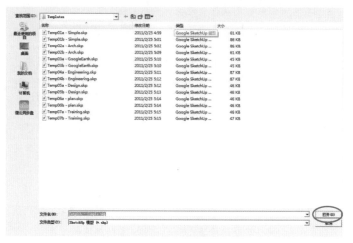

图 2-82

Chapter

第 3 章

视图的操作

本章将介绍如何使用镜头工具栏、漫游工具栏和标准视图工具栏查看模型，如何调节场景中的阴影、天空与雾效，如何设置坐标轴等内容。其中镜头工具栏和视图工具栏的使用方法是本章重点。

 本章视频教程内容

视频位置：光盘 > 第 3 章视图的操作

素材位置：光盘 > 第 3 章视图的操作 > 第 3 章练习文件

序号	章节号	知识点	主要内容
1	3.1	用镜头工具栏查看	• 使用镜头工具栏查看模型 • 使用快捷键查看模型 • 结合鼠标快速查看模型
2	3.1.3	缩放视图及改变视角	• 局部放大视图 • 最大化全局视图 • 改变相机视角
3	3.2	用漫游工具栏查看	• 定位镜头工具的用法 • 正面观察工具的用法 • 漫游工具的用法
4	3.3	用标准视图工具栏查看	• 标准视图工具栏的用法 • 修改镜头透视方式 • 快速切换上一个和下一个视图
5	3.4.1	阴影对话框	• 阴影对话框的参数意义 • 阴影方向的调整 • 阴影颜色的调整 • 阴影范围的调整
6	3.4.4	设置天空、地面和雾效 ——雾效的设置	• 雾效范围的设置 • 雾效颜色的设置
7	3.4.4	设置天空、地面和雾效 ——天空、地面的设置	• 天空的设置 • 地面的设置 • 背景的设置

3.1　用镜头工具栏查看

镜头工具栏中包含了 7 个工具，分别为"平移" 、"环绕观察" 、"缩放" 、"缩放窗口" 、"缩放范围" 、"上一视图" 、"下一视图" ，使用这些工具，可以平移视图、环绕观察视图和缩放视图。

3.1.1　平移视图

执行"视图 > 工具栏 > 镜头"命令，可以打开"镜头"工具栏。使用该工具栏中的"平移"工具 ，可以相对于视图平面，垂直或水平移动相机，简称"平移视图"。具体操作方法如下。

❶ 选择平移工具，或按快捷键 H，光标会变为手形。

❷ 在绘图区内按住并拖动鼠标，即可进行视图的平移，如图 3-1、图 3-2 所示。

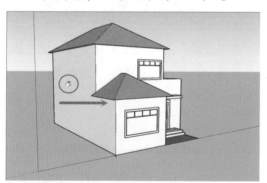

图　3-1

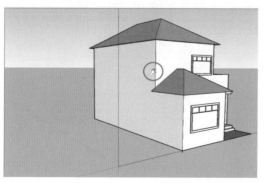

图　3-2

技术看板

在模型上双击鼠标左键，即可将双击点处的模型区域移动到绘图区中心。这个技巧同样适用于"环绕观察工具"和"缩放工具"。

3.1.2　环绕观察视图

使用"环绕观察"工具 ，可使相机围绕模型旋转，以使从多角度观察模型。具体操作方法如下。

❶ 选择"环绕观察"工具，或者按快捷键 O，光标会变为两个相交垂直的椭圆形，如图 3-3 所示。

❷ 在绘图区内按住并拖动鼠标即可让相机围绕模型旋转，进行多角度观察，如图 3-4 所示。

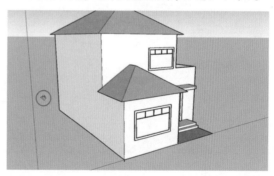

图　3-3

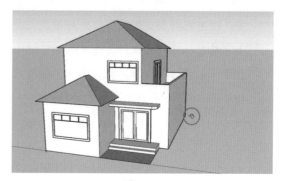

图　3-4

技术看板

❶ 使用环绕观察工具时，按住 Shift 键，即可临时切换到平移工具。

❷ 使用其他工具（除漫游工具）时，按住并拖动鼠标滚轮，可临时切换到环绕观察工具。

3.1.3 缩放视图及改变视角

使用"缩放"工具🔍，可以动态地放大或缩小当前视图（即调整相机与模型之间的距离），改变镜头的焦距和视角，具体有以下几种用法。

1.用"缩放"工具缩放视图

方法一：

❶ 选择缩放工具，或者按快捷键 Z，光标会变为一支放大镜，如图 3-5 所示。

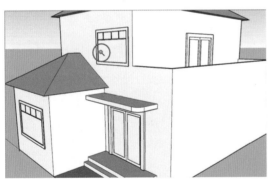

图　3-5

❷ 在绘图区内按住并拖动鼠标即可缩放视图。以光标所在位置为中心进行缩放，向上移动光标可放大视图，向下移动可缩小视图。如图 3-6 所示，相较图 3-5 视图被缩小了。

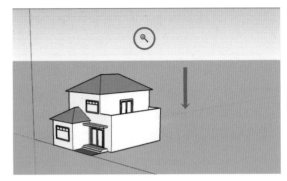

图　3-6

方法二：

选择"缩放"工具，向前滚动鼠标滚轮可放大视图，向后滚动滚轮可缩小视图，光标的位置决定缩放的中心。

2.调整镜头的焦距

在现实生活中，相机镜头焦距较短时，可看到的场景范围更广；焦距较长时，则可看到的场景范围变窄。SketchUp 中镜头焦距值可介于 10～2063mm，可以根据不同场景的需要，更改镜头焦距。

要更改镜头焦距，首先需要选择缩放工具，然后直接输入数值，如输入"300mm"，则焦距改为 300mm，图 3-7 所示就是最终效果。

图　3-7

如输入"70mm"，则看到的场景如图 3-8 所示。

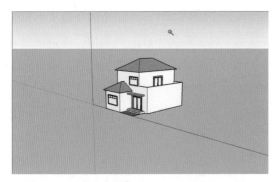

图　3-8

3. 调整镜头的视角

视角（以度 "°" 表示）会影响所能看到的模型量。视角比较小时，可看到的场景范围也较小；视角比较大时，可看到的场景范围也更大。例如，在创建室内模型时，如希望看到这个房间的更多区域，就需要使用较大的视角。

如需更改视角，在选择缩放工具后，按住 Shift 键，上移或下移光标。光标上移时视角增大，如图 3-9 所示；光标下移时视角减小，如图 3-10 所示。

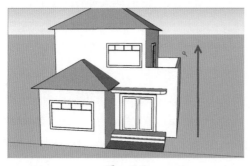

图　3-9

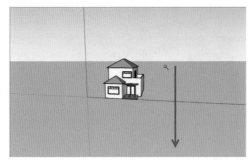

图　3-10

也可键入数值以精确调整视角。例如，输入 "45deg" 即可设置 45° 的视角，如图 3-11 所示；输入 "20deg" 即可设置 20° 的视角，如图 3-12 所示。

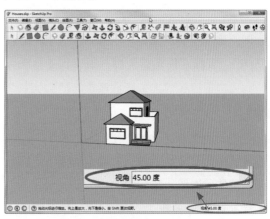

图　3-11

图　3-12

功夫在诗外

在 SketchUp 中对于镜头焦距或者视角的数值设置，可以参考现实生活中的镜头参数。镜头焦距是指从镜头的中心到底片或 CCD 等成像平面的距离，是镜头的重要性能指标。这里简单介绍一下镜头的分类及其特点。

①标准镜头

标准镜头的视角约为50°，它与人在头和单眼不转动的情况下所能看到的视角角度相同，从标准镜头中观察与平时看东西的感觉基本相同。以常用的35mm胶卷相机（又称135相机）为例，标准镜头的焦距多为40mm、50mm或55mm。以标准镜焦距为界，小于标准镜焦距的称为广角镜头，大于标准镜焦距的称为长焦镜头。

很多人喜欢用标准镜头做效果图，以为会呈现出比较真实的效果，其实不然。人在观察建筑物的时候，头和眼睛都会动，而且是双眼观察，视角会更大。另外，人对建筑的观察并不像照相机那样单纯，而是将观察得到的图像在大脑中处理成全息图像。例如当一个人进入一个房间，会自然地环顾四周，大脑中的图像包含整个房间，并不会因为视角变大而产生透视变形。用一部傻瓜相机的取景窗观察一个建筑，与人眼观察作对比，可以发现差别还是很大的，问题在于照相机模拟了人眼的构造，但无法模拟出大脑处理图像的能力。

②广角镜头

广角镜头的基本特点是镜头视角大，视野宽阔。从某一视点观察到的景物范围要比人眼在同一视点所看到的大得多。另外，广角镜头景深长，可以表现出相当大的清晰范围，能强调画面的透视效果，善于夸张前景和表现景物的远近感，有利于增强画面的感染力。典型广角镜头的焦距为28mm，视角为76°。而对市场上大部分热销的数码相机而言，其广角镜头焦距一般介于35～38mm，又称小广角。

广角镜头中，视角在80°～100°的镜头，因为视角范围特别广，也叫超广角镜头。鱼眼镜头是一种焦距为16mm或更短，视角接近或等于180°的极端的广角镜头，它在接近被摄物拍摄时，能造成非常强烈的透视效果，使所摄画面具有一种震撼人心的感染力。

③长焦镜头

长焦镜头有类似于望远镜的功能，可以协助我们拍摄到远方的物体。但是其取景范围远远比肉眼所及范围小。长焦镜头通常分为3级，135mm以下为中焦距，例如焦距为85mm、视角为28°；焦距为105mm、视角为23°，因为中焦距适合拍摄人像，有时也称为人像镜头。135~500mm称为长焦距，例如焦距为200mm、视角为12°；焦距为400mm、视角为6°。长焦镜头焦距在500mm以上的镜头，称为超长焦距镜头，其视角小于5°。长焦镜头是体育、娱乐等记者的最爱，可以远距离轻易捕捉到目标，是拍摄鸟类等野生动物的最佳选择。

经过长期实践，建议在SketchUp中选择28mm左右的镜头焦距，这样不仅比较真实，同时也会使建筑物显得较为宏伟。如图3-13至图3-15所示，分别用焦距为50mm、28mm和135mm的镜头拍摄的场景，从图中还可以看出，焦距越小，透视效果越明显；焦距越大，透视效果越弱。

图　3-13

图　3-14

图　3-15

3.1.4　放大局部视图

选择"缩放窗口"工具🔍，在视图中单击并拖动鼠标可以绘制矩形，释放鼠标后，矩形范围内的内容会被放置在绘图区中心放大显示，

如图 3-16 所示。

图　3-16

3.1.5　最大化视图

选择"缩放范围"工具🔍，在视图中单击，可以让所有模型在绘图区居中全屏显示，如图 3-17 所示。

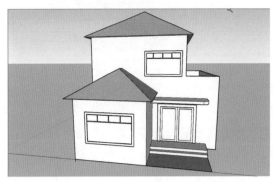

图　3-17

3.2　用漫游工具栏查看

漫游工具栏中的工具，可以让用户像在场景中散步一样来查看模型。该工具栏包含 3 个工具，分别为"正面观察"工具👤、"定位镜头"工具👣、"漫游"工具👁。下面介绍这些工具的用法。

3.2.1　用定位镜头工具查看

选择定位镜头工具👤，可以将相机放置在特定的位置和高度上（这个"高度"实际上就是相机镜头的高度，类似于我们观察场景时，眼睛所处的高度）。放置了相机后，在数值控制框中会显示镜头的高度，如需改变镜头高度

有以下两种方法。

方法一：输入数值调整镜头高度

❶ 选择定位镜头工具，单击模型中的点，如图 3-18 所示，然后释放鼠标。

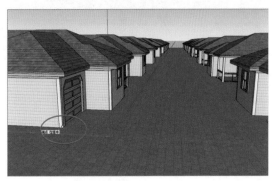

图　3-18

❷ SketchUp 将把镜头置于单击点上方的平均眼睛高度处，即高于地面 1.7m 处，如图 3-19 所示。并且会自动切换到"正面观察"工具，如需调整镜头高度，可以直接输入数值。

图　3-19

方法二：单击并拖曳调整镜头高度

❸ 选择定位镜头工具，单击模型中的点并按住鼠标，将光标拖动到想要观察的模型上的某一点，两点之间会出现一条虚线，如图 3-20 所示，然后释放鼠标。

图　3-20

此时看到的就是从第一个点到想要观察的点之间的内容。之后，SketchUp 会自动切换到"正面观察"工具，如图 3-21 所示。

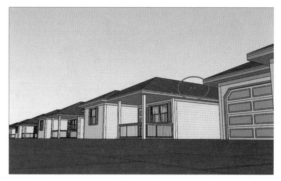

图　3-21

技术看板

在使用定位镜头工具时，按住 Shift 键并单击某一表面，可以将镜头直接置于该表面上。

最常使用的镜头高度为 0.8~1.6m。0.8m 的高度类似于从儿童的角度观看建筑的效果，会显得建筑物比较宏伟壮观。

3.2.2　用漫游工具查看

使用漫游工具👣漫游场景，就像是在场景中行走一样。值得注意的是，漫游工具只能在透视图模式下使用，用漫游工具漫游观察模型的具体步骤如下。

❶ 选择"漫游"工具，在绘图区中任意一处按下并拖动鼠标，在按下的位置会显示一个十字准线，如图 3-22 所示。

图　3-22

❷ 拖动鼠标，向上、下、左、右四个方位移动，即可在场景中行走，如图3-23、图3-24所示。光标离十字准线距离越远，漫游速度就越快；光标离十字准线距离越近，漫游速度就越慢。

图　3-23

图　3-24

技术看板

①在使用漫游工具时，单击并按住鼠标中键，即可临时切换到"正面观察"工具。

②在使用漫游工具时，如遇到墙壁或其他冲突物体，按住 Alt 键即可穿墙而过。

③在使用漫游工具时，按住 Shift 键并上下拖动，可以改变视线高度。修改视线高度后，如果希望再次回到原先的视线高度，可以在数值控制框中输入原来的视线高度数值即可。

④在使用漫游工具时，按住 Ctrl 键即可实现"快速奔跑"的效果。

问：使用漫游工具时，若希望改变视角要怎么做？

答：选择缩放工具，然后直接输入视角的数值，例如输入"30deg"，代表将视角设为30°，输入"55mm"，代表将相机焦距设为55mm。

3.2.3　用正面观察工具查看

使用"正面观察"工具👁，可以相机为中心旋转镜头，如同人转动脖子四处观看。其具体使用方法如下。

❶ 选择正面观察工具，光标变为一双眼睛，如图3-25所示。

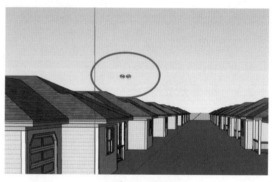

图　3-25

❷ 按住并拖动鼠标，上移或下移光标，可模拟抬头或低头观看的感觉，如图3-26所示；向右或向左移动光标，可模拟左右转动脖子观看的感觉，如图3-27所示。

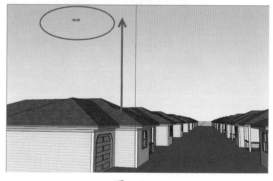

图　3-26

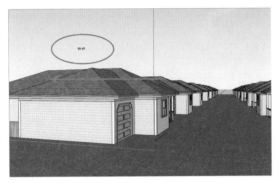

图 3-27

③ 此时，如需精确指定眼睛高度，可以直接
输入眼睛高度值，如图3-28所示，再按

Enter 键即可。

图 3-28

3.3 用标准视图工具栏查看

标准视图工具栏中的工具可以快速将视图
切换到指定角度，配合不同的镜头透视方式，
可以获得不同的视图效果。

3.3.1 标准视图概述

执行"视图 > 工具栏 > 视图"命令，可以
打开视图工具栏 。此工具栏从左
到右依次为等轴视图、顶视图、前视图、右视
图、后视图和左视图这六种标准视图的按钮。
单击某个视图的按钮，即可切换到相应的角度，
如图3-29至图3-34所示。

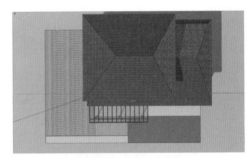

图 3-30 顶视图

图 3-31 前视图

图 3-29 等轴视图

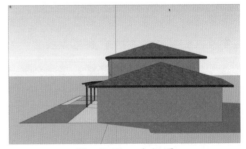

图 3-32 右视图

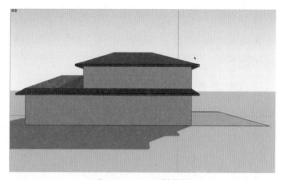

图 3-33 后视图

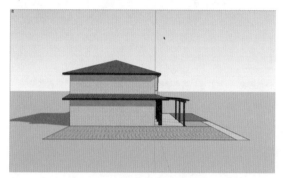

图 3-34 左视图

技术看板

单击"等轴视图"按钮，SketchUp
会把视图转换为最接近当前视图角度的等轴
视图。但要获得真正的等轴视图，需要执行
"镜头＞平行投影"命令，并关闭透视效果。

3.3.2 更改镜头的透视方式

在"镜头"菜单下，可以看到 SketchUp
提供了 3 种透视方式，分别是"平行投影""透
视图""两点透视图"。每个透视方式都有自
身的一些特点。

1.平行投影模式，又称轴测模式。在轴测
模式中，所有的平行线在屏幕上仍显示为平行，
如图 3-35 所示。一般在要观看模型正视图时，
会使用这种模式。

图 3-35

2.透视图模式，又称三点透视模式，所
有的平行线在屏幕上都不平行，如图 3-36 所
示，在 x、y、z 轴三个方向上各有一个消失
点。这是使用最多，也是最接近真实效果的
模式。

图 3-36

3.两点透视图模式，在 x、y 轴上分别有
一个消失点，z 轴上的所有平行线在屏幕上仍
然保持平行，如图 3-37 所示。

图 3-37

功夫在诗外 ➡

一点透视、两点透视和三点透视是在手绘效果图的时候，经常用到的透视方法。

① 一点透视，也叫"平行透视"。一点透视模式下，物体有一个面是平行于画面，且只有一个方向上的延长线会有交点，又称消失点或灭点，如图 3-38（a）所示。

② 两点透视，也叫余角透视或成角透视，两点透视模式下物体的两组竖立面均不平行于画面。两点透视与一点透视的区别在于两点透视有两个消失点，一点透视只有一个消失点，

如图 3-38（b）所示。此外，两点透视中，除垂直线以外，其他方向的线都是斜线（即不平行于画面）。

③ 三点透视，又称为斜角透视，物体上没有任何一条边或面与画面平行。在 x、y、z 轴三个方向上都有消失点，如图 3-38（c）所示。三点透视效果是最真实的一种透视效果。

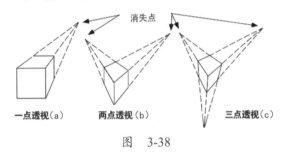

图　3-38

3.4　阴影与雾效

默认情况下，在 SketchUp 中都会显示模型的投影。用户可以通过设置时间来改变阴影方向，也可以直接设置阴影的深浅。必要时，可以为场景添加雾效，让远处的物体变得模糊，增加场景的纵深感。

3.4.1　阴影对话框

执行"窗口 > 阴影"命令，打开"阴影设置"对话框，如图 3-39 所示。"阴影设置"对话框用于控制阴影时间、日期、地点和明暗属性等参数。

图　3-39

● "阴影"选项
➢ "显示阴影"按钮 🔳

单击该按钮，可以显示阴影；再次单击该按钮，可以隐藏阴影，如图 3-40 所示。

有阴影　　　　无阴影

图　3-40

➢ "通用协调时间"列表

从"通用协调时间"下拉列表中可以选择时区，从而指定模型在地球上所处的位置，以获得更准确的阴影效果，如图 3-41 所示。

图 3-41

照场景中的光照来显示模型各个表面的明暗关系。图 3-44 所示为未勾选该项的效果,图 3-45 所示为勾选后的效果。

图 3-44

图 3-45

➢ "时间 / 日期" 滑块

拖动 "时间 / 日期" 滑块或者手动输入时间 / 日期,可以调整模型所处的具体时间,以确定阴影的方向与角度。

➢ "亮" 滑块

拖动 "亮" 滑块能够有效地调整光照位置的亮度,如图 3-42 所示。

亮:0,暗:45   亮:100,暗:45

图 3-42

➢ "暗" 滑块

拖动 "暗" 滑块能够有效地调整阴影区域的亮度,如图 3-43 所示。

亮:50,暗:0   亮:50,暗:90

图 3-43

➢ "使用太阳制造阴影" 复选框

勾选该项,可以在不显示阴影时,仍然按

➢ "在平面上" 复选框

勾选该项,可以启用平面阴影投射,即模型之间可以相互投射阴影,如图 3-46 所示。反之,将不显示模型之间的投影关系,如图 3-47 所示。

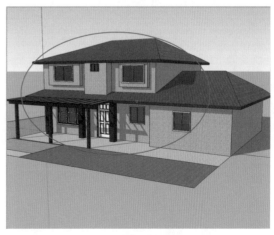

图 3-46

图　3-47

> ▷ "在地面上"复选框

勾选"在地面上"复选框，可以让地面接收阴影，如图 3-48 所示。反之，地面将不接受阴影，如图 3-49 所示。

图　3-48

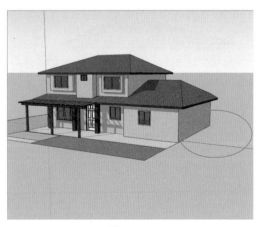

图　3-49

> ▷ "起始边线"复选框

勾选"起始边线"复选框，可以让独立的边线接受投影，一般不勾选该项。

3.4.2　阴影工具栏

执行"视图 > 工具栏 > 阴影"命令，即可打开阴影工具栏，如图 3-50 所示。阴影工具栏包含了多个阴影设置选项，用于控制阴影的效果。其用法与阴影对话框基本一致，在此就不赘述了。

图　3-50

3.4.3　阴影的失真

SketchUp 中的阴影计算方式与其他三维软件不同，为了保证较快的计算速度，当地平面下方有模型时，阴影会遮盖住下方模型的部分区域，如图 3-51 所示。遇到这种情况，可以将模型移动到地面上。也可以执行"窗口 > 阴影"命令，在对话框中取消勾选"在地面上"选项，如图 3-52 所示。然后在需要产生地面阴影的位置创建一个平面作为地面来接受投影。

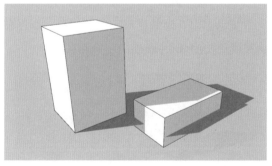

图　3-51

图　3-52

3.4.4　设置天空、地面和雾效

在 SketchUp 中，用户可以在背景中展示一个模拟的大气效果的渐变天空和地面，并显示出地平线，如图 3-53 所示，还可以为场景添加雾效。

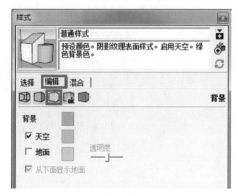

图　3-53

1. 设置天空和地面

执行"窗口 > 样式 >"命令，会弹出"样式"对话框。单击"编辑"按钮，再单击背景按钮，如图 3-54 所示，就可以设置背景、天空、地面的颜色，以及调整地面的不透明度了。

图　3-54

- 天空：勾选该项后，就会出现从地平线开始显示向上渐变的天空效果。渐变颜色在地平线位置为白色，往上渐变到指定的颜色（默认为蓝色），如图 3-55 所示。如果希望修改天空颜色，可以单击"天空"右边的色块，在拾色器中选择心仪的颜色。

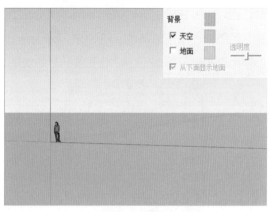

图　3-55

- 地面：勾选该项后，就会出现从地平线开始显示向下渐变的地面效果。渐变颜色在地平线位置为白色，往下渐变到指定的颜色（默认为米色），如图 3-56 所示。如果希望修改地面颜色，可以单击"地面"右边的色块，在拾色器中选择心仪的颜色。

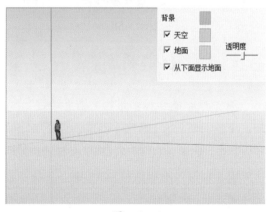

图　3-56

➢ 透明度：可以设置地面的不透明度，让用户可以看到地平面以下的几何体。建议在使用硬件渲染加速的条件下开启该选项。

➢ 从下面显示地面：勾选该项后，当照相机从地平面下方往上看时，可以看到渐变的地面效果。

2. 设置雾效

执行"窗口 > 雾化"命令，会弹出"雾化"对话框，如图 3-57 所示。在对话框中可以设置雾化的距离、颜色等参数。图 3-58 所示为未启用雾化的效果，图 3-59 所示为启用雾化后的效果。

图　3-59

图　3-57

图　3-58

● 显示雾化：勾选取消该项，可以显示 / 隐藏雾化效果。

● "距离"滑块：用于控制雾效的范围和浓度。数字 0 代表了相机的位置。左侧滑块控制雾效开始的位置与相机间的距离，右侧滑块控制雾效最浓的位置与相机间的距离。两个滑块中间的区域代表了雾由淡转浓的过渡地带。

● 使用背景颜色：勾选该项，将会使用当前背景的颜色作为雾的颜色。

3.5　关于坐标轴

SketchUp 的坐标轴是由 x 轴（红线）、y 轴（绿线）和 z 轴（蓝线）组成的，三条轴线互相垂直，如图 3-60 所示。利用坐标轴可以创建斜面，也可以准确地移动 / 旋转 / 缩放不在坐标轴平面上的模型。

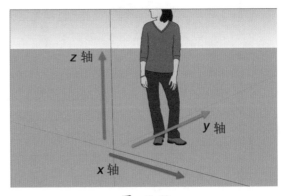

图　3-60

3.5.1 显示和隐藏坐标轴

有时在作图过程中，为了更好地观看模型整体效果，可以暂时隐藏坐标轴的显示。执行"视图 > 轴"命令，如图 3-61 所示，就可以隐藏或显示坐标轴。

图 3-61

3.5.2 手动定位坐标轴

如果 SketchUp 的默认坐标轴不能满足工作需要，我们可以通过"轴"工具，重新定位新的坐标轴，改变原有坐标轴的位置和朝向。具体操作步骤如下。

❶ 执行"工具 > 轴"命令，或者在坐标轴上单击鼠标右键选择"放置"命令，如图 3-62 所示。

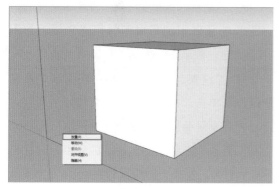

图 3-62

❷ 在场景中移动光标，会有个红/绿/蓝坐标符号跟随。这个坐标符号会自动吸附到模型的顶点或平面上，如图 3-63 所示。

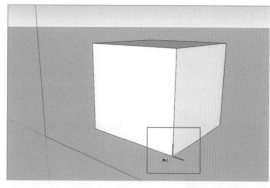

图 3-63

❸ 移动光标到新坐标轴原点的位置，在移动过程中可以让光标自动吸附到对应的点来精确定位。

❹ 确认位置后，单击鼠标左键来定位原点。拖动光标来放置 x 轴（红轴）的新位置，然后单击鼠标左键。

❺ 拖动光标并放置 y 轴（绿轴），然后单击鼠标左键。这样就重新给坐标轴定位了，也就是创建了新的坐标系，如图 3-64 所示。z 轴（蓝轴）会自动垂直新的红/绿轴平面。

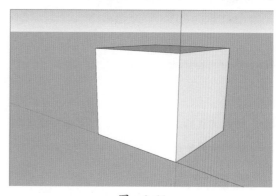

图 3-64

技术看板

如果新的坐标轴是建立在斜面上，那么现在就可以顺利完成斜面的"缩放"操作了。

3.5.3 精确定位坐标轴

除了手动重设坐标轴，还可以通过输入数值来精确定位坐标轴。具体步骤如下。

❶ 在绘图坐标轴上单击鼠标右键，在菜单中选择"移动"命令，如图 3-65 所示。

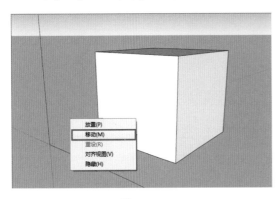

图　3-65

❷ 此时，将弹出"移动草图背景环境"对话框，如图 3-66 所示，输入坐标轴要移动和旋转的精确数值。

图　3-66

❸ 输入完成后，单击"确定"按钮，坐标轴就移动到了新的位置上。

技术看板

移动坐标轴后，如果需要恢复坐标轴的默认位置，可以在坐标轴上单击鼠标右键，在菜单中选择"重设"命令，如图 3-67、图 3-68 所示。

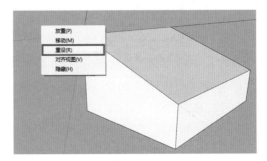

图　3-67

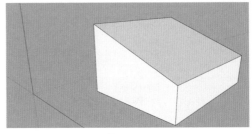

图　3-68

3.5.4 "太阳北极"工具栏

执行"视图 > 工具栏 > 太阳北极"命令，打开"太阳北极"工具栏，如图 3-69 所示。该工具栏中的工具可以用来显示和调整场景的正北方向（类似于指北针）。通过调整太阳北极的方向，可以方便地调整场景中阴影的方向。具体包括"切换北向箭头" ️、"设置北极" ️、"输入北角" ️这 3 个工具。

• "切换北向箭头" ️：使用该工具后，绘图区中会出现加粗显示的橙黄色线，如图 3-70 所示，表示正北方向（默认为 y 轴）。

• "设置北极"工具 ️：使用该工具在任意位置单击，接着移动鼠标到相应的角度，此时就会发现朝北箭头的方向会随着鼠标移动的角度而改变，但是朝北箭头的原点始终在坐标轴的原点。另外，不管鼠标在 xz 平面上或是 yz 平面上作任何角度改变，朝北箭头都只在 xy 平面上进行移动，如图 3-71、图 3-72 所示。

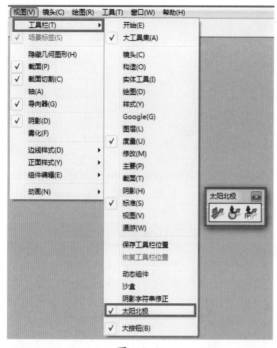

图　3-69

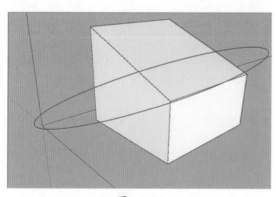

图　3-70

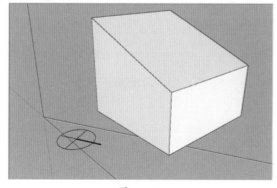

图　3-71

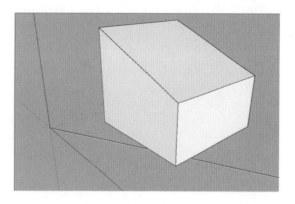

图　3-72

- "输入北角" ：单击该工具，将弹出"输入北角"对话框，如图 3-73 所示。在该对话框中可以输入朝北箭头偏移的角度。输入正值，则顺时针偏移；输入负值，则逆时针偏移。

图　3-73

3.5.5　对齐坐标轴到平面

如果希望将坐标轴与某个面对齐，可以先选中这个面，然后单击鼠标右键，在右键菜单中选择"对齐轴"命令。此时，坐标轴将与这个面对齐，如图 3-74、图 3-75 所示。

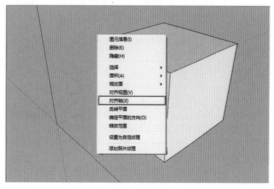

图　3-74

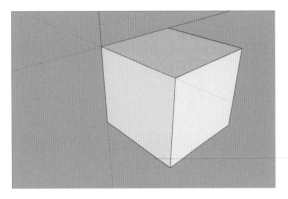

图　3-75

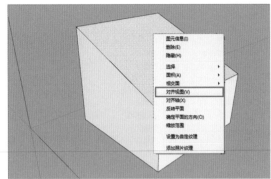

图　3-76

3.5.6　对齐视图到坐标轴

如果希望将某个面切换成顶视图的效果，可以选中这个面，单击鼠标右键，在右键菜单中选择"对齐视图"命令，如图 3-76、图 3-77 所示。使用这个方法，可以方便地在斜面上画线。

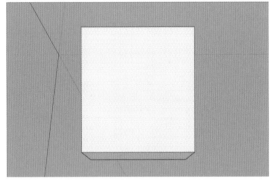

图　3-77

Chapter

第 4 章

模型的控制

本章讲解如何选择、移动、复制、缩放、删除模型，这些操作都是 SketchUp 学习中的核心内容。

 ## 本章视频教程内容

视频位置：光盘 > 第 4 章模型的控制

素材位置：光盘 > 第 4 章模型的控制 > 第 4 章练习文件

序号	章节号	知识点	主要内容
1	4.1	选择操作	• 模型的单选 • 模型的加选 • 模型的减选
2	4.1.2	关联选择	• 右键菜单中的关联选择命令用法 • 扩展选择的用法
3	4.2	移动操作	• 移动单个 / 多个模型 • 模型的复制移动 • 模型的精确移动
4	4.3	旋转操作	• 模型的自由旋转 • 模型的精确旋转 • 模型的复制旋转
5	4.4	缩放操作	• 模型的自由缩放 • 等比例缩放快捷键 • 沿中心缩放快捷键
6	4.5	面与边的变换操作	• 面与边的移动 • 面与边的旋转 • 面与边的缩放

4.1 选择操作

"选择"工具 可以用多种方式选择模型，其快捷键为空格键。本节将介绍如何单选、多选模型，以及关于选择的其他常用命令。

4.1.1 选择单个模型

只选择某一个模型的方法很简单，具体步骤如下。

❶ 在工具栏中，单击"选择"工具，或者按下空格键切换到"选择"工具。

❷ 单击要选的模型，选中的模型默认以蓝色高亮显示，如图4-1所示。

图 4-1

4.1.2 选择多个模型

选择多个模型主要有三种方式，分别为"窗口选择""交叉选择"和"结合快捷键选择"，前两种选择方式的本质就是框选。

1.窗口选择：按住鼠标左键并从左往右拖动鼠标绘制出矩形选框，只有完全包含在矩形选框中的模型才会被选中。此时，矩形框显示为实线，如图4-2、图4-3所示。

2.交叉选择：按住鼠标左键并从右往左拖动鼠标绘制出矩形选框，矩形选框内以及与选框有接触的模型会被选中。此时，矩形框显示为虚线，如图4-4所示。释放鼠标后，被选中

的模型周围会显示蓝色实线框，如图4-5所示。

图 4-2

图 4-3

图 4-4

图 4-5

3. 结合快捷键选择。

①按住 Shift 键，光标会变为 ，单击未选中的模型，可以将模型添加到选集中；单击已选中的模型，可以将模型从选集中减去。

②按住 Ctrl 键，光标会变为 ，单击模型，可以将模型添加到选集中。

③同时按住 Ctrl 键和 Shift 键，光标会变为 ，单击模型，可以将模型从选集中减去。

4.1.3　全部选择或取消选择

1. 如果要一次性选中所有可见模型，可以执行"编辑 > 全选"命令，如图 4-6 所示，或按 Ctrl+A 快捷键。

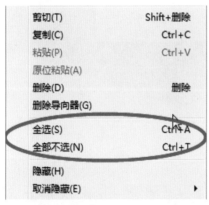

剪切(T)	Shift+删除
复制(C)	Ctrl+C
粘贴(P)	Ctrl+V
原位粘贴(A)	
删除(D)	删除
删除导向器(G)	
全选(S)	Ctrl+A
全部不选(N)	Ctrl+T
隐藏(H)	
取消隐藏(E)	▶

图　4-6

2. 如果要一次性取消当前的所有选择，只要在绘图窗口的任意空白区域单击即可。也可以执行"编辑 > 全部不选"命令，或按 Ctrl+T 快捷键。

4.1.4　扩展选择

使用选择工具在一个面上双击鼠标，可以同时选中这个面和构成这个面的边线；使用选择工具在一个面上连续 3 次单击鼠标，可以同时选中这个面和与这个面相连的所有面、边线

和被隐藏的虚线（组和组件不包括在内），如图 4-7 至图 4-9 所示。

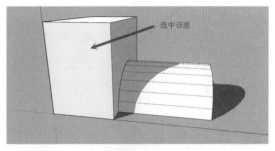

选中该面

图　4-7

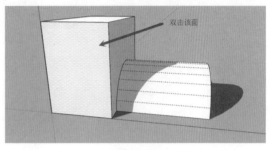

双击该面

图　4-8

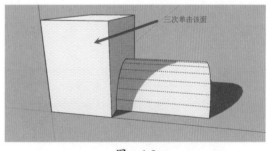

三次单击该面

图　4-9

4.1.5　关联选择

使用选择工具选中某个面后，可以单击鼠标右键，从"选择"子菜单中进行扩展选择。具体可选的命令包括"边界边线""连接的平面""连接的所有项""在同一图层的所有项""使用相同材质的所有项"等，如图 4-10 所示。

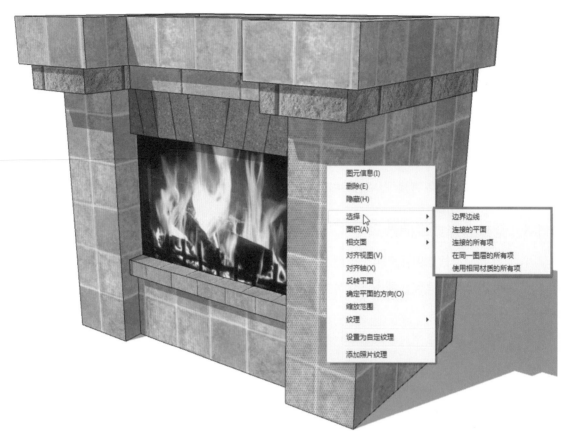

图　4-10

　　1. 边界边线：执行该命令，可以同时选择该面和与其相连的所有边线，如图4-11所示。

图　4-12

图　4-11

　　2. 连接的平面：执行该命令，可以选择该面和与其相连的所有平面，如图4-12所示。

　　3. 连接的所有项：执行该命令，可以选择该面和与其相连的所有面和边线，这与3次单击面的作用相同，如图4-13所示。

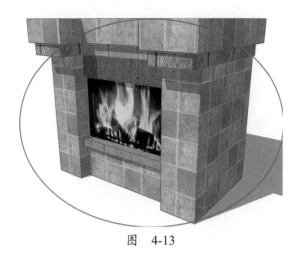

图　4-13

4. 在同一图层的所有项：执行该命令，可以选择该面和与其在同一图层上的所有面和边线。

5. 使用相同材质的所有项：执行该命令，可以选择该面和与其使用相同材质的所有面。

更多关于"图层"的内容，可以参阅第 10 章相关内容。

更多关于"材质"的内容，可以参阅第 9 章相关内容。

4.2　移动操作

移动工具 🔧 可以移动、拉伸和复制模型，也可以用来旋转模型，移动的扩展功能在做图时也十分有用。

4.2.1　移动单个模型

移动单个模型的方法很简单，只需先选中模型，然后拖动鼠标以移动它。具体步骤如下。

❶ 选择移动工具，当光标放在模型周围时，会自动吸附到模型的顶点，如图 4-14 所示。

图　4-14

❷ 单击并移动光标，模型会随着光标一同移动。导向线会显示移动的路径，如果该路

径刚好平行于 x、y、z 轴，则导向线会显示出对应的颜色，即红色、绿色与蓝色，如图 4-15 所示。

图　4-15

❸ 移动到目标位置后，单击鼠标即可完成移动操作。

4.2.2　移动多个模型

在执行移动操作前，要先选中准备移动的多个模型。具体操作步骤如下。

❶ 选中选择工具，按住 Shift 键选择要移动的多个模型。如图 4-16 所示，选中两个椅子。

❷ 使用移动工具，单击并移动光标即可移动模型。导向线将出现在移动的起点和终点间，移动距离也将动态显示在数值控制栏中，如图 4-17 所示。

❸ 在目标位置单击，可以完成移动操作，如图 4-18 所示。在操作过程中，可以随时按 Esc 键，即可重新开始操作。

图　4-16

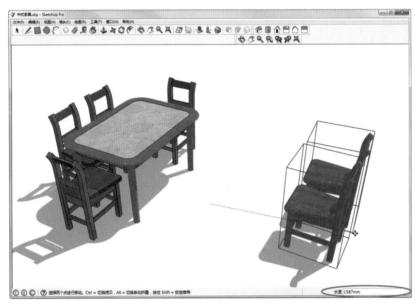

图　4-17

图　4-18

问：在移动的过程中，假设只希望模型沿 x/y/z 轴移动，应该怎么做？

答：有两种方法可以锁定移动方向。第一种方法是先以该轴方向移动模型，当导向线与轴线颜色一致后，按住 Shift 键来锁定方向，方向被锁定后，导向线会加粗显示。第二种方法是单击该模型，然后根据想移动的轴向，按键盘上的"向上"（z 轴）/"向左"（y 轴）/"向右"（x 轴）箭头，来锁定方向。

4.2.3　移动复制单个副本

移动工具不仅可以用来移动模型，还可以用来复制模型。移动复制单个模型副本的具体步骤如下。

① 用选择工具选中要复制的实体，再使用移动工具单击并拖动鼠标，同时按住 Ctrl 键，即可进行移动复制，如图 4-19 所示。

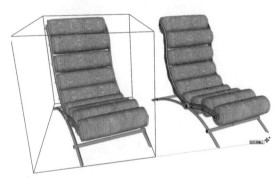

图　4-19

② 在结束操作之后，被复制出的模型会处于选中状态，原模型则被取消选择，如图 4-20 所示。在复制过程中也可以使用 4.2.2 小节的方法，来锁定模型的移动方向。

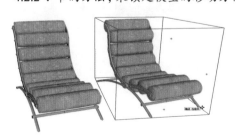

图　4-20

4.2.4　移动复制多个副本

如果需要一次性复制多个副本，可以按以下步骤操作。

① 使用 4.2.3 小节讲到的方法，先移动复制一个副本，如图 4-21 所示。

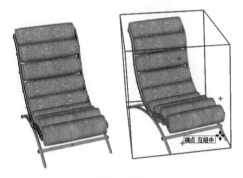

图　4-21

② 复制完成之后，输入复制份数来创建多个副本，输入的数字会显示在数值控制框中。例如，输入 2x 或 *2，按 Enter 键，就会复制两份，如图 4-22 所示。

③ 另外，也可以输入一个等分值来等分副本到原物体之间的距离。图 4-23 所示为等分前的效果，只有一个副本。输入 5/ 或 /5，就会在原物体和副本之间创建 4 个副本，并且等距离分布，如图 4-24 所示。如需修改副本份数，可以在进行其他操作之前，直接输入新的份数。

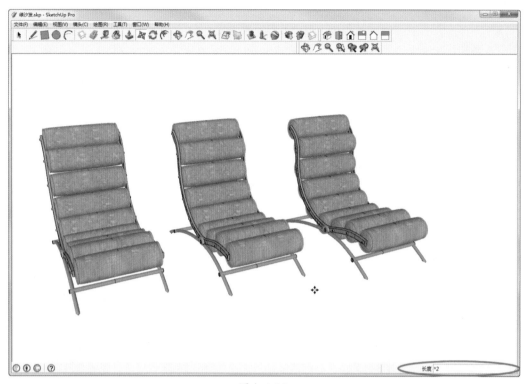

图　4-22

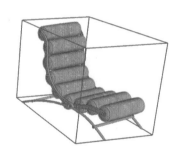

图　4-23

图　4-24

4.2.5　精确移动

移动模型时，数值控制框会动态显示移动的距离长度。如需精确控制移动的距离，可以在移动中或移动后（进行其他操作前），输入指定的距离数值，按 Enter 键确定。如果只输入数字而不加单位，SketchUp 会默认使用当前文件的单位设置。

例如，当移动台灯模型时，移动距离也动态显示在数值控制框，如图 4-25 所示。移动完成后输入 100，按 Enter 键，则该台灯实际移动的距离将是 100cm，如图 4-26 所示。如输入负值，则表示向鼠标移动的反方向移动物体。

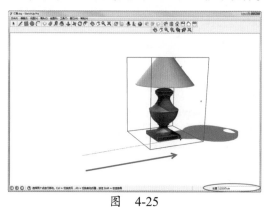

图　4-25

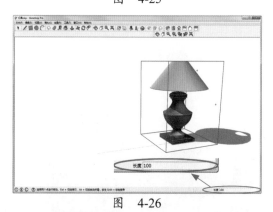

图　4-26

问：如果希望修改长度单位，应该怎么操作？

答：可以执行"窗口 > 模型信息"命令，在"单位"标签中重新设置长度单位，如图 4-27 所示。

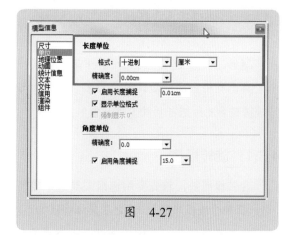

图　4-27

技 术 看 板

移动工具不仅可以选择并且移动模型，还可以对模型进行旋转操作。当选中模型时，光标悬浮在哪个面上，哪个面上就会有如图 4-28 所示 4 个红点。此时，如果把光标放置在红点上，光标会变成旋转的图标，并且面的中心会有一个量角器，单击并拖动鼠标即可旋转模型了，图 4-29 所示为旋转后的效果。

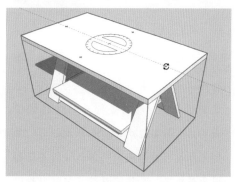

图　4-28

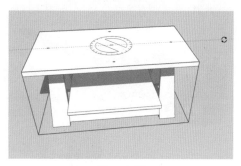

图　4-29

4.3 旋转操作

旋转工具 ⟳ 是 SketchUp 中非常重要的一个工具，利用它可以旋转单个或多个模型，与快捷键结合的用法和移动工具一致。

4.3.1 旋转模型

旋转模型前，首先要用选择工具选中模型（可选择单个或多个模型），之后具体步骤如下。

① 单击旋转工具，光标处会出现一个"量角器"。移动光标时，它会自动吸附到边线或面上，如图 4-30 所示。在边线或面上单击可以确定旋转的平面。

图　4-30

② 此时，移动鼠标会看到一条导向线，单击鼠标可以确定旋转的起点（相当于量角器中 0 度的位置），移动鼠标开始旋转模型，如图 4-31、图 4-32 所示。如果勾选了"窗口 > 模型信息"对话框中"单位"标签下的"启用角度捕捉"，就可以在旋转时自动进行角度捕捉，默认捕捉角度为 15°，如图 4-33 所示。

图　4-31

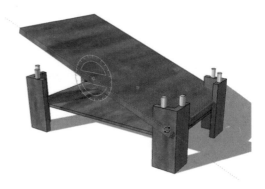

图　4-32

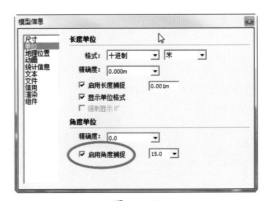

图　4-33

③ 操作过程中，可以随时按 Esc 键，撤销旋转操作。旋转到需要的角度后，单击鼠标左键确定旋转即可，如图 4-34 所示。

图　4-34

技术看板

　　如果希望锁定旋转平面，当旋转工具
与该轴垂直时，按住 Shift 键。这样，即使
移动鼠标，旋转工具也不会自动捕捉其他
的平面了。

4.3.2 旋转复制单个副本

　　"旋转"工具可以旋转制作模型副本，其
方法与移动复制相似。具体步骤如下。

❶ 用选择工具选中要旋转的模型，使用旋转
工具 ⭮ 确定旋转平面与起始点，按 Ctrl 键，
移动光标即可创建并旋转模型副本，如
图 4-35 所示。

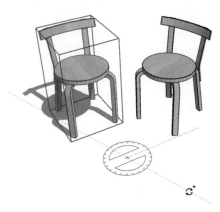

图　4-35

❷ 选择合适位置后，再次单击鼠标左键即可
完成旋转复制，如图 4-36 所示。

图　4-36

4.3.3 旋转复制多个副本

　　使用旋转工具，还可以创建径向排列的多
个副本。具体步骤如下。

❶ 用选择工具选中要旋转的模型，使用旋转
工具 ⭮ 确定旋转平面与起始点。按 Ctrl 键，
光标会变为一支带加号的旋转图标，如
图 4-37 所示。

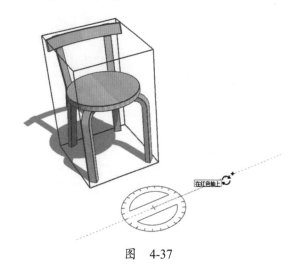

图　4-37

❷ 移动光标，就可选择复制模型。模型的副
本将围绕量角器中心旋转，如图 4-38 所示。

图　4-38

❸ 单击鼠标左键即可完成旋转复制操作。完
成后，可以输入一个乘数值来创建多个副
本。例如，输入 2x 或 *2 可以创建 2 个副

本；也可以输入一个除数值，如输入 3/ 或 /3 即在原始模型和第一个副本之间均匀分布 2 个副本，如图 4-39 所示。

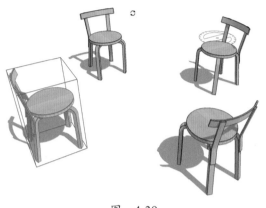

图　4-39

4.3.4　精确旋转

精确旋转模型与精确移动模型的方法类似，可以手动输入旋转角度 / 斜率值来精确旋转模型。

1. 输入旋转角度

在旋转操作过程中或之后（未进行其他操作前），输入一个十进制的值，按 Enter 键即可。例如输入 34.1，副本就会顺时针旋转 34.1°。如果输入负值，副本会向逆时针方向转动。

2. 输入斜率值

在旋转操作过程中或之后（未进行其他操作前），输入两个值，以冒号隔开，如 8:12。负值会向逆时针方向转动副本。

4.4　缩放操作

使用拉伸工具 可对模型进行大小调整和拉伸变形操作。具体操作方法如下。

❶ 选择拉伸工具，单击模型，拉伸手柄（绿色点）将显示在模型的周围，如图 4-40 所示。

图　4-40

❷ 将光标移到任意一个拉伸手柄上，光标旁就会出现文字提示，说明缩放的轴向。当把光标放在对角点上并移动鼠标，可以实现 xyz 三轴同时等比例缩放。如图 4-41 所示，选择了左上角的拉伸手柄后，其对应

的右下角的手柄也会显示为红色，移动光标即可缩放模型，缩放中心为所选手柄另外一侧对应的拉伸手柄，在此例中右下角的拉伸手柄是缩放中心。

图　4-41

4.4.1 缩放模型

当把光标放在 y 轴方向的拉伸手柄上，可以调整 x 轴和 z 轴方向的缩放，如图 4-42 所示。

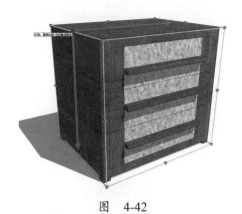

图　4-42

当把光标放在 z 轴方向的拉伸手柄上，可以调整 y 轴和 z 轴方向的缩放，如图 4-43 所示。

图　4-43

当光标放在某个平面中心的拉伸手柄上，可以调整与这个平面所垂直的方向上的缩放。如图 4-44 所示，为向下移动顶面中心控制点的效果。

图　4-44

4.4.2　精确缩放

精确缩放模型主要有两种输入方式，分别

为输入缩放比例和输入多重缩放比例。

1. 输入缩放比例

在缩放操作过程中或之后（未进行其他操作前），可以直接输入数字，然后按 Enter 键，实现模型的等比例缩放。例如输入 "2" 表示等比例放大 2 倍；而输入 "-2" 同样等比例放大 2 倍，但会往原先缩放方向的反方向放大模型，这可以用来创建镜像模型（注意，缩放比例不能为 0）。图 4-45 所示就是等比例放大了 2 倍的效果。

图　4-45

2. 输入多重缩放比例

输入 3 个数值，用逗号隔开，可以分别控制模型 x、y、z 轴方向上的缩放比例。如图 4-46 所示，选中左侧柜子的对角点，在缩放过程中输入 "1，2，3" 之后，就变成了右侧柜子。

图　4-46

4.4.3　缩放的快捷键

使用缩放工具时，可以结合一些快捷键实现模型的"沿中心缩放""等比例缩放"和"沿中心等比例缩放"。

1. 沿中心缩放：在缩放的时候，按住 Ctrl 键可以沿模型中心缩放。默认情况下，缩放的中心在所选拉伸手柄（绿色点）的另一侧对应的拉伸手柄处。如图 4-47 所示，右上角为所选点，则左下角为缩放中心。对其缩放后，默认效果如图 4-48 所示；当按住 Ctrl 键后，缩放中心变为模型的中心，缩放效果如图 4-49 所示。

图　4-48

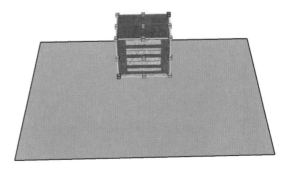

图　4-49

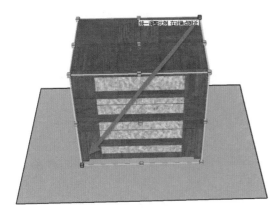

图　4-47

2. 等比例缩放：虽然在边线和面上的控制点可以对模型进行非等比缩放，但在非等比缩放操作中，也可以按住 Shift 键切换到等比例缩放模式。

3. 沿中心等比例缩放：按住 Ctrl + Shift 快捷键，可以切换到沿中心等比例缩放模式。

4.5　面与边的变换操作

本节之前讲到的都是对群组或组件的移动、旋转和缩放操作（关于群组或组件的更多内容，会在第 8 章详细阐述）。下面介绍如何对边线和面来执行移动、旋转和缩放的操作方法。

4.5.1　面与边的移动

1. 面的移动

当使用移动工具移动模型上的面时，SketchUp 会对模型进行拉伸。如图 4-50 所示，分别为将选中的面向 x 轴方向和 y 轴方向移动

后的效果。

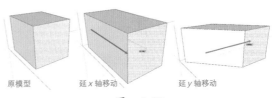

原模型　　　延 x 轴移动　　　延 y 轴移动

图　4-50

2. 边的移动

选中一条边线以后，可用移动工具来拉伸边线。如图 4-51 所示，将所选边线沿 z 轴向上移动后，形成了坡屋顶。

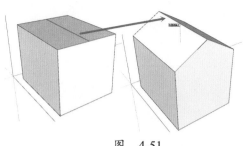

图 4-51

技术看板

当移动平面上的某个顶点时，如果顶点不在现有平面上移动，则 SketchUp 将自动折叠平面，将生成不规则的模型。如图 4-52 所示，使用移动工具沿 z 轴向下移动顶点，SketchUp 将沿正方体顶面创建一条折叠线。

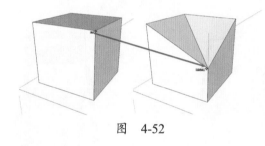

图 4-52

问：当遇到某个点只能延固定轴移动，而不能自由移动时（好似被锁定轴了一样），怎么办？
答：要解决这个问题，可以在移动顶点的同时按住 Alt 键。

4.5.2　面与边的旋转

旋转工具不仅可以旋转组或组件，还可以旋转模型的边线与面，操作方法与旋转组或组件一致。值得注意的是，如果旋转导致一个面被扭曲，SketchUp 将自动折叠相关的面，如图 4-53 所示。

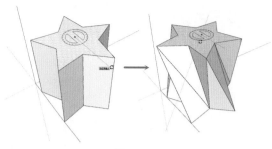

图 4-53

4.5.3　面和边的缩放

二维的面也可以像组或群组那样被缩放，如果缩放的面平行于 x/y/z 轴的话，缩放边界只是一个二维的矩形，如图 4-54 所示。

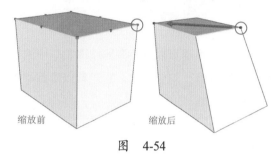

缩放前　　　　　缩放后

图 4-54

如果缩放的面不平行于 x/y/z 轴的话，边界就是一个三维的几何体，如图 4-55 所示。如要对表面进行二维的缩放，可以在缩放之前选中该面并在右键菜单中选择"对齐轴"命令，如图 4-56 所示，然后再进行缩放，如图 4-57 所示。

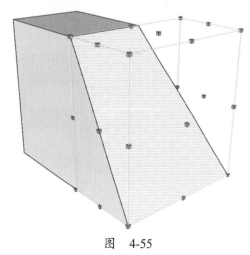

图 4-55

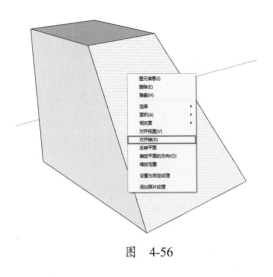

图　4-56

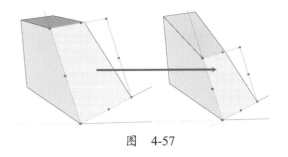

图　4-57

4.6　删除操作

擦除工具 可以直接删除绘图窗口中的模型、导向线等。不仅如此，它还可以隐藏和柔化边线。

4.6.1　删除模型

要想删除单个模型，可先选择擦除工具，然后单击想删除的模型。如果要批量删除模型，可以按住鼠标不放，然后在那些要删除的模型上拖过，被拖过的模型会高亮显示，如图 4-58 所示，再次放开鼠标就可以全部删除，如图 4-59 所示。

图　4-59

如果偶然选中了不想删除的模型，可以在删除之前按 Esc 键取消这次的删除操作，然后再重复删除操作。

当鼠标移动过快时，可能会漏掉一些模型，这时只需要重复拖曳操作即可。

如果是要删除大量的模型，推荐大家还是先选中这些模型，然后按 Delete 键进行删除。

4.6.2　隐藏边线

选择删除工具，按住 Shift 键单击边线就可以隐藏边线，而非删除边线。图 4-60 所示为未

图　4-58

隐藏和隐藏后的效果。

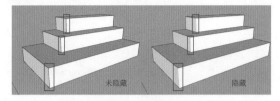

图 4-60

4.6.3 柔化边线

选择删除工具，按住 Ctrl 键单击边线就可

以柔化边线，而非删除边线。选择删除工具，同时按住 Ctrl 键和 Shift 键单击边线，可以取消边线的柔化。图 4-61 所示为未柔化边线和柔化边线后的效果。

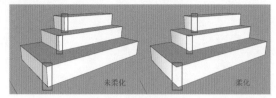

图 4-61

Chapter

第 5 章

图形的绘制与编辑

在 SketchUp 中绘制图形是创建模型的基础，本章详细讲解图形绘制系列工具的使用方法，包含直线工具、矩形工具、圆弧工具等。

 本章视频教程内容

视频位置：光盘 > 第 5 章图形的绘制与编辑

素材位置：光盘 > 第 5 章图形的绘制与编辑 > 第 5 章练习文件

序号	章节号	知识点	主要内容
1	5.1	直线工具	• 用直线工具绘制线段、面和体 • 直线的拆分
2	5.2	矩形工具	• 绘制黄金比例矩形 • 绘制正方形 • 精确绘制矩形
3	5.3	圆工具	• 绘制圆形 • 精确绘制圆形
4	5.4	多边形工具	• 绘制多边形 • 精确绘制多边形 • 多边形工具与圆工具的比较
5	5.5	圆弧工具	• 绘制圆弧 • 绘制圆角矩形

5.1　直线工具

直线工具，又称线条工具，是最常用的绘图工具，可以用来画单段直线、多段连接线或闭合的图形，也可以用来分割平面或修复被删除的平面。

5.1.1　绘制线段

用直线工具绘制线段的方法如下。

❶ 选择直线工具，单击线段的起点，移动光标，此时在数值控制框中会动态显示线段的长度。

❷ 将光标移至线段的终点，再次单击即可绘制成线段，如图 5-1 所示。一条线段的终点也可以作为另一条线段的起点，在操作过程中，可以随时按 Esc 键退出绘制。

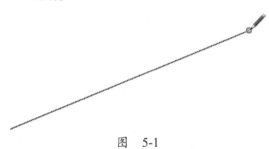

图　5-1

问：如何绘制精确长度的线段？

答：要绘制精确长度的线段，有以下两种方法。

①在确定线段终点之前或者画好线段后（未执行其他操作前），输入一个精确的线段长度值，再按 Enter 键即可完成精确长度的线段绘制。

②在确定线段终点前或者画好线段后（未执行其他操作前），输入线段终点的准确空间坐标。输入的坐标可以有两种形式，一种是绝对坐标，另一种是相对坐标。绝对坐标是以当前绘图坐标轴的原点为基准来计算，格式为 [x/y/z]。相对坐标是以线段起点的坐标为基准来计算，格式为 <x/y/z>。

技术看板

SketchUp 有强大的绘图参考引擎，当用直线工具在三维空间中绘制时，绘图窗口中会显示导向点和导向线，帮助用户在要绘制的线段与已有模型之间建立精确对齐关系。如图 5-2 所示，绘图时直线工具能够自动捕捉已有线段的端点、中点、边线和平面等元素。

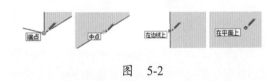

图　5-2

当在绘制过程中线段平行于坐标轴时，线段会以坐标轴的颜色高亮显示，并显示"在红色轴上""在绿色轴上""在蓝色轴上"的文字提示，如图 5-3 所示。

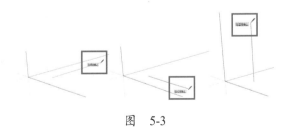

图　5-3

技术看板

　　当模型较复杂时，SketchUp 可能会受
到别的模型干扰，不能保持吸附在正确的
导向点／导向线上。此时，可以按住 Shift
键来保持直线工具吸附在需要的导向点／
导向线上。例如，当移动光标到一个平面上，
并显示"在平面上"的提示后，按住 Shift 键，
则可以使之后绘制的线段都在这个平面上，
如图 5-4 所示。

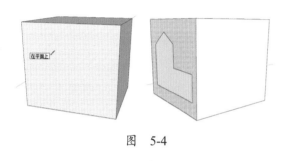

图　5-4

5.1.2　绘制平面

　　三条以上的共面线段首尾相连，可以创建
一个平面。创建平面后，直线工具就自动退出
绘制状态。绘制平面的具体步骤如下。

❶　选择直线工具，先单击第一条线段的起点，
　　接着将光标移到线段的终点，再次单击鼠
　　标，完成第一条线段的绘制，如图 5-5 所示。
　　该线段的终点就是下一个线段的起点。

图　5-5

❷　移动光标到第二条线段的终点，单击鼠标
　　确定终点位置，即完成了第二条线段的绘
　　制。以此类推，绘制如图 5-6 所示的连续
　　线段。

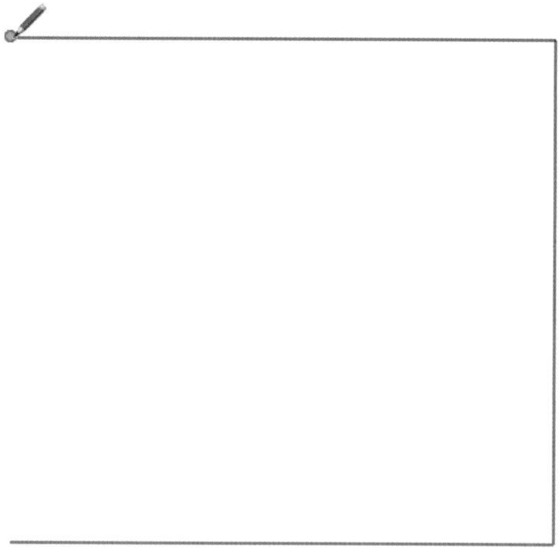

图　5-6

❸　当光标移到第一个线段的起点时，再次单
　　击鼠标即可完成平面的绘制，其内部会自
　　动填充一个面，如图 5-7 所示。

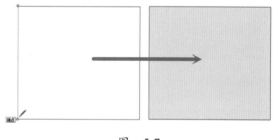

图　5-7

5.1.3　绘制分割线段

　　如果在一条线段上拾取一点作为起点，开
始绘制另一条线段，SketchUp 会自动把原来
的线段从交点处断开。例如，假设要把一条线
段分为两半，可以从该线段的中点处绘制一条
新的线段。之后，当再次选择原来的线段，就
会发现它被等分为两段了，如图 5-8 所示。

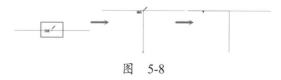

图　5-8

5.1.4 绘制分割平面

要分割一个平面，只要画一条端点在平面周长上的线段就可以了，如图 5-9 所示。

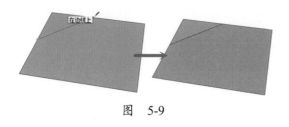

图 5-9

5.1.5 等分线段

直线工具可以将一条线段等分为若干段，具体操作步骤如下。

❶ 使用选择工具选中要等分的线段，单击鼠标右键，在右键菜单中选择"拆分"命令，如图 5-10 所示。此时会看到线段上有若干个平均分布的红点，如图 5-11 所示。

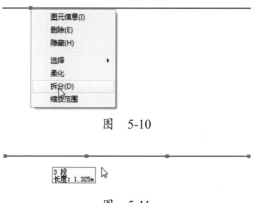

图 5-10

图 5-11

❷ 默认等分份数为 3 段，如果要调整等分份数，可以移动光标。当光标远离线段端点，份数会减少；当光标靠近线段端点，份数会增加，如图 5-12 所示。另外，也可以直接输入所要等分的份数，如输入 5，按 Enter 键，线段即被平均分为 5 段。输入数值后，数值会自动显示在数值控制框中，不需要将光标放在数值控制框中再输入。

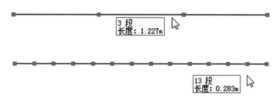

图 5-12

问： 如何绘制一条起点在已有平面的延伸面上的线段？

答： 首先，将光标放在平面上（注意不必单击），当出现"在平面上"的提示后，按住 Shift 键的同时移动光标到线段的起点处，单击鼠标，然后松开 Shift 键继续绘制线段即可。

5.2 矩形工具

矩形工具 ▇，是 SketchUp 中最常用的绘图工具，其用法也比较简单，本节具体介绍矩形工具的用法。

5.2.1 绘制矩形

使用矩形工具 ▇ 绘制矩形的具体步骤如下。

❶ 选择矩形工具，单击设置矩形的第一个角点，然后沿对角线方向继续移动光标。在绘制过程中，出现"金色截面"文字提示时，说明此时如果单击鼠标左键，则绘制出的是黄金比例的矩形，如图 5-13 所示。

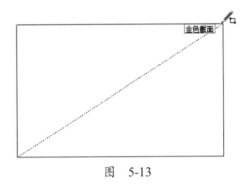

图　5-13

❷ 创建完矩形后，矩形内部会自动填充一个
面，如图 5-14 所示。操作过程中，可以随
时按 Esc 键，取消绘制。

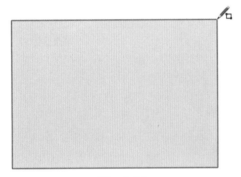

图　5-14

5.2.2　绘制正方形

若需要使用矩形工具绘制正方形，可以在
绘制过程中，出现"方线帽"提示时，单击鼠
标左键，如图 5-15 所示。

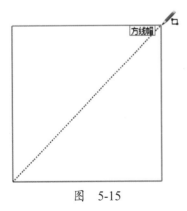

图　5-15

5.2.3　精确绘制矩形

绘制矩形时，它的尺寸会在数值控制框中
动态显示。要精确绘制矩形，可以在确定第一
个角点后或刚绘制好矩形时，通过键盘输入矩
形的尺寸。输入的长度与宽度数值之间，需用
逗号隔开。

如果只是输入数字，SketchUp 会使用当
前场景默认的长度单位。例如，假设场景长度
单位为"m"，当输入"3，6"后按 Enter 键，
则会绘制出一个长度为 3m、高度为 6m 的矩形，
如图 5-16 所示。

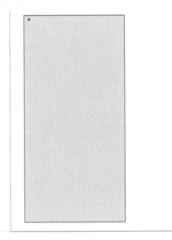

图　5-16

如果要使用非当前场景默认的长度单位，
用户也可以在输入数值的同时指定单位，例如
输入"4cm，5cm"。

刚绘制好矩形时，当仅输入一个数值和一
个逗号，例如"3，"，表示只改变长度，宽度
不变；同样，如果仅输入一个逗号和一个数值，
例如"，3"，就表示只改变宽度。

功夫在诗外

　　把一条线段分割为两部分，较短部分与较长部分长度之比等于较长部分与整体长度之比，其比值是一个无理数，约等于 0.618：1。由于按此比例设计的造型十分美丽，因此该比例被称为黄金比例。例如，图 5-17 所示就是一个黄金比例螺旋。

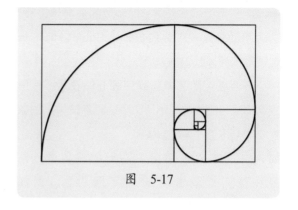

图　5-17

5.3　圆工具

　　使用圆工具 ● 可以方便地绘制正圆，是绘制图形的常用工具之一，其用法比较简单。

5.3.1　绘制圆形

　　使用圆工具 ● 绘制圆形的具体步骤如下。

❶ 选择圆工具，在绘图区单击一次，单击点为圆形的圆心，如图 5-18 所示。

❷ 将光标从中心点向外移出，以定义所画圆形的半径。移动光标时，半径值将动态显示在数值控制框中，单击鼠标左键即可完成圆形的绘制，如图 5-19 所示。

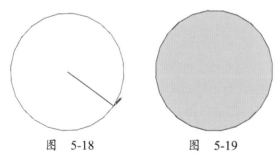

图　5-18　　　　　图　5-19

　　圆形实际上是由连续的直线段组成的。连续的线段数较多时，圆形的边看起来会比较光滑，如图 5-20 所示。但是，较多的线段数会使文件变得更大，从而降低系统性能，一般使用默认线段数，即边数为 24 边就可以了。

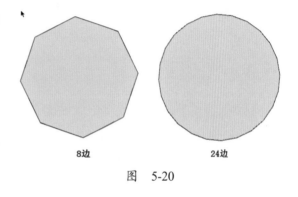

8边　　　　　　　　24边

图　5-20

5.3.2　精确绘制圆形

　　绘制圆形的时候，可以输入圆的半径和构成圆的线段数来精确绘制圆形。

　　1. 指定半径

　　在绘图区单击确定圆心后，或者刚绘制好圆形时（未执行其他操作前），可直接输入需要的半径长度后按 Enter 键，以指定圆形的半径。一般默认使用当前场景单位，假设场景默认使用"m"为单位，而用户输入了"3'6"（以英寸为单位），则 SketchUp 会将其自动换算成"m"。

　　2. 指定线段数

　　选择圆工具后，在确定圆心之前，数值控制框显示的是"侧面"数值侧面 8 ，即构成圆形的线段数，这时手动输入一个线段数，按 Enter 键即可指定圆形的线段数。

一旦在绘图区单击确定圆心位置后，数值控制框显示的就是"半径"，这时直接输入的数就是半径长度 半径 0.966m 。如果此时需要重新指定圆形的线段数，需要在输入的数值后加上字母"s"，例如 半径 12s ，并按 Enter 键确定。画好圆形后，在进行其他操作前可以继续修改圆形的段数。对于圆形段数的设定会保留下来，后面再绘制的圆形会继承这个段数。

技术看板

除了以上讲到的方法，大家也可以右键单击"圆"，在菜单中执行"图元信息"命令，打开"图元信息"对话框，在该对话框中修改圆的半径和边线段数，如图 5-21 所示。

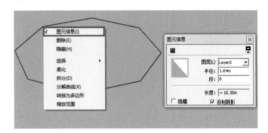

图 5-21

5.4 多边形工具

使用多边形工具▼可以绘制 3 条边以上的正多边形，其使用方法与圆工具相似。

5.4.1 绘制多边形

用多边形工具▼绘制图形的具体步骤如下。

❶ 选择多边形工具，在绘图区内任意位置单击鼠标，以确定多边形的中心点，如图 5-22 所示。

❷ 将光标从中心点向外移出，以确定多边形外接圆的半径。再次单击即可完成多边形的绘制，如图 5-23 所示。

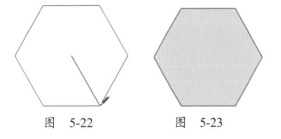

图 5-22　　　图 5-23

5.4.2 精确绘制多边形

与绘制圆形相似，可以通过输入多边形外接圆半径和边数来精确绘制多边形。

1. 指定半径

在绘图区单击确定多边形中心后，或者刚绘制好多边形时（未执行其他操作前），可直接输入需要的外接圆半径长度，再按 Enter 键完成设置。

2. 指定边数

选择多边形工具后，在确定多边形中心前，数值控制框显示的是边数，此时可以直接输入需要的边数，按 Enter 键即可完成设置。

在确定多边形中心后，或者刚绘制好多边形时（未执行其他操作前），数值控制框显示的是半径。此时如果还想修改边数的话，需要在输入的数字后面加上字母"s"，例如"8s"表示 8 边形，对于多边形边数的设定会保留下来，后面再绘制的多边形会继承这个边数。

5.5　圆弧工具

圆弧工具 可用于绘制圆弧，与圆形一样，圆弧实际上也是由多条线段连接而成的。

5.5.1　绘制圆弧

圆弧包含三个部分：起点、终点和凸起部分的高度。起点与终点之间的距离，叫作"弦长"，如图 5-24 所示。

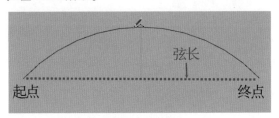

图　5-24

绘制圆弧的具体步骤如下。

❶ 选择圆弧工具 ，在绘图区内任意位置单击确定圆弧的起点。将光标移至圆弧的终点，再次单击鼠标，即可创建一条直线，如图 5-25 所示。

图　5-25

❷ 向上移动光标，将延伸出一条垂直于该直线的直线，如图 5-26 所示。单击鼠标可设置凸起部分的高度，完成圆弧的创建。

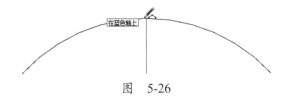

图　5-26

5.5.2　绘制半圆

移动光标调整圆弧凸出的高度时，圆弧会自动捕捉到半圆的参考点，如图 5-27 所示。此时，单击鼠标即可绘制半圆的弧线。

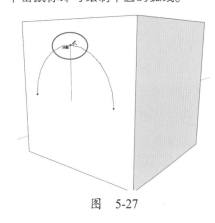

图　5-27

5.5.3　绘制相切的圆弧

使用圆弧工具可以绘制连续相切的圆弧线，如果第二条弧线以青色显示，则表示与第一条弧线相切，出现的提示为"在顶点处相切"，如图 5-28 所示。

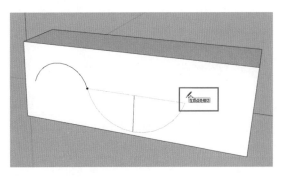

图　5-28

5.5.4　精确绘制圆弧

绘制圆弧时，数值控制框首先显示的是圆弧的弦长，然后是圆弧的凸出高度。可以输入精确数值来指定弦长和凸出高度，圆弧的半径和线段数的输入有专门的输入格式。

1. 指定弦长

使用圆弧工具单击圆弧的起点后，就可以输入一个数值来指定圆弧的弦长，默认使用场景的长度单位。如果输入负值，表示要绘制的圆弧在当前方向的反向位置。完成数值输入后，按 Enter 键即可。

2. 指定凸出高度

输入弦长以后，数值控制框会显示"凸出部分"，输入凸出的高度数值，按 Enter 键确定即可。如果输入值为负值，表示圆弧往反向凸出。

3. 指定半径

可以通过指定圆弧半径来代替指定凸出高度。要指定圆弧半径，必须在输入的半径数值后面加上字母"r"，例如"24r"，然后按 Enter 键即可绘制一条半径为 24 的圆弧。指定圆弧半径的操作可以在绘制圆弧的过程中或绘制完圆弧后（未执行其他操作前）执行。

4. 指定线段数

要指定圆弧的线段数，可以在绘制圆弧的过程中或绘制完圆弧后（未执行其他操作前）输入一个数字，再在后面加上字母"s"，如"12s"，按 Enter 键即可。

技术看板

绘制圆弧线（尤其是连续圆弧线）的时候，经常会找不准方向。此时，可以先创建辅助面，在辅助面上绘制圆弧线，绘制完成后，再将辅助面删除即可。

5.6 徒手画笔工具

徒手画笔工具 ✐ 允许用户绘制不规则的共面连续线段，这个工具在绘制等高线或有机体时很有用。

5.6.1 绘制自由曲线

自由曲线可绘制在现有的平面上，也可以独立于现有的平面，而与轴线垂直（即平行于轴平面）。具体绘制步骤如下。

❶ 选择徒手画笔工具，按住并拖动鼠标开始绘图，如图 5-29 所示。

❷ 松开鼠标左键停止绘画，如果将曲线终点设在绘制起点处即可产生闭合的形状。封闭的曲线会对平面进行分割，如图 5-30 所示。

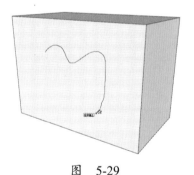

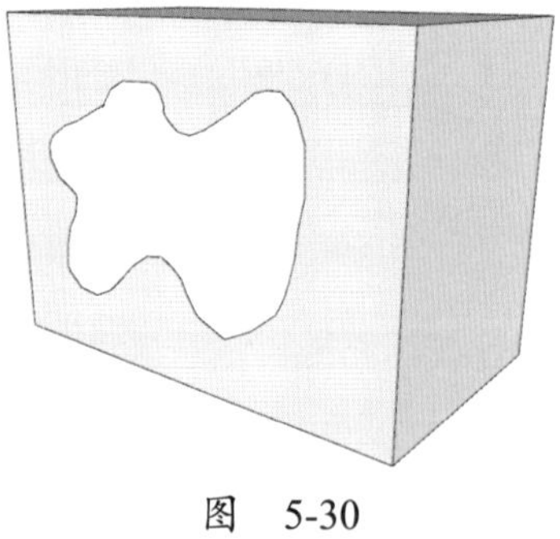

图 5-29

图 5-30

5.6.2 绘制徒手草图

当使用徒手画笔工具进行绘制之前，按住 Shift 键不放，再进行绘制，即可绘制徒手草图图形。徒手草图图形既不会产生导线器，也不会影响其他模型。一般使用该方法对导入的图像进行描图，绘制徒手草图图形，但使用频率并不高。

如果希望把徒手草图图形转换为自由曲线，可以用框选法，先选中徒手草图图形，再执行"编辑 > 三维折线 > 分解"命令即可，如图 5-31 所示。

图 5-31

Chapter

第6章

模型的创建与编辑

在绘制好了图形之后，就可以使用模型创建和编辑工具来建模了。SketchUp 中常用的模型创建与编辑工具有"推 / 拉工具""路径跟随工具""偏移工具"等，本章就逐一介绍它们的用法。

 本章视频教程内容

视频位置：光盘 > 第 6 章模型的创建与编辑

素材位置：光盘 > 第 6 章模型的创建与编辑 > 第 6 章练习文件

序号	章节号	知识点	主要内容
1	6.1	推 / 拉工具	• 使用推 / 拉工具制作现代建筑模型
2	6.2	偏移工具	• 面与线的手动偏移 • 面与线的精确偏移
3	6.3	跟随路径工具	• 跟随路径工具基本用法 • 使用跟随路径工具制作扶手
4	6.4	柔化边线	• 柔化边线 • 不柔化边线 • 局部柔化
5	6.5	三维文本工具	• 创建三维文本 • 编辑三维文本

6.1 推/拉工具

推/拉工具🡇可以用来移动平面、挤压平面、拉伸平面和减去平面，是非常有用的模型创建及编辑工具。

6.1.1 手动推/拉模型

使用推/拉工具可以给二维图形一个高度，让其变为三维的模型。具体操作步骤如下。

❶ 选择推/拉工具，单击要拉伸的平面，然后向上移动光标，如图 6-1、图 6-2 所示。

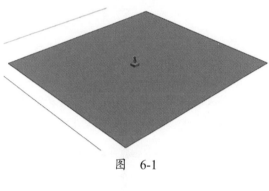

图 6-1

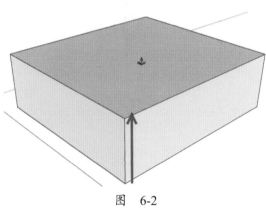

图 6-2

❷ 当达到模型所需高度时，再次单击鼠标即可完成创建。

6.1.2 精确推/拉模型

当模型正在推/拉时，推/拉数值会在数值控制框中实时显示。可以在推/拉的过程中或完成推/拉后（未进行其他操作前），手动输入推拉数值来精确模型推/拉的高度。当输入值为负值时，表示往当前推/拉的反方向推/拉。

6.1.3 重复推/拉操作

完成一次推/拉后，如果在另一个平面上双击鼠标左键，则该面将被推/拉到同样的高度。如图 6-3 至图 6-5 所示，当第一个平面被拉伸 10m 后，在另一个平面双击，则该面也被拉伸 10m。

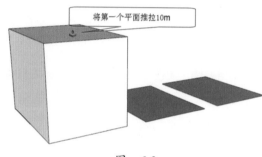

将第一个平面推拉10m

图 6-3

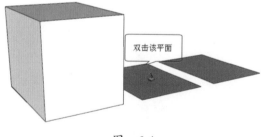

双击该平面

图 6-4

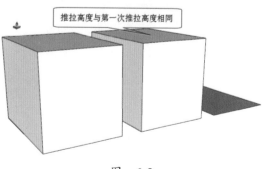

推拉高度与第一次推拉高度相同

图 6-5

6.1.4　用推 / 拉来挖空

如果在长方体的一个平面上画了一个闭合图形，就可以用推 / 拉工具往模型内部方向推拉，如图 6-6 所示。如果将其推拉到与底面平齐，即可将模型完全挖空，也就是挖出一个洞，如图 6-7 所示。

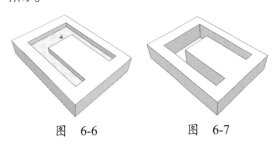

图　6-6　　　　　图　6-7

6.1.5　用推 / 拉复制表面

按住 Ctrl 键并推 / 拉平面，可以移动复制该平面。图 6-8 所示为按住 Ctrl 键并向右侧移动平面的效果。

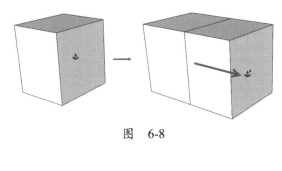

图　6-8

6.2　偏移工具

使用偏移工具可以对平面或一组共面的线进行偏移复制，能够将平面偏移复制到原平面的内侧或外侧。

6.2.1　面的偏移

使用偏移工具，让整个平面偏移复制的步骤如下。

❶ 选择偏移工具，单击要偏移复制的平面，向内部或外部移动光标以确定偏移复制的距离，如图 6-9 所示。移动光标时，偏移复制距离将实时显示在数值控制框中。

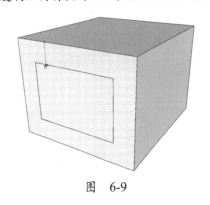

图　6-9

❷ 偏移复制距离确定后，单击鼠标左键即可完成偏移复制操作，如图 6-10 所示。

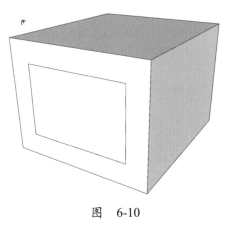

图　6-10

6.2.2　线的偏移

除了能对平面执行偏移复制，还可以对一组相连且共面的线来执行偏移复制操作。具体操作步骤如下。

❶ 使用选择工具，选择要偏移复制的直线。注意，必须选择两条或两条以上相连的直

线，并且所有的直线必须共面，如图 6-11
所示。

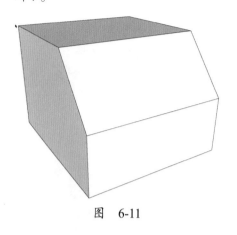

图　6-11

❷ 使用偏移工具单击选定直线中的一条，移
动光标以定义偏移复制距离，如图 6-12
所示。

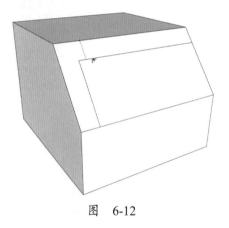

图　6-12

❸ 移动光标到合适位置后，单击鼠标即可完
成偏移复制操作，如图 6-13 所示。

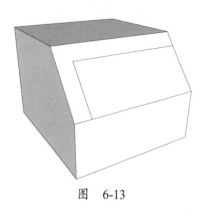

图　6-13

6.2.3　精确偏移

进行偏移复制操作时，绘图窗口右下角的
数值控制框会以默认长度单位来显示偏移复制
距离，如图 6-14 所示。可以在偏移复制过程中
或偏移复制之后（未进行其他操作前）输入数
值来精确指定偏移复制距离，最后按 Enter 键
确定即可。如果输入的是一个负值，表示往当
前偏移的反方向进行偏移复制。

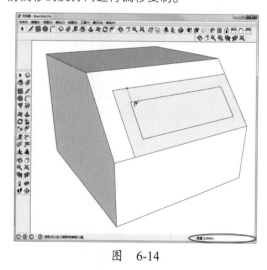

图　6-14

6.3　跟随路径工具

绘制出一条路径，然后可以使用跟随路径
工具 🖢 沿路径来创建模型，类似其他三维软件
中的放样建模功能。使用跟随路径工具，可以
创建出较为复杂的三维模型。

6.3.1　沿路径拖动放样建模

沿路径拖动放样建模是跟随路径工具最常
见的用法，具体操作步骤如下。

❶ 绘制好需要放样的路径和剖面，如图 6-15 所示，注意剖面一定要垂直于路径。

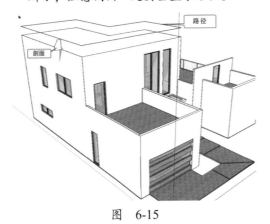

图 6-15

❷ 使用跟随路径工具，单击剖面，然后沿着路径移动光标，如图 6-16 所示。到达路径的末端时，单击鼠标即可完成建模，如图 6-17 所示。

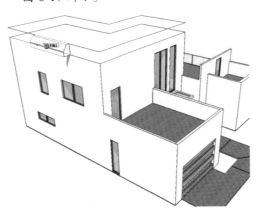

图 6-16

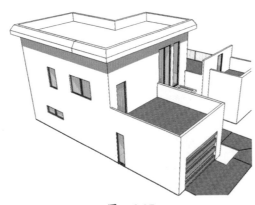

图 6-17

6.3.2 预选择路径放样建模

除了沿路径拖动放样建模，还可以使用选择工具先选好路径，再使用跟随路径工具单击剖面来建模。具体操作步骤如下。

❶ 绘制好需要放样的路径和剖面，使用选择工具选中路径，如图 6-18 所示。

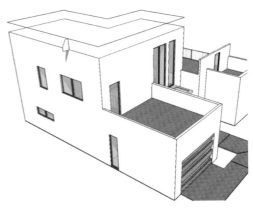

图 6-18

❷ 选择跟随路径工具，单击剖面图形，即可完成建模，如图 6-19 所示。

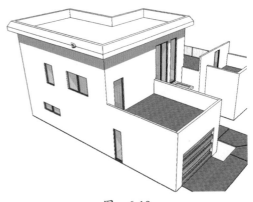

图 6-19

6.3.3 沿模型边线放样建模

除了手动绘制路径，也可以沿着模型的已有边线来放样，从而改变模型的外观。图 6-20 所示就是将立方体的上方边线作为路径，以三角面为剖面的放样效果。如果将剖面三角形的边长设定为立方体边长的一半，则可以制作出屋顶的效果，如图 6-21 所示。

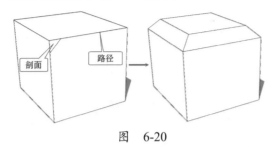

图　6-20

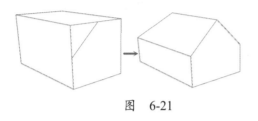

图　6-21

6.3.4　旋转放样建模

可以使用圆形路径和跟随路径工具，创建

旋转成形的模型。这里以创建圆锥体模型为例讲解旋转放样建模方法。

❶　首先绘制一个圆，圆的边线即代表路径。绘制一个垂直于该圆的三角形平面，如图 6-22 所示。

❷　选中圆形的边线，再使用跟随路径工具单击三角形剖面即可创建圆锥体，如图 6-23 所示。

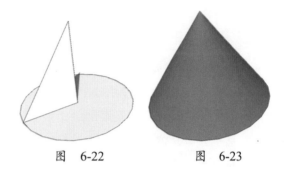

图　6-22　　　　　　图　6-23

6.4　柔化边线

在 SketchUp 中可以对模型的边线进行柔化和平滑处理，从而使模型的转折面看起来更圆润光滑。边线被柔化以后就会自动隐藏，如图 6-24 所示。

未"柔化边线"　　　　　"柔化边线"

图　6-24

如果需要查看隐藏的边线，可以执行"视图 > 隐藏几何图形"命令。此时，当前隐藏的边线和其他隐藏的图元将一起显示出来，被隐

藏的边线会显示为虚线，如图 6-25 所示。

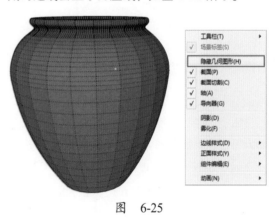

图　6-25

柔化边线后，还可以选中所需平滑的边线，执行"窗口 > 柔化边线"命令，在对话框中勾选"平滑法线"选项进行平滑表面，从而使相邻的平面在渲染中能平滑地过渡，去除可见的折线，效果如图 6-26 所示。

图 6-26

6.4.1 柔化模型边线

柔化边线的方法有以下 4 种。

1. 使用擦除工具 🖋 时按住 Ctrl 键，在需要柔化的边线上单击，即可将其柔化。

2. 选中要柔化的边线，单击鼠标右键，在右键菜单中选择"柔化"命令，如图 6-27 所示。

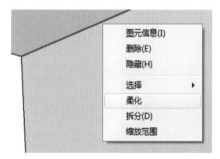

图 6-27

3. 选中要柔化的边线，在边线上单击鼠标右键，在右键菜单中选择"图元信息"命令，在"图元信息"对话框中勾选"软化"，如需平滑处理，则勾选"平滑"即可，如图 6-28 所示。

图 6-28

4. 选中边线，执行"窗口 > 柔化边线"命令。在"柔化边线"对话框中增加"法线间的角度"数值。如需平滑处理，则勾选"平滑法线"即可，如图 6-29 所示。

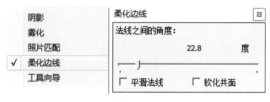

图 6-29

技术看板

如需柔化多条边线，可以先用选择工具选中多条边线，然后单击鼠标右键，从右键菜单中选择"软化 / 平滑边线"命令。在弹出的"柔化边线"对话框中拖动滑块，增加"法线之间的角度"数值就可以柔化边线了，如图 6-30 所示。

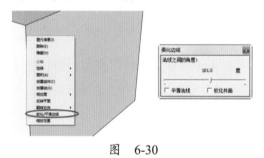

图 6-30

6.4.2 不柔化模型边线

如果要取消对边线的柔化操作，需要首先显示出隐藏的边线，然后再执行以下操作之一。

1. 选择擦除工具 🖋，按住 Ctrl+Shift 组合键，在所需取消柔化的边线上单击鼠标左键，即可以取消边线的柔化。

2. 在需要取消柔化的边线上单击鼠标右键，从右键菜单中选择"取消柔化"命令，如图 6-31 所示。

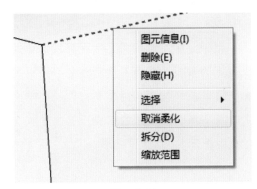

图　6-31

3. 假设需要一次性取消多条边线的柔化效果，可以先用选择工具选中这些边线，然后单击鼠标右键，从右键菜单中选择"软化/平滑边线"命令。在"柔化边线"对话框中，将"法线之间的角度"设为0°，如图6-32所示。

图　6-32

4. 在需要取消柔化的边线上单击鼠标右键，从右键菜单中选择"图元信息"命令，取消"软化"选项的勾选，如图6-33所示。

图　6-33

5. 选中需要取消柔化的边线，执行"窗口 > 柔化边线"命令。在"柔化边线"对话框中将"法线之间的角度"设为0°。

技术看板

圆弧和圆形是比较特别的图形，当用推/拉工具对它们进行拉伸时，会自动产生柔化的边线，如图6-34所示。

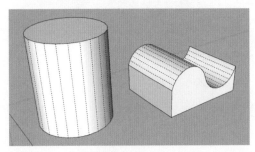

图　6-34

6.4.3　柔化局限

对模型添加柔化和平滑的效果，能够让模型看起来更细腻、更自然。但是，在SketchUp中使用柔化和平滑效果也是有一些局限的。

1. 有时模型上的柔化/平滑效果看起来并不正确。例如，当对一个立方体的所有边线进行柔化平滑处理后，会使之以渐变色显示，但实际上所有的平面都是直角正交的，如图6-35所示。

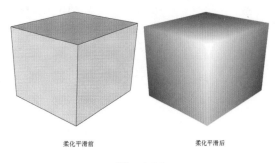

柔化平滑前　　　　　　　柔化平滑后

图　6-35

2. 如图6-36所示，两个以上平面所共用的边线是不能被柔化的。

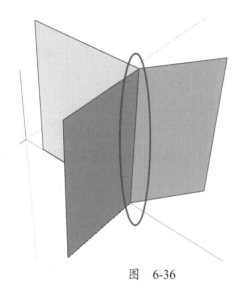

图　6-36

6.5　三维文本工具

三维文本工具 ▲ 可以帮助用户直接创建文本的三维模型，其使用方法也较为简单。

6.5.1　创建三维文本

创建三维文本的具体操作步骤如下。

❶ 单击三维文本工具，会弹出"放置三维文本"对话框，如图 6-37 所示。在对话框中可以输入文本内容，这里输入"PHOTOSHOP CC"，字体为"微软雅黑 Bold"。

图　6-37

❷ 在对话框中还可以设置字体、文字对齐方式、高度等参数。设置完成后，单击"放置"按钮，然后在绘图区合适位置单击鼠标左

键，即可放置三维文本，如图 6-38 所示。

图　6-38

6.5.2　三维文本选项参数

使用"放置三维文本"对话框中的选项可创建和编辑三维文本。

1. 字体：从下拉菜单中选择字体，可对文本字体进行更改。右侧下拉菜单中可以选择文本是使用"常规"还是"粗体"，如图 6-39 所示。

图　6-39

2. 高度：可以指定文字的高度。

3. 对齐：可以从下拉菜单中选择"左""居中"或"右"，将两行或多行文本分别左对齐、

居中或右对齐，如图 6-40 所示。

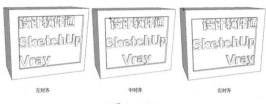

图　6-40

4. 填充：如果未勾选"填充"，则只能创建文字轮廓，而没有填充，如图 6-41 所示。勾选"填充"后，则可创建有填充的二维文本，如图 6-42 所示。

图　6-41

图　6-42

5. 已延伸：勾选该项后，可以直接输入三维文本的厚度。图 6-43 所示分别为"已延伸"为 50m 和 20m 的效果。注意，只有勾选"填充"复选框后才可设置该项，否则该项将显示为灰色，不能使用。

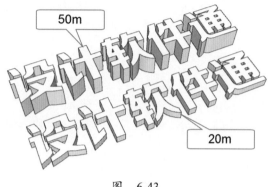

图　6-43

Chapter
第 7 章
尺寸的测量与标注

在做图时经常要对模型的长度或角度进行测量和标注，SketchUp 不仅提供了很多方便的测量和标注工具，如卷尺工具、量角器工具、文本工具等，还提供了可以创建和编辑模型剖面的工具，本章详细介绍它们的用法。

 本章视频教程内容

视频位置：光盘 > 第 7 章尺寸的测量与标注

素材位置：光盘 > 第 7 章尺寸的测量与标注 > 第 7 章练习文件

序号	章节号	知识点	主要内容
1	7.1	卷尺工具	• 用卷尺工具测量距离 • 用卷尺工具辅助创建房屋的窗户
2	7.2	量角器工具	• 使用量角器工具测量角度 • 使用量角器工具辅助创建屋顶
3	7.3	文本工具	• 创建引线文字 • 移动引线文字 • 删除引线文字
4	7.4	尺寸标注工具	• 为模型标注尺寸
5	7.5	截平面工具	• 创建截平面 • 隐藏截平面 • 关闭截平面效果

7.1　测量距离——卷尺工具

卷尺工具不仅可以测量两点间的距离，还能够创建引导线来缩放整个模型。

7.1.1　用卷尺测量距离

卷尺工具的主要用途是测量两点间的距离，具体步骤如下。

❶ 选择卷尺工具，单击测量的起点，接着朝要测量的方向移动光标。当卷尺工具与起点之间的连线与某条轴线平行时，连线颜色就会变为相应轴的颜色。随着光标的移动，数值控制框中会动态显示测量的长度，如图 7-1 所示。

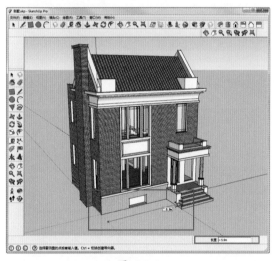

图　7-1

❷ 测量时，按"向上箭头""向左箭头"或"向右箭头"即可锁定卷尺移动方向，让卷尺只能在特定的轴上移动。其中"向上箭头"代表蓝轴 z，"向左箭头"代表绿轴 y，"向右箭头"代表红轴 x。再次按"向上箭头""向左箭头"或"向右箭头"可以解锁。

❸ 再单击测量的终点，在数值控制框中就会显示起点与终点间的距离。

7.1.2　用卷尺缩放模型

用卷尺工具可以一次性等比例缩放模型到所需大小，具体步骤如下。

❶ 激活卷尺工具，然后选择一条作为缩放依据的线段，并测量这条线段的当前长度为 20m，如图 7-2 所示。

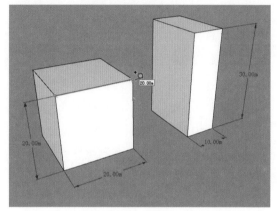

图　7-2

❷ 在数值控制框中为线段输入一个新的长度值（10），然后按 Enter 键。这时系统会显示如图 7-3 所示对话框，询问是否要调整该模型的大小，单击"是"按钮，即可等比例调整模型大小了。在本例中，模型尺寸会等比例缩小一倍，如图 7-4 所示。

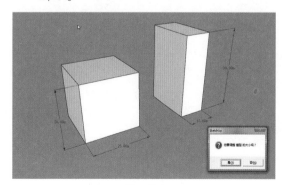

图　7-3

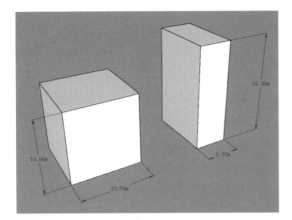

图　7-4

技术看板

有一点要特别注意的是，用卷尺工具缩放模型后，整个场景中所有模型的尺寸都会等比例变化。如果只想缩放一个模型，就要将物体转换为群组／组件，然后再双击进入群组／组件的内部使用上述方法进行缩放。

关于群组和组件的更多内容，可以参阅第 8 章相关内容。

在 SketchUp 中可以通过多边形工具创建正多边形，但是创建时只能精确控制多边形的边数和半径，不能直接输入边长。

这里有个变通的方法，就是利用卷尺工具进行缩放。以一个边长为 3m 的八边形为例，首先创建一个任意大小的等边八边形，然后将它创建为群组／组件并双击进入群组／组件的内部，接着使用卷尺工具测量一条边的长度，如图 7-5 所示，再输入需要的长度（3m），在对话框中单击"是"，则可绘制一个每边长为 3m 的八边形，如图 7-6 所示。

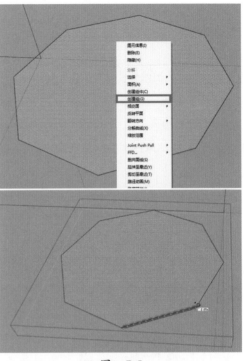

图　7-5

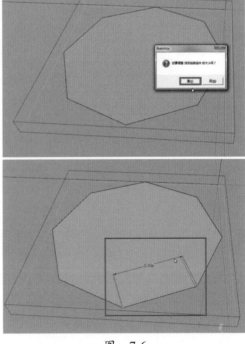

图　7-6

7.1.3 创建引导线

引导线是无限延伸的虚线，可用作精确绘图的导向，也就是其他软件中常说的辅助线。引导线不会对模型产生干扰，可独立隐藏和删除，还可使用"移动""旋转"工具编辑引导线。创建引导线的具体步骤如下。

❶ 选择卷尺工具，单击将会与引导线平行的边线，移动光标，可以看到卷尺工具旁边有一条虚线，即引导线，随之移动，如图 7-7 所示。

❷ 在适当位置再次单击鼠标可以创建第一条引导线。此时，继续移动鼠标，在适当位置单击鼠标可以建立第二条引导线，如图 7-8 所示。

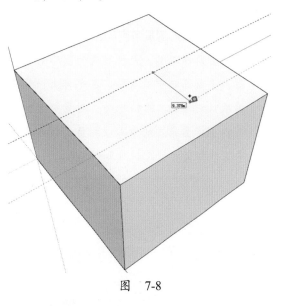

图 7-8

技术看板

在创建引导线时，数值控制框中显示了引导线距离起始边线（即第一次单击的边线）的距离。如需精确设置引导线位置，只需在移动光标过程中键入数值后按 Enter 键即可。输入一个负的数值，则会在与光标移动方向相反的方向创建引导线。

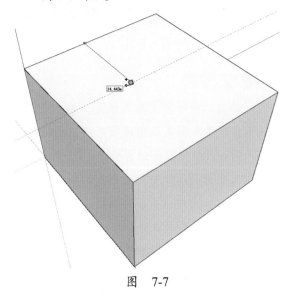

图 7-7

7.1.4 隐藏 / 删除引导线

引导线是一种临时参照物，辅助用户来绘制模型。当场景中保留过多的引导线，则会降低 SketchUp 绘图引导的准确性，因此最好将不再需要和暂时用不到的引导线删除或隐藏。

如果需要删除单根引导线，可以选中该引导线后按 Delete 快捷键。

如果需要一次性删除所有引导线，可以执行"编辑 > 删除导向器"命令。

如果需要隐藏引导线，可以选中引导线后，执行"编辑 > 隐藏"命令。

7.2 测量角度——量角器工具

量角器工具 ![](不仅可以测量角度，还可以创建引导线来辅助绘图。

7.2.1 测量角度

用量角器工具测量角度的步骤如下。

❶ 选择量角器工具，光标将变为圆形的量角器，量角器的中心点锁定在光标上，量角器默认对齐红／绿轴平面。测量角度时，可以先将量角器的中心放到角的顶点（两条直线相交处），如图 7-9 所示。

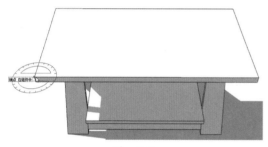

图　7-9

❷ 单击设置要测量的角的顶点，再移动光标，将量角器的基线对齐到测量角的起始边线上，在起始边线上单击鼠标，如图 7-10 所示。

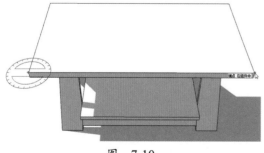

图　7-10

❸ 继续移动光标，直到触及角的另一条边线，单击鼠标，两条线的夹角度数将显示在数值控制框中，如图 7-11 所示。

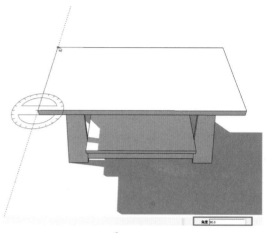

图　7-11

技术看板

量角器会随着光标的移动，自动捕捉平面。如果希望将量角器锁定在当前的平面上，可以按住 Shift 键再移动光标。

量角器的边缘处标有刻度，每格表示 15°。光标围绕量角器移动时，如果靠近量角器，则量角器旋转时会以 15° 为最小单位。反之，光标围绕量角器移动时，如果远离量角器中心，量角器旋转时会以更精确（更小）的增量变化。

7.2.2 创建引导线

用量角器创建引导线可以帮助用户绘制不平行于坐标轴的平面，如屋顶、斜坡等，具体操作步骤如下。

❶ 使用量角器工具，将其起始边线设为红色虚线，然后向上移动光标，输入 20° 并按 Enter 键确定，即可绘制出斜角为 20° 的引导线，如图 7-12 所示。

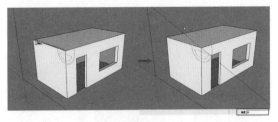

图　7-12

❷ 使用同样方法，在另一侧也绘制出斜角为 20° 的引导线，如图 7-13 所示。

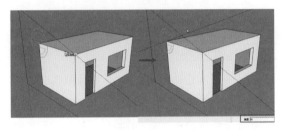

图　7-13

❸ 使用线条工具绘制出屋顶的剖面形状，然后使用推/拉工具拉伸出屋顶，如

图 7-14 所示。

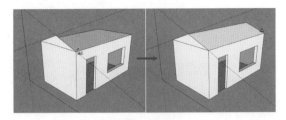

图　7-14

技术看板

　　用量角器工具创建引导线的时候，旋转的角度会在数值控制框中显示。可以在旋转的过程中或完成旋转操作后（执行其他操作前），输入一个角度数值，并按 Enter 键确定，来精确设置旋转角度。该值可以是十进制数字（例如 34.1），或者是斜率的形式（例如 1∶6）。在执行其他操作前，可以对该值进行任意更改，没有次数限制。

功夫在诗外

　　在建筑设计中屋顶主要可以分为以下三种。

　　①平屋顶：平屋顶通常是指屋面坡度小于 5% 的屋顶，常用坡度范围为 2%～3%。其一般构造是用现浇或预制的钢筋混凝土屋面板作基层，上面铺设卷材防水层或其他类型防水层。

　　②坡屋顶：坡屋顶通常是指屋面坡度大于 10% 的屋顶，常用坡度范围为 10%～60%。

　　③其他形式的屋顶：如拱结构、薄壳结构、悬索结构和网架结构等，这类屋顶一般用于较大体量的公共建筑。

7.3　标注文字——文本工具

　　文本工具可用来插入文字到模型中。SketchUp 中主要有两类文字——引线文本和屏幕文本。引线文本会随着视图和模型的改变而改变；屏幕文本会始终保持与屏幕的对齐关系，不受其他因素影响。

7.3.1　引线文本

　　引线文本包含字符和一条引线，创建引线文本的步骤如下。

❶ 选择文本工具，单击模型上的任意一点，设置引线所指的位置。移动光标，随着光

标在屏幕上移动，引线会拉长或缩短，到
合适位置后单击鼠标以确定文本位置，如
图 7-15 所示。

图　7-15

❷　在文本框内输入新的文本内容，如"屋顶"，
　　再单击文本框外部空白处或连续按Enter键两次，
　　即可完成引线文本的创建，如图7-16所示。

图　7-16

技术看板

　　文本框内的默认文本内容与引线所指
的内容相关。例如，如果引线所指的位置
是组件，文本内容可能是组件的名称；如
果引线所指的位置是一个平面，文本内容
可能是平面的面积。

　　如果希望不要引线而直接将文本放置
在模型上，可以使用文本工具在模型上双
击鼠标，此时只会有文本内容，而不会有
引线，如图7-17所示。

图　7-17

7.3.2　屏幕文本

　　屏幕文本含有字符，但不与模型相关联，
无论视图或者模型怎样改变，文本都会在屏幕
上的固定位置显示。创建和放置屏幕文本的具
体步骤如下。

❶　选择文本工具，将光标移动到绘图区的空
　　白处，单击确定文本位置后，系统会显示
　　文本输入框，如图7-18所示。

图　7-18

❷　在文本输入框中输入文本。完成输入后，
　　单击文本框外部，或连续按Enter键两次，
　　即可创建屏幕文本。无论今后模型和视图
　　怎样变换，屏幕文本都将在屏幕上的固定
　　位置显示，如图7-19所示。

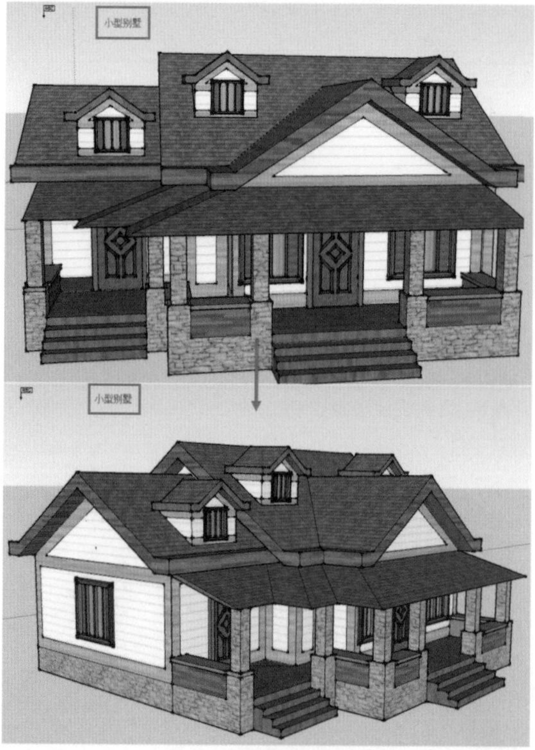

图 7-19

7.3.3 编辑文本

用文本工具或选择工具在文字上双击即可编辑文字内容，也可以在文字上单击鼠标右键，在右键菜单中执行“编辑文本”命令，如图 7-20 所示。

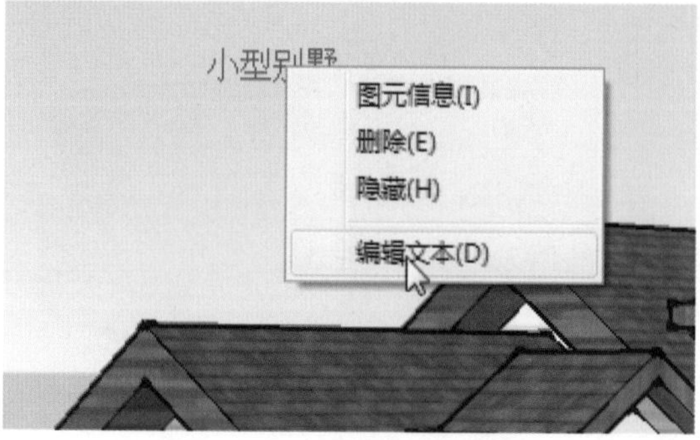

图 7-20

7.3.4 设置文本

如果希望改变引线的类型、引线端点符号、字体和颜色等属性，在选中文本后，执行“窗口 > 模型信息”命令，在“模型信息”对话框的“文本”标签中改变参数设置，具体参数如图 7-21 所示。

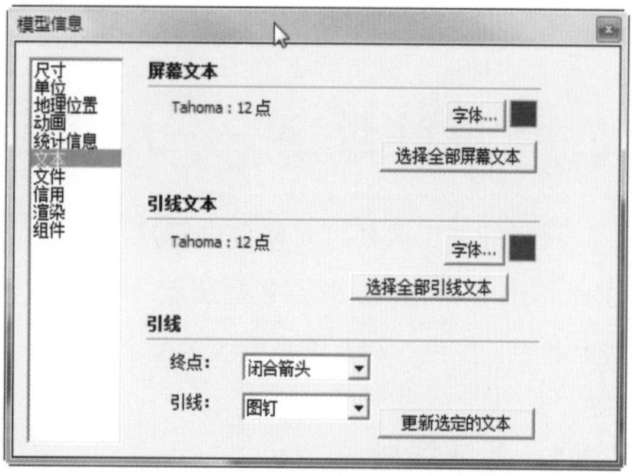

图 7-21

- 屏幕文本：用于修改屏幕文本的字体、颜色。单击“选择全部屏幕文本”可以一次性选中所有屏幕文本。
- 引线文本：用于修改引线文本的字体、颜色。单击“选择全部引线文本”可以一次性选中所有引线文本。
- 引线：用于修改终点和引线的样式。

➢ 终点：样式分为无箭头、点状箭头、闭合箭头和开放箭头这四类，如图 7-22 所示。

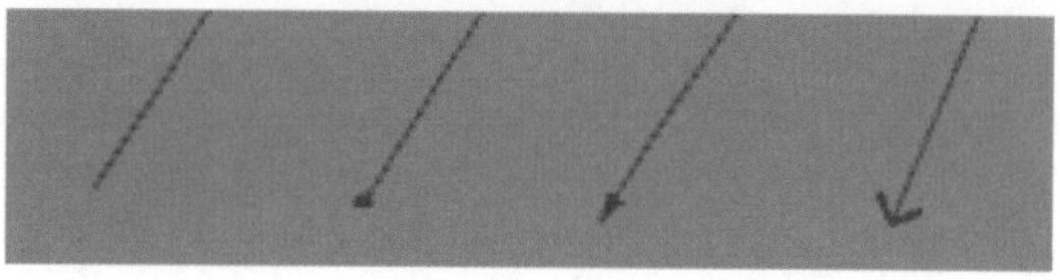

图 7-22

➢ 引线：分为基础视图和图钉两种类型。

基础视图型的引线不会随视图的改变而改变，其外观始终保持放置时的观察方向和屏幕布局，当引线箭头被遮挡时，整个引线文本将消失，如图 7-23 所示。而图钉型的引线会随着视图的改变而改变。

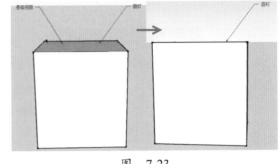

图　7-23

7.4　标注数字——尺寸标注工具

尺寸标注工具🔧可对模型进行尺寸标注。SketchUp 中适合的标注点包括端点、中点、边线上的点、交点，以及圆或圆弧的圆心。

7.4.1　标注线段

标注模型中线段的距离的具体步骤如下。

❶ 选择尺寸标注工具，单击线段的起点，接着将光标向线段的终点移动，如图 7-24 所示。

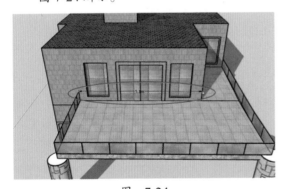

图　7-24

❷ 单击线段的终点，垂直移动光标到达合适高度，再次单击鼠标就完成了尺寸的标注，如图 7-25 所示。

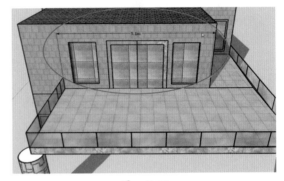

图　7-25

技术看板

有时可能需要旋转视图以便将尺寸放置在合适的平面。如图 7-26 所示，旋转视图后，将尺寸标注在 x、y 所组成的平面上。

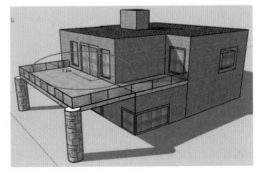

图　7-26

技术看板

　　用户也可以直接单击需要标注的线段进行标注，选中的线段会呈高亮显示，单击线段后拖曳出一定的标注距离即可，如图 7-27 所示。

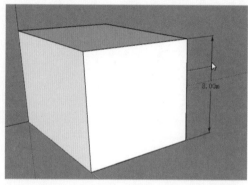

图　7-27

　　与引线文本类似，选中文本后也可以执行"窗口＞模型信息"命令，在"文本"标签中对文字以及引线的设置做修改。

7.4.2　标注半径

　　在圆弧或圆形上标注半径尺寸的具体步骤如下。

❶ 选择尺寸工具，单击圆弧并移动光标，将尺寸文字从模型中拉出，如图 7-28 所示。

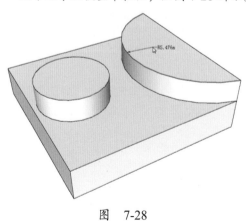

图　7-28

❷ 再次单击鼠标以确定尺寸文字的位置，如图 7-29 所示。

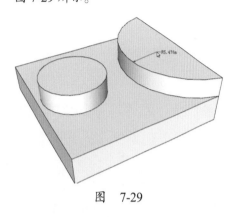

图　7-29

7.4.3　标注直径

　　在圆形上标注直径尺寸的具体步骤如下。

❶ 选择尺寸工具，单击圆形并移动光标，将尺寸文字从模型中拉出，如图 7-30 所示。

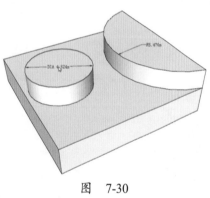

图　7-30

❷ 再次单击鼠标以确定尺寸文字的位置，如图 7-31 所示。

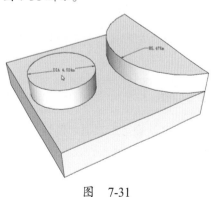

图　7-31

技术看板

　　"半径"和"直径"尺寸则必须标注在圆弧或圆所在的平面，今后尺寸也只能在该平面内移动。

答疑解惑

　　问：标注了半径，但想修改为直径尺寸，应该怎么办?

　　答：在半径尺寸文字的右键菜单中执行"类型 > 直径"命令，可以将半径标注转换为直径标注。同样，执行"类型 > 半径"命令，可以将直径标注转换为半径标注，如图 7-32 所示。

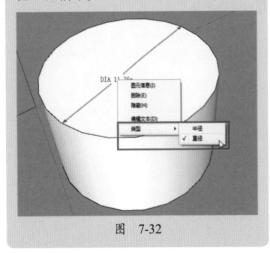

图　7-32

值。如果需要修改文字的内容，可以使用选择工具或尺寸标注工具在文字上双击，此时文本将处于可编辑状态。如果希望在文字中任意位置插入尺寸，只需要加入"<>"，修改完成后在绘图区的空白处单击即可。图 7-33 所示为将标注内容改为"圆圈直径 <>"后的效果。

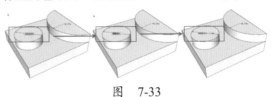

图　7-33

技术看板

　　当尺寸失去了与模型的关联或其文字内容经过了编辑后，有时可能无法显示准确的测量值。如要核实所有尺寸是否准确，可以执行"窗口 > 模型信息"命令，在对话框的"尺寸"面板中，单击"高级尺寸设置"按钮，勾选"突出显示非关联的尺寸"选项，则不准确的尺寸将以指定颜色突出显示，如图 7-34 所示。

图　7-34

7.4.4　修改尺寸文字

　　尺寸文字内容默认情况下是具体的尺寸数

7.5　截平面工具

　　截平面工具⊕可用来剖切模型，还可利用其创建建筑的生长动画。

7.5.1　创建剖面

　　截平面工具可以将模型从指定位置剖切开，以方便用户看到模型内部的构造，具体步骤如下。

❶ 选择截平面工具，此时光标处会出现一个绿色截平面，移动光标到要剖切的位置，单击鼠标以确定剖切方向，如图 7-35 所示，此时截平面会变为蓝色。

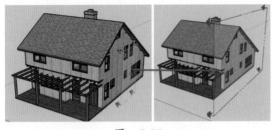

图　7-35

❷ 使用移动工具，移动截平面以确定剖切的深度，如图 7-36 所示。

技术看板

截平面工具只能为实体模型创建剖面（在本书第 14 章中将具体讲解实体的定义）。在创建剖面时，按住 Shift 键可以锁定剖切的方向。

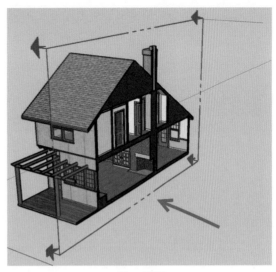

图　7-36

7.5.2　创建剖面边线组

剖切形成的边线为剖面边线，要创建剖面边线组，可以右键单击截平面，然后从菜单中执行"从剖面创建组"命令，则会在剖面处生成新边线并封装在一个组中。这个组可以被移动，也可以被炸开，如图 7-37 所示。

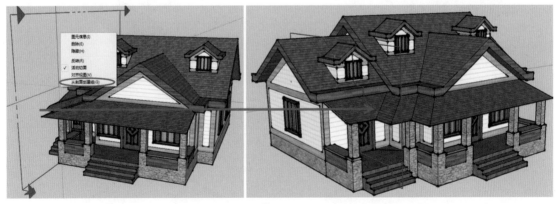

图　7-37

7.5.3　编辑截平面

创建好截平面之后，可以对截平面执行移动、旋转、反转等编辑操作。

1. 移动 / 旋转截平面：创建截平面后，可以使用移动 / 旋转工具重新定位截平面，操作方法与编辑一般模型相同，如图 7-38 所示。

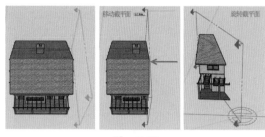

图　7-38

2. 反转截平面：右键单击截平面并从菜单中选择"反转"命令，即可反转截平面的方向，如图 7-39 所示。

3. 对齐截图平面：选中截平面后，单击鼠标右键，在菜单中选择"对齐视图"命令，可以使视角与截平面垂直。结合平行投影模式使用该命令，可快速生成模型剖面图或立面图，如图 7-40 所示。

4. 激活截平面：虽然用户可以在视图中创建多个截平面，但一次只能激活一个截平面，并且只有激活的截平面会显示剖面。激活一个截平面的同时会自动呆化其他截平面。新创建的截平面默认是激活的，除非用户创建它之后选择了另一个物体（如另一个截平面）。

激活截平面的方法有两种：一是使用选择工具双击截平面；二是右键单击截平面，并从菜单中选择"活动切面"命令，如图 7-41 所示。

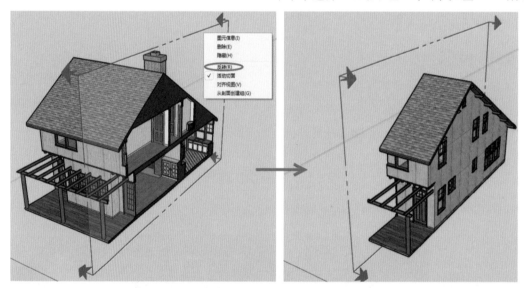

图　7-39

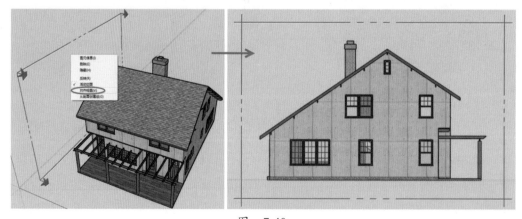

图　7-40

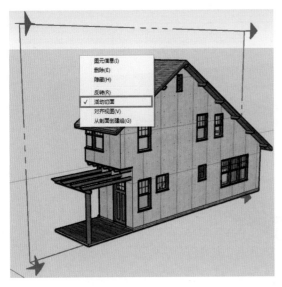

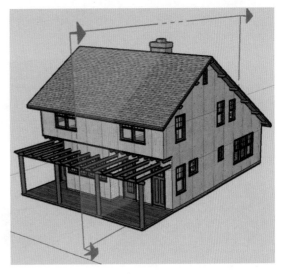

图 7-43

图 7-41

7.5.4 隐藏截平面

执行"视图 > 工具栏 > 截面"命令，可以打开"截面工具栏" 。

单击"显示截平面"按钮 可隐藏和显示截平面，如图 7-42 所示；单击"显示截平面切割"按钮 可以隐藏和显示剖切效果，隐藏剖切效果后，截平面显示为灰色，如图 7-43 所示。

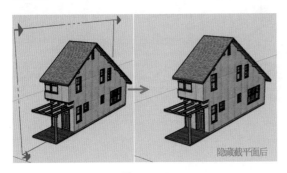

图 7-42

7.5.5 群组和组件中的截平面

虽然一次只能激活一个截平面，但是群组和组件相当于"模型中的模型"，在它们内部还可以有各自的激活截平面。例如，一个组里还嵌套了两个带截平面的组，分别有不同的剖切方向，再加上这个组的一个截平面，那么在这个模型中就能对该组同时进行三个方向的剖切，可以同时激活三个截平面，如图 7-44 所示。截平面能作用于它所在的模型等级中的所有图元（整个模型、群组、嵌套组等）。

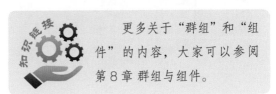

更多关于"群组"和"组件"的内容，大家可以参阅第 8 章 群组与组件。

图　7-44

7.5.6　导出截平面

图 7-45 为原图，执行"文件 > 导出 > 剖面"命令，可以打开"输出二维剖面"对话框。在输出类型下拉列表中选择适当的格式，单击"输出"按钮即可输出剖面。

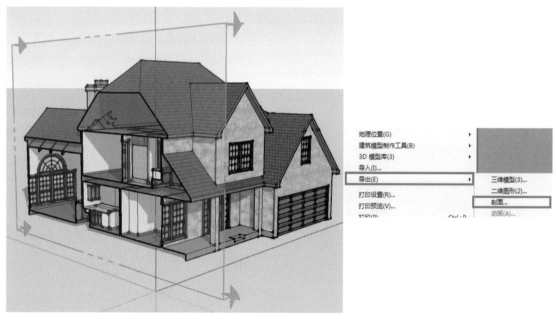

图　7-45

如需进一步设置，也可以单击"选项"按钮，如图 7-46 所示，进入"二维剖面选项"对话框，如图 7-47 所示，最终导出结果如图 7-48 所示。

图 7-46

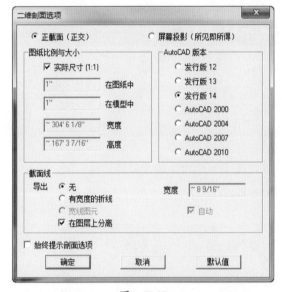

图 7-47

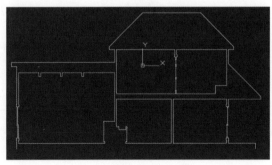

图 7-48

二维剖面选项对话框

- 正截面（正交）

勾选该项，将导出剖面的正交视图。

- 屏幕投影（所见即所得）

勾选该项，将导出屏幕上看到的剖面视图，包括透视角度。

- 绘图比例与尺寸

➤ 实际尺寸（1：1）：勾选该项，将以1：1的比例将剖面导出不勾选该项，则可以在下方指定缩放比例和具体尺寸。

➤ 缩放比例："在图纸中"和"在模型中"的比例就是输出时的缩放比例。例如，在图纸中1cm，在模型中1m，那就相当于输出1：100的图形。只有在轴测视图和平行投影的模式下，才能够定义缩放比例。

➤ 宽度/高度：用于指定输出图形的尺寸。

- 截面线

➤ 无：勾选该项，不显示剖面的边线

➤ 有宽度的折线：勾选该项，则将剖面切片的线条导出为多段线。

➤ 宽度：取消勾选"自动"后，可以为剖面的线条指定一个输出宽度。

➤ 自动：勾选该项，SketchUp 会分析指定的输出尺寸，并匹配轮廓线的宽度，让它和屏幕上显示的相似。

➤ 宽线图元：勾选该项，将剖面的线条导出为粗实线实体。

➤ 始终提示剖面选项：勾选该项，每次导出剖面时都打开选项对话框。如果关闭该项，则 SketchUp 以上次导出设置来导出剖面。

Chapter

第 8 章

群组与组件

在 SketchUp 中为了方便管理和重用模型，可以将属于一个物体的全部点、线、面、组等元素创建成群组或者组件，本章介绍群组和组件的相关内容。

 本章视频教程内容

视频位置：光盘 > 第 8 章群组与组件

素材位置：光盘 > 第 8 章群组与组件 > 第 8 章练习文件

序号	章节号	知识点	主要内容
1	8.1	群组	• 创建群组 • 组的嵌套
2	8.2.1	组件窗口	• 查看组件 • 为场景加入组件
3	8.2.2	获取组件	• 模型的搜索与下载
4	8.2.3	创建组件	• 创建圆柱体和椅子的组件 • 创建和编辑窗户组件
5	8.2.4	编辑组件	• 组件编辑的基本方法

8.1 群组

将属于一个物体的全部点、线、面、组、组件等元素"黏合在一起"就形成了"群组"，简称"组"。有了组以后，可以更方便地对模型整体执行选择、移动、复制和隐藏等操作。

8.1.1 创建群组

将属于一个物体的全部元素选中后，可以执行"编辑 > 创建组"命令或者单击鼠标右键，在右键菜单中选择"创建组"命令，将其创建为一个组，如图 8-1 所示。

图　8-1

技术看板

群组具有以下几点优势。

①快速选择：选中一个组就选中了组内的所有元素。

②模型隔离：组内的物体和组外的物体相互隔离，操作互不影响。

③协助组织模型：几个组还可以再次成组，形成一个具有层级结构的组。

④提高建模速度：用组来管理和组织划分模型，有助于节省计算机资源，提高建模和显示速度。

⑤快速赋予材质：分配给组的材质会由组内使用默认材质的模型继承，而事先制定了材质的模型不会受影响，这样可以大大提高赋予材质的效率。当组被分解以后，此特性就无法应用了。

8.1.2 分解群组

如果要将创建好的组，重新恢复为原先的单个元素，可以执行"编辑 > 组 > 分解"命令或者在群组上单击鼠标右键选择"分解"命令，如图 8-2 所示。

技术看板

群组是可以实现组中组的，即组中还可以包含其他组或组件，会产生层级关系。执行一次"分解"命令只能分解最顶层的群组，要分解下层群组，则需要执行多次"分解"命令。

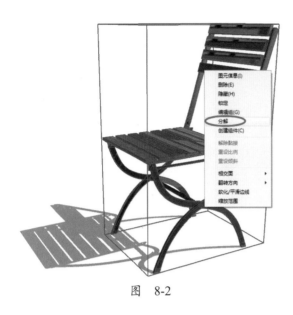

图 8-2

8.1.3 编辑群组

要对组中的元素（点、线、面、组、组件）进行编辑，需要首先进入组的内部，编辑完成后再退出组，具体步骤如下。

（1）进入组，有以下几种方法。

* 使用选择工具在组上双击。

* 选择组，再按 Enter 键。

* 在组上单击鼠标右键，从右键菜单中选择"编辑组"命令。

（2）退出组，有以下几种方法。

* 使用选择工具单击绘图区的空白处。

* 在使用选择工具的状态下，按 Esc 键退出。

* 在绘图区的空白处单击鼠标右键，在右键菜单中选择"关闭组"命令。

8.1.4 群组显示设置

双击组后，则进入了组的编辑状态，组的外框会以虚线显示，其他外部物体以淡色显示（表示不可编辑状态），如图 8-3 所示。

图 8-3

如要改变默认显示效果，可以执行"窗口 >模型信息"命令，在组件标签下修改设置。图8-4、图 8-5 所示为修改了"淡化模型的其余部分"参数后的效果对比。

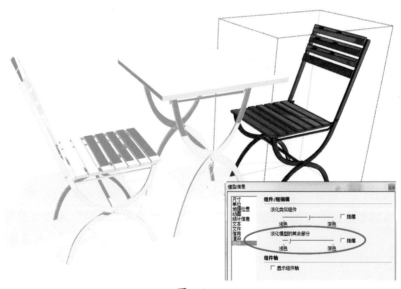

图 8-4

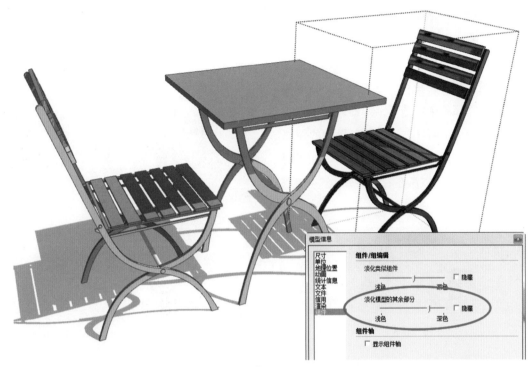

图　8-5

8.1.5　群组关联菜单

在创建的组上单击鼠标右键，将弹出一个
快捷菜单，如图 8-6 所示。

图　8-6

1. 图元信息：单击该选项将弹出"图元信
息"对话框，以浏览和修改组的属性参数，如
图 8-7 所示。

图　8-7

● "选择材质"窗口▓：单击该窗口将弹
出"选择材质"对话框，用于显示和编辑组的
材质。如果没有应用材质，则显示为默认材质。

● 图层：用于显示和更改组所在的图层。

● 名称：用于显示或更改组的名称。

● 隐藏：勾选该项，组将被隐藏。

● 已锁定：勾选该项，组将被锁定，组
的边框将以红色亮显。

● 投射阴影：勾选该项，组可以产生阴影。

• 接收阴影：勾选该项，组可以接收其他模型的阴影。

2. 删除：用于删除当前选中的组。

3. 隐藏：用于隐藏当前选中的组。如果事先在"视图"菜单中勾选了"隐藏几何图形"选项（快捷键为 Alt+H），则所有隐藏的组将以网格显示并可选择，如图 8-8 所示。如果想取消该组的隐藏，可以再在右键菜单中选择"取消隐藏"命令。

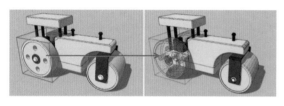

图　8-8

4. 锁定：用于锁定当前选中的组。

5. 创建组件：用于将组转换为组件。

6. 解除黏接：如果一个组是在一个平面上被推、拉创建的，那么该组在移动过程中就

会吸附在这个平面上，从而无法捕捉其他面的点，如图 8-9 所示。这个时候执行"解除黏接"命令可使物体自由捕捉参考点进行移动，如图 8-10 所示。

图　8-9

图　8-10

7. 重设比例：对组执行缩放后，可执行该命令以恢复组的原始比例和尺寸大小。

8.2　组件

组件与组很相似，但比组更易于修改。因为同一组件的不同副本之间互相关联，所以修改一个组件副本则该组件的其他副本也会自动修改。有了这个特性，窗、门、树、椅子以及数百万计的组件模型都可以很容易地进行整体更改，而组则没有这个关联修改的功能，因此可以将组件理解为一种更强大的"群组"。

8.2.1　组件窗口

组件窗口的主要作用是管理和查找组件，执行"窗口 > 组件"命令，可以打开组件窗口，如图 8-11 所示，分为"选择""编辑"和"统

计信息"3 个选项卡。

1. 选择选项卡：用来查看和选择组件。

• "查看选项"按钮▦▾：单击该按钮将弹出一个下拉菜单，其中包含了 4 种图标显示方式和"刷新"命令，组件图标会随着图标显示方式的改变而变化，如图 8-12 所示。

• "模型中"按钮⌂：单击该按钮，显示出当前场景中包含的所有组件。

• "导航"按钮▾：单击该按钮，将弹出一个下拉菜单，用户可以通过"在模型中"和"组件"命令切换显示的模型目录，如图 8-13 所示。

图 8-11

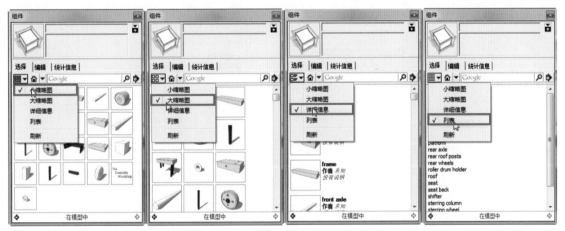

图 8-12

图 8-13

● "详细信息"按钮 : 在选中模型中一个组件时,单击该按钮将会弹出一个快捷菜单,其中的"另存为本地集合"命令用于将选择的组件进行保存收集;"清除未使用项"命令用于清理未被使用的组件,以减小文件的大小,如图 8-14 所示。

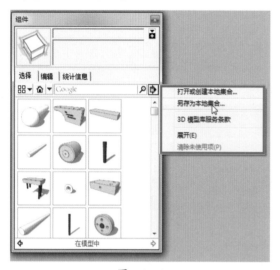

图　8-14

2. 编辑选项卡:当选中了组件时,可以在"编辑"选项卡中进行组件的黏接、切割和阴影朝向的设置,如图 8-15 所示。关于组件的黏合、切割开口以及阴影的朝向设置将在"创建组件"的小节中详细介绍。

图　8-15

3. 统计信息:当选中了组件时,打开"统计信息"选项卡可以查看该组件中各类图元的数量,如图 8-16 所示。

图　8-16

8.2.2　获取组件

除了自己建模之外,还可以在网上找到大量的现有 SketchUp 模型,这些模型都是世界各地的 SketchUp 用户自己上传到网络空间给大家共享的,获取模型后在 SketchUp 中将其转换为组件即可。具体获取步骤如下。

(1)使用浏览器访问 3D 模型(https://3dwarehouse.sketchup.com/index.html), 如图 8-17 所示。

(2)在搜索区域输入要搜索的内容,比如"Car"。因为上传者多用英文来为模型命名,所以搜索时最好使用英文。单击"Search"按钮, 即会显示模型的缩略图,如图 8-18 所示。

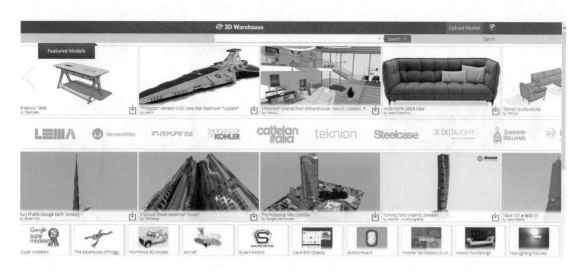

图　8-17

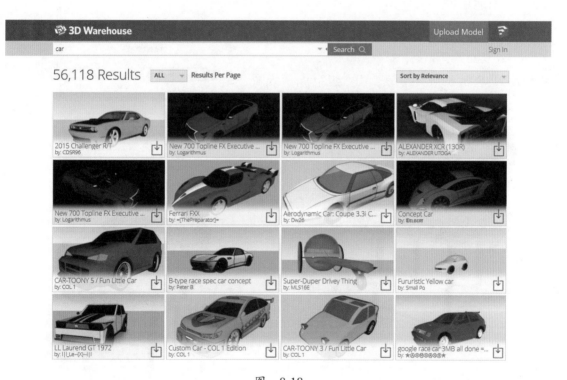

图　8-18

单击下载按钮 ⬇ 可以直接下载模型。单击需要下载的模型缩略图，可以查看该模型的详细信息，如图 8-19 所示。此时，单击 ⬇ Download 就可以下载针对 SketchUp 各个不同版本的模型。

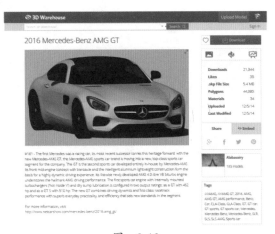

图 8-19

8.2.3 创建组件

创建组件的具体步骤如下。

（1）使用选择工具，按住 Ctrl 键选择要加入组件的模型（点、线、面、组或组件），如图 8-20 所示。

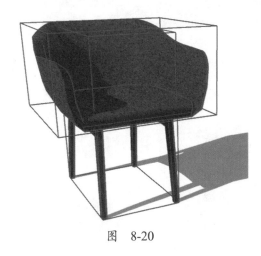

图 8-20

（2）执行"编辑 > 创建组件"命令（快捷键为 G 键），或者在模型上单击鼠标右键选择"创建组件"命令，如图 8-21 所示。

（3）此时会出现"创建组件"对话框，输入组件的名称，勾选"用组件替换选择内容"，如图 8-22 所示。

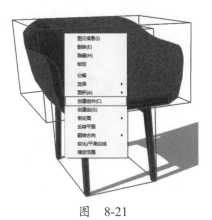

图 8-21

图 8-22

（4）单击"创建"按钮后即可创建椅子的组件，此时单击模型会显示大的立方体边框，如图 8-23 所示。

图 8-23

● 创建组件对话框

➢ "名称 / 描述"文本框：在这两个文本框中可以为组件命名以及对组件的重要信息进行注释。

➤ 黏接至：该命令用来指定组件插入时所要对齐的面，可以在下拉列表中选择"无、任意、水平、垂直或斜面"。

➤ 切割开口：创建门窗等组件时常会勾选此项，这样创建的组件将在与平面相交的位置开洞。

➤ 总是朝向镜头：该选项可以使组件始终对齐视图，并且不受视图变更的影响。如果定义的组件为二维配景，则需要勾选此选项，这样可以用一些二维物体来代替三维模型，使文件不至于因为配景而变得过大，如图 8-24 和图 8-25 所示。

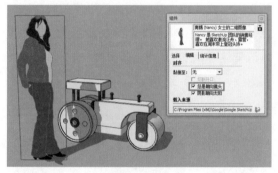

图　8-24

图　8-25

➤ 阴影朝向太阳：该选项只有在"总是朝向镜头"选项开启后才能生效，可以保证组件的阴影随着视图的变动而改变。

➤ 设置组件轴：单击该按钮，可以在组件内部设置坐标轴。

➤ 用组件替换选择内容：勾选该选项可以在创建组件的同时将原模型转换为组件。如果没有选择此选项，则原来的模型将没有任何变化。

完成组件的制作后，在"组件"编辑选项卡中可以修改组件的属性。如需将组件单独保存为 .skp 文件，可以在组件的右键菜单中执行"存储为"命令即可，如图 8-26 所示，还可执行"替换选定项"来替换选定的组件。

图　8-26

8.2.4　分解组件

如果要将创建好的组件重新恢复为原先的单个元素，可以单击鼠标右键，在右键菜单中选择"分解"命令，如图 8-27 所示。

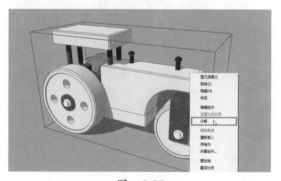

图　8-27

8.2.5　编辑组件

编辑组件的方法与编辑组的方法基本相同。首先需要进入组件的内部，编辑完成后再退出组件即可，具体步骤如下。

（1）进入组件，有以下 2 种方法。

• 使用选择工具在组件上双击。

• 在组件上单击鼠标右键，在右键菜单中选择"编辑组件"。

（2）退出组件，有以下 3 种方法。

• 使用选择工具单击绘图区的空白处。

• 在使用选择工具的状态下，按 Esc 键退出。

• 在绘图区的空白处单击鼠标右键，在右键菜单中选择"关闭组件"。

8.2.6 关联组件

当组件被复制而重复使用时，这些组件都是关联组件，也就是说对一个关联组件进行编辑后其他的关联组件都会同步改变。图 8-28 所示为编辑前效果，图 8-29 和图 8-30 所示为编辑左下角沙发颜色后的效果。

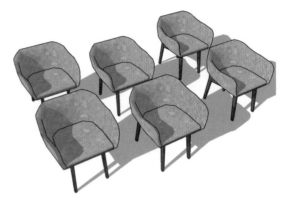

图 8-30

如果在一个关联组件上单击鼠标右键，并在右键菜单中选择"设置为自定项"，如图 8-31 所示。这样该组件就不和其他组件关联了，对它的编辑不会影响到其他的关联组件。例如，当改变这个椅子的材质后，其他椅子并没有受到影响，如图 8-32 所示。

图 8-28

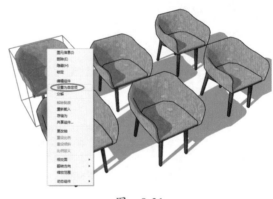

图 8-31

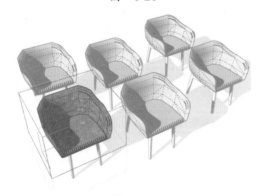

图 8-29

图 8-32

8.2.7　组件显示设置

与组的显示类似，当双击进入组件的编辑状态后，组件的外框会以虚线显示，其他外部物体以淡色显示（表示不可编辑状态）。

如要改变默认显示效果，可以执行"窗口 > 模型信息"命令，在组件标签下修改设置，图 8-33 和图 8-34 所示是修改了"淡化模型的其余部分"参数后的效果对比。

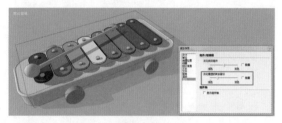

图　8-33

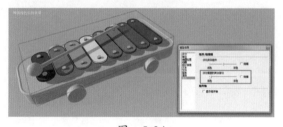

图　8-34

有时为了在做图过程中不妨碍视线，可以在"模型信息"对话框中勾选"隐藏"选项或者执行"视图 > 组件编辑 > 隐藏模型其余部分 / 隐藏类似组件"命令以将外部模型隐藏，如图 8-35 所示。

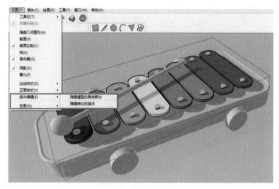

图　8-35

进入组件编辑状态时，如勾选"隐藏模型的其余部分"，则旁边模型都会被暂时隐藏，如图 8-36 所示，直到退出编辑状态为止。而"隐藏类似组件"命令可用于隐藏该组件的其他关联组件。

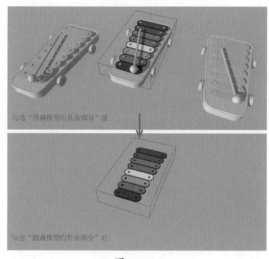

图　8-36

8.2.8　三组件关联菜单

由于组件的右键菜单与组右键菜单中的命令相似，如图 8-37 所示，因此这里只对一些常用的命令进行讲解。

1. 锁定：该命令用于锁定组件，使其不能被编辑，以免进行误操作，锁定的组件边框显示为红色。执行该命令锁定组件后，这里将变为"解锁"命令。

2. 设置为自定项：当需要对一个或几个关联组件进行单独编辑时，就需要使用到"设置为自定项"命令。执行该命令后，该组件即取消了与其他组件的关联性，对它的编辑不会影响到其他组件。

3. 分解：该命令用于分解组件，分解的组件将被取消与其他组件的关联性。

4. 更改轴：该命令用于重新设置坐标轴。

图　8-37

5. 重设比例 / 重设倾斜 / 比例定义：组件
的缩放与普通模型的缩放有所不同。如果直接
对一个组件进行缩放，不会影响其他组件的比
例大小，如图 8-38 所示。

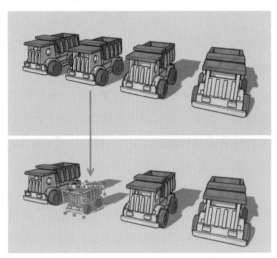

图　8-38

如果进入组件内部进行缩放，则会改变所
有相关联的组件。对组件进行缩放后，组件会
变形，此时执行"重设比例"或者"比例定义"
命令就可以恢复组件原型，如图 8-39 所示。

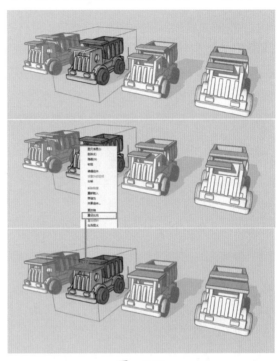

图　8-39

6. 翻转方向：在该命令的子菜单中选择镜
像的轴线即可完成组件的镜像。

Chapter
第 9 章
材质与贴图

在模型创建好之后，要得到理想的画面效果，为模型添加适合的材质和贴图是必不可少的步骤。SketchUp 中有许多预设好的材质和贴图，可以直接使用。除此之外，用户也可以对现有材质进行修改编辑、创建新的材质或者载入外部现有材质等进行使用。

 本章视频教程内容

视频位置：光盘 > 第 9 章材质与贴图

素材位置：光盘 > 第 9 章材质与贴图 > 第 9 章练习文件

序号	章节号	知识点	主要内容
1	9.2	材质的填充 01	• 材质的单个填充 • 材质的邻接填充 • 材质的替换填充 • 提取材质
2	9.2	材质的填充 02	• 为群组或者组件填充材质
3	9.3	材质的编辑	• 编辑材质的颜色、不透明度 • 编辑材质的纹理
4	9.3.4	实战：自定义材质	• 创建自定义木纹材质
5	9.4	贴图的变换	• 用"锁定别针"模式调整贴图 • 用"自由别针"模式调整贴图
6	9.5.1	转角贴图	• 创建转角贴图的技巧
7	9.5.2	圆柱贴图	• 创建圆柱贴图的技巧
8	9.5.3	投影贴图	• 创建投影贴图的技巧
9	9.5.5	镂空贴图	• 使用镂空贴图创建围栏

9.1 材质概述

完成建模后，可以为边线、平面、群组和组件赋予不同的材质。材质的选择与编辑工作都可以在材质面板中完成。

9.1.1 材质面板

执行"窗口>材质"命令，打开材质面板，如图 9-1 所示。材质面板中有两个选项卡，一个是"选择"选项卡，又叫"材质浏览器"；另一个是"编辑"选项卡，又叫"材质编辑器"。

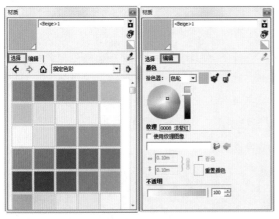

图　9-1

1."选择"选项卡：可以从材质库中选择材质，也可以组织和管理材质。

● "将绘图材质设置为预设"按钮 ：可以将"材质"面板中正在使用的材质切换为默认材质。

● "名称"文本框：显示材质的名称，可以在这里为材质重新命名，如图 9-2 所示。

图　9-2

● "创建材质"按钮 ：单击该按钮，弹出"创建材质"对话框，在该对话框中可以

设置材质的名称、颜色及大小等属性信息，如图 9-3 所示。

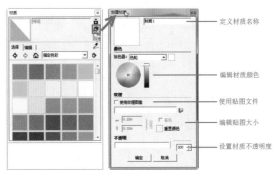

定义材质名称

编辑材质颜色

使用贴图文件

编辑贴图大小

设置材质不透明度

图　9-3

● "后退"按钮 ／"前进"按钮 ：在浏览材质库时，这两个按钮可以在正在使用的材质库和上一次选择的材质库之间切换。

● "在模型中"按钮 ：单击该按钮，可以快速返回"在模型中"材质列表。

● "详细信息"按钮 ：单击该按钮，弹出快捷菜单，如图 9-4 所示。

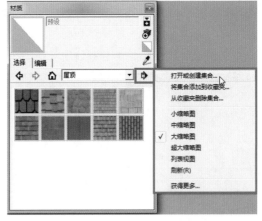

图　9-4

➢ 打开或创建集合：该命令用于载入一个已经存在的文件夹或创建一个文件夹到"材质"编辑器中，方便用户批量导入材质或者整理材质。执行该命令，在弹出的对话框中不能显示

文件，只能显示文件夹。

➢ 将集合添加到收藏夹：该命令用于将选择的文件夹添加到收藏夹中。

➢ 从收藏夹删除集合：该命令可以将选择的文件夹从收藏夹中删除。

➢ 小缩略图 / 中缩略图 / 大缩略图 / 超大缩略图 / 列表视图：前 4 个命令用于调整材质图标显示的大小；"列表视图"命令用于将材质以列表状态显示，如图 9-5 所示。

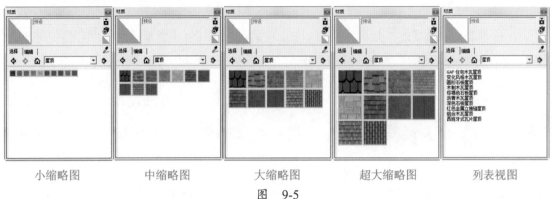

小缩略图　　中缩略图　　大缩略图　　超大缩略图　　列表视图

图　9-5

● 在模型中：通常情况下，使用某材质后，该材质会被添加到材质面板的"在模型中"材质列表内，在对文件进行保存时，这个列表中的材质会和模型一起被保存。

在"在模型中"材质列表内显示的是当前场景中正在被使用 / 曾被使用的材质。正在被使用的材质右下角会带有一个小三角，没有小三角的材质表示曾经在模型中使用过。如果在某个材质上单击鼠标右键，将弹出一个快捷菜单，如图 9-6 所示。

➢ 删除：用于将选择的材质从场景中删除，原来赋予该材质的模型将被赋予默认材质。

➢ 存储为：用于将该材质存储到其他材质库。

➢ 输出纹理图像：用于将该材质的贴图存储为单张图片。

➢ 编辑纹理图像：执行该命令，弹出"系统使用偏好"对话框，如果在"应用程序"中设置过默认图像编辑器，在执行"编辑纹理图片"命令的时候会自动打开设置的图像编辑器来编辑该贴图图片，如图 9-7 所示，默认的编辑器为 Photoshop 软件。

图　9-6

图　9-7

➢ 面积：执行该命令将准确地计算出模型中所有应用此材质平面的表面积之和。

➢ 选择：执行该命令将选中模型中所有应用此材质的平面。

2."编辑"选项卡：可以用来编辑一个材质的不同属性。

● 拾色器：在该项的下拉列表中可以选择 4 种颜色拾取方式，分别为"色轮""HLS""HSB"和"RGB"，如图 9-8 所示。

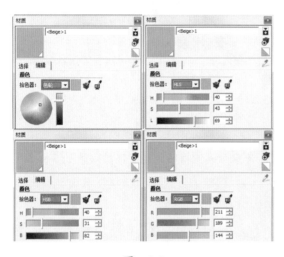

图　9-8

● "匹配模型中对象的颜色"按钮：单击该按钮，即可在模型上单击拾取颜色。

● "匹配屏幕上的颜色"按钮：单击该按钮，即可在屏幕上单击拾取颜色。

● "高宽比"文本框：在该文本框中输入数值可以修改单个贴图的大小。默认情况下，贴图长宽比是锁定的，单击即可解锁，解锁后图标将变为。

● 不透明度：材质的不透明度值可介于 0 ~ 100，值越小越透明，如图 9-9 所示。当平面的正、反两面使用了不同材质时，可以分别对正、反两面设置不同的不透明度。

技术看板

模型材质的不透明度小于 70% 时，该模型不能产生阴影；只有完全不透明，即不透明度为 100% 时，才能接受阴影。

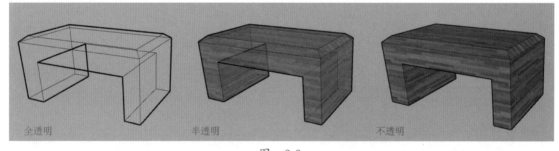

全透明　　　半透明　　　不透明

图　9-9

9.1.2 默认材质

SketchUp 中刚创建的模型，会被自动赋予默认材质。默认材质的正反面颜色并不相同，目的是让用户更容易区分面的正反朝向，方便在导出模型到 AutoCAD 或其他 3D 建模软件时调整面的方向。

执行"窗口 > 样式"命令，在"编辑"选项卡中单击"平面设置"按钮，可以修改正

反两面的颜色，如图 9-10 所示。图 9-11 所示
为将背面颜色修改为红色后的效果。

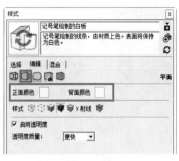

图 9-10

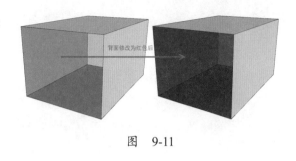

图 9-11

9.2 材质的填充

颜料桶工具 可给模型填充材质或置换模型中的某些材质。虽然可以给边线填充材质，但在
SketchUp 中主要还是为平面、组或组件填充材质。

在为模型填充材质前，需要在"视图 > 正面样式"菜单中，执行"带纹理的阴影"命令，以
便看到材质正确的显示效果。

9.2.1 单个填充

使用颜料桶工具可以给单个平面填充材质。
如果先用选择工具选中多个平面，再使用颜料
桶工具单击相应平面，则可以一次性给所有选
中的平面填充材质。具体步骤如下。

❶ 选择颜料桶工具，执行"窗口 > 材质"命令，
在"选择"选项卡的右侧下拉列表中选择
一种材质库。SketchUp 中自带了多个默认
的材质库，如植被、屋顶和半透明材质等，
这里选择"沥青和混凝土"材质库，如
图 9-12 所示。

❷ 从材质库中选择"烟雾效果骨料混凝土"
材质，在要填充的平面上单击鼠标，材质
就会被填充到该平面上，如图 9-13 所示。

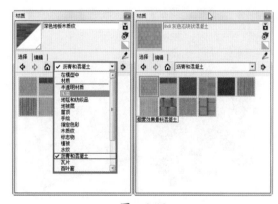

图 9-12

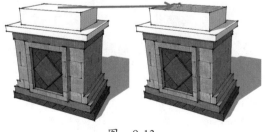

图 9-13

9.2.2 邻接填充

填充一个平面时按住 Ctrl 键，会同时填充与所选平面相邻接的并且使用相同材质的所有平面。如果事先选中了多个平面，那么邻接填充操作会被限制在所选范围之内，如图 9-14 所示。

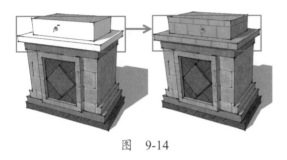

图 9-14

9.2.3 替换填充

填充一个平面时按住 Shift 键，会用当前材质替换所选平面的材质，而且模型中所有使用该材质的平面都会同时改变材质。如果事先选中了多个平面，那么邻接填充操作会被限制在所选范围之内，如图 9-15 所示。

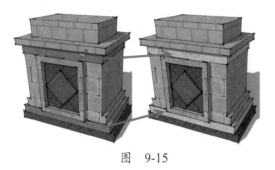

图 9-15

9.2.4 邻接替换

填充一个平面时，同时按住 Ctrl 键和 Shift 键，就会实现上述两种组合的效果。填充工具会替换所选平面的材质，但替换的对象会限制在与所选平面有连接的平面中。图 9-16 所示为

原图，图 9-17 所示为邻接替换左侧方块材质的效果。如果事先用选择工具选中了多个平面，那么邻接替换操作会被限制在所选范围之内。

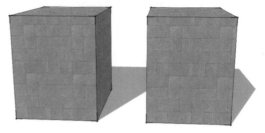

图 9-16

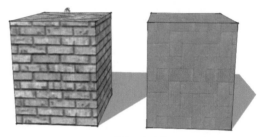

图 9-17

9.2.5 提取材质

使用颜料桶工具时，按住 Alt 键，光标会变为吸管图标。单击模型中的平面，就能提取该平面的材质。提取的材质会被设置为当前使用的材质，然后单击其他平面就可填充这个材质了，如图 9-18 所示。

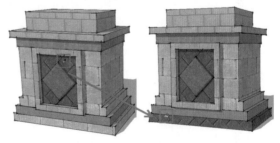

图 9-18

9.2.6 组或组件的填充

在 SketchUp 中，模型在刚创建的时候会

被自动赋予默认材质,将模型创建成组/组件后,就可以对组/组件填充新材质。填充新材质后,组/组件的默认材质将会被替换为新材质,而之前在组/组件内部所填充给模型的非默认材质则将不受影响。

图 9-19 所示为三个组,选择颜料桶工具,在"材质"面板的下拉列表中选择"木质纹"材质库。从材质库中选择三种木纹材质,并分别单击这三个组,将材质进行填充,如图9-20 所示。

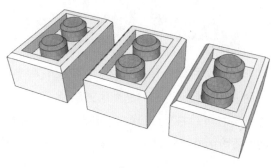

图　9-19

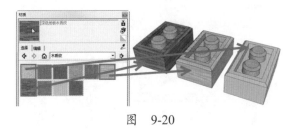

图　9-20

因为组中的两个圆柱形模型事先已经填充了非默认材质,所以它们的材质未受影响,如图 9-21 所示。如果要修改它们的材质,必须先双击进入组内部,再为这些模型填充材质,如图 9-22 所示。组件材质的填充和修改方法与组材质的一致。

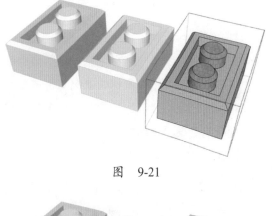

图　9-21

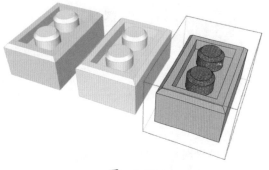

图　9-22

9.3　材质的编辑

当预设材质不能完全满足使用需要时,可以通过对材质参数的编辑来修改材质,例如可以编辑材质的颜色、透明度等属性,也可以自定义材质。

9.3.1　材质颜色

按住 Alt 键,使用颜料桶工具单击模型上任意一个部分,可以提取该部分的材质。图 9-23 所示为提取沙发红色坐垫材质后,材质编辑器中的显示。

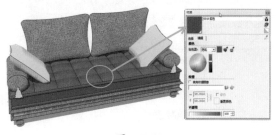

图　9-23

在 SketchUp 中有四种方式来拾取颜色,分别为"色轮""HLS""HSB"和"RGB"。

单击"色轮"旁的箭头可以在下拉列表中选择任意一种方式，如图 9-24 所示。

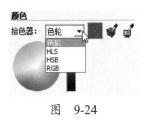

图　9-24

1. 色轮

可以在色轮上单击选择任意一个想要的颜色，也可以按下并拖曳鼠标快速浏览许多不同的颜色。色轮中心颜色饱和度最低，色轮边缘颜色饱和度最高。拖动右侧的滑块，可以改变所选颜色的明度，越向上明度越高，越向下越接近于黑色，如图 9-25 所示。

图　9-25

2. HLS

HLS 分别代表 Hue （色相）、Lightness （亮度）和 Saturation （饱和度）。H 滑块可以用来调节颜色的色相，S 滑块用来调整颜色的纯度 / 饱和度，L 滑块用来调节颜色的明度。如果需要精确调色，可以直接在右侧文本框中输入数值，如图 9-26 所示。

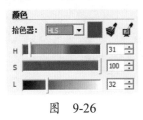

图　9-26

3. HSB

HSB 分别代表 Hues （色相）、Saturation

（饱和度）和 Brightness （亮度）。H 滑块可以用来调节颜色的色相，S 滑块用来调整颜色的纯度 / 饱和度，B 滑块用来调节颜色的亮度。如果需要精确调色，可以直接在右侧文本框中输入数值，如图 9-27 所示。

图　9-27

4. RGB

RGB 分别代表 Red（红色）、Green（绿色）和 Blue（蓝色），它们是光的三原色。可以向左或向右滑动 RGB 滑块来选择颜色。RGB 颜色模式中的 3 个滑块是互相关联的，改变其中任意一个滑块的位置，其他两个滑块位置也会随之改变。如果需要精确调色，可以直接在右侧文本框中输入数值，如图 9-28 所示。

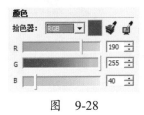

图　9-28

9.3.2　材质透明度

材质可以设置从 0 到 100% 的透明度，任何材质都可以通过材质编辑器设置透明度，如图 9-29 所示。

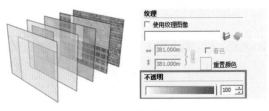

图　9-29

执行"窗口＞样式"命令，打开"样式"对话框。在"编辑"选项卡中单击"平面设置"图标🔲，在"透明度质量"列表中可以选择透明材质在 SketchUp 中的显示质量，如图 9-30 所示。

图　9-30

透明材质的显示质量有 3 个等级，分别为"更快""中"和"更好"。

● 更快：该模式牺牲了透明度计算的准确性来换取更快的渲染刷新率。

● 中：该模式是在"好"与"更快"两种模式下寻求一种平衡。

● 更好：选择该模式，透明材质效果显示最为准确。

技术看板

SketchUp 对透明材质的计算能力无法为用户提供照片级的真实透明材质效果，但在设计推敲和构思表达阶段还是足够用的。SketchUp 能导出带有材质的三维模型，把它们导入其他程序中去渲染，如 3ds Max 或者 Maya 等，可以获得更加写实的阴影和透明效果。也可以使用 V-Ray for SketchUp 这个渲染插件获取更完美的透明材质效果，在第 17 章将详细讲解该插件的用法。

9.3.3　材质的双面属性

如果给有默认材质的平面填充透明材质，这个材质会同时填充该面的正、反两面，这样从两边看起来都是透明的了，如图 9-31 和图 9-32 所示。

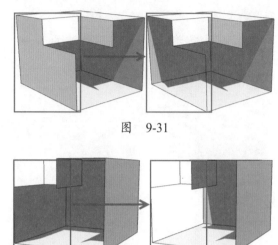

图　9-31

图　9-32

如果一个平面的背面已经填充了一种非透明的材质，则正面填充的透明材质不会影响背面的材质。同样的道理，如果再给背面填充另外一种透明材质，也不会影响到正面的材质。图 9-33 所示为原图，为左侧面的正面填充透明材质后效果如图 9-34 所示，背面保持了原先的材质。

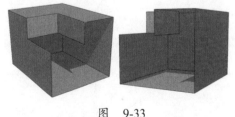

图　9-33

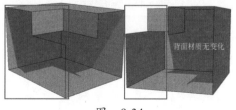

图　9-34

9.3.4 实战：自定义材质

除了使用 SketchUp 中自带的材质以外，还可以通过自定义材质来获得符合场景需要的材质。具体操作步骤如下。

❶ 打开练习文件，执行"窗口 > 材质"命令，打开"材质"面板，如图 9-35 所示。

图 9-35

❷ 单击"创建材质"按钮，会弹出"创建材质"对话框。将颜色调至深褐色，单击"确定"按钮，然后将材质填充到桌腿的模型

上，如图 9-36 所示。

图 9-36

❸ 再次单击"创建材质"按钮，勾选"使用纹理图像"，并选择练习文件夹中的"Wood.jpg"作为贴图。将贴图宽度设为 1m，单击"确定"按钮，为桌面及下方的木板填充该材质，最终效果如图 9-37 所示。

图 9-37

9.4 贴图的变换

材质可以是单色的，也可以是有图案的，这个图案就叫作贴图。贴图放置的位置和角度可以在"锁定别针"和"自由别针"这两种模式下调整。

9.4.1 "锁定别针"模式

在锁定别针模式中，每个别针都有一个特有的功能。锁定别针模式可以缩放、倾斜、旋转和扭曲贴图。锁定别针模式最适合在创建砖块或屋顶等材质时使用，具体使用步骤如下。

❶ 新建一个材质，在"材质"面板的"编辑"选项卡中勾选"使用纹理图像"，此时弹出一个对话框，选择贴图并导入 SketchUp。将材质填充在平面上，右键单击该平面，在右键菜单中选择"纹理 > 位置"命令，如图 9-38 所示。

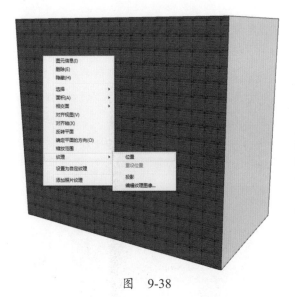

图　9-38

❷ 此时，平面上将出现一个虚线构成的矩阵
网格，表示贴图的每个单元。光标也会变
为手形，且屏幕上显示四个别针，如图
9-39 所示。

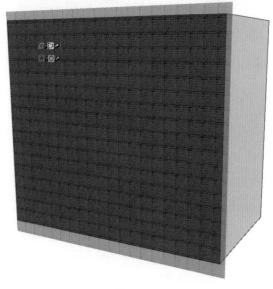

图　9-39

❸ 每个别针旁边都会显示一个彩色图标，每
个图标都代表着不同类型的贴图变换操
作。在贴图变换操作过程中，按 Esc 键，
即可取消对整个贴图坐标的修改。

- "倾斜 / 缩放"别针 ：单击并拖曳
蓝色图标，可以倾斜或者非等比例缩放贴图。
注意，在操作过程中，两个底别针（"移动别针"
和"缩放"别针）都是固定的，如图 9-40 所示。

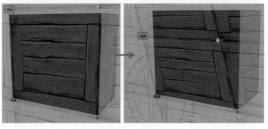

图　9-40

- "等比例缩放 / 旋转"别针 ：单击
并拖曳绿色图标，可以旋转和等比例缩放贴图。
在旋转贴图时，会出现一个虚线圆弧。如果把
光标放置在虚线圆弧的上面，贴图将只会旋转，
不会缩放，如图 9-41 所示。

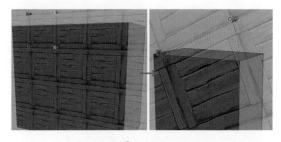

图　9-41

- "移动"别针 ：单击并拖曳红色图
标，可以移动贴图的位置，如图 9-42 所示。

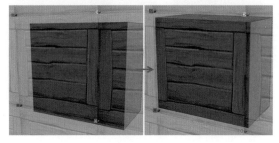

图　9-42

- "梯形"别针 ：单击并拖曳黄色图

标，可以对贴图进行透视变形操作，如图 9-43 所示。

图　9-43

❹ 完成对贴图的变换后，单击鼠标右键，选择"完成"命令，或者按 Enter 键退出编辑状态。

问：如果对贴图的变换效果不满意，希望取消对贴图的所有变换该怎么做呢？

答：可以在贴图上单击鼠标右键，在菜单中选择"重设"命令，如图 9-44 所示。

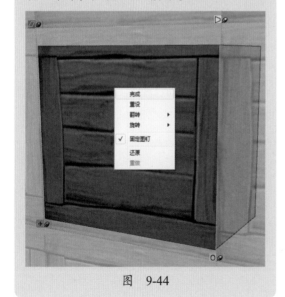

图　9-44

单击别针并移动光标，再在新的位置上单击鼠标，可以将别针移动到贴图上的其他位置。如图 9-45 所示，将"倾斜/缩放"别针放置到平面的中心位置，新位置将成为该别针操作的起点。此操作在固定别针模式和自由别针模式中均有效。

图　9-45

9.4.2 "自由别针"模式

自由别针模式最适合在要依据照片定位贴图或删除贴图扭曲效果这两种情况下使用。在自由别针模式下，别针相互之间不限制，可以将别针拖曳到贴图的任何位置。使用自由别针模式的具体步骤如下。

❶ 在已填充贴图材质的平面上右键单击选择"纹理>位置"命令。平面上将出现一个虚线构成的矩阵网格，表示材质的每个贴图单元，光标也会变为手形，且屏幕上显示四个别针，如图 9-46 所示。

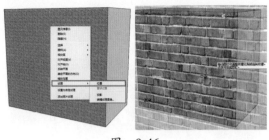

图 9-46

❷ 在任意一个别针上单击鼠标右键，取消勾
选"固定图钉"选项。这样，别针就进入
了"自由别针"模式。此时，四个别针旁
边的色块都没有了，如图 9-47 所示。

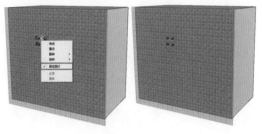

图 9-47

❸ 单击并移动这四个别针就可以改变贴图的
大小、透视、旋转等效果。完成贴图修改
后，可以单击鼠标右键，选择"完成"命令，
或者按 Enter 结束编辑，如图 9-48 所示。
如果希望取消对贴图的修改，可以单击鼠
标右键选择"重设"命令。

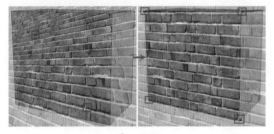

图 9-48

9.5 贴图的技巧

贴图可以填充在平坦的平面，但如果遇到
模型转角或曲面时，就需要使用额外的贴图技
巧，才能获得正确的贴图效果。

9.5.1 转角贴图

转角贴图可以实现像用包装纸对模型进行
包裹的效果。具体操作步骤如下。

❶ 创建一个立方体，自定义一个材质并为
该材质添加贴图"草莓 .jpg"。为立方体
的一个平面填充该材质，效果如图 9-49
所示。

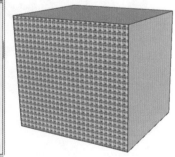

图 9-49

❷ 右键单击该贴图，在右键菜单中选择"纹
理 > 位置"命令，调整贴图的位置与大小，
如图 9-50 所示。

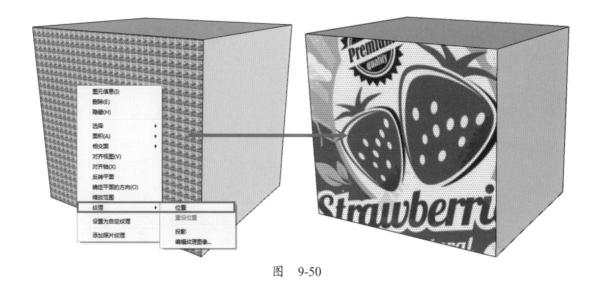

图　9-50

❸ 选择颜料桶工具，按住 Alt 键提取这个面
上的材质，再单击右侧的面为其填充相同
材质。此时，转角处的图案就可以准确地
拼在一起，如图 9-51 所示。

图　9-51

9.5.2　圆柱贴图

　　为圆柱体填充材质时，贴图可以包裹在圆
柱体上，但是在面的接缝处还是会出现错位
的情况。要准确包裹住圆柱体，可以执行以下
操作。

❶ 创建一个圆柱体，自定义一个材质并为该

材质添加贴图"飞机 .jpg"。将该材质赋
予圆柱体，效果如图 9-52 所示，可以看到
有明显的接缝。

图　9-52

❷ 执行"视图>隐藏几何图形"命令，显示组
成圆柱体的面。选择其中任意一个面，并在
该平面上单击鼠标右键，执行"纹理>位置"
命令，对贴图的位置和大小进行适当调整，
如图 9-53 所示。

❸ 选择颜料桶工具，按住 Alt 键提取这个
面上的材质，再依次单击其他的面，为
其填充相同材质，最终效果如图 9-54
所示。

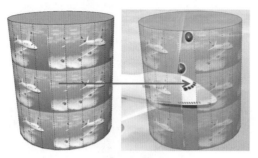

图　9-53

图　9-56

❷ 右键单击图片并选择"分解"命令，将图片转换为贴图。打开"材质浏览器"，在"在模型中"可以看到包含这个贴图的材质，如图 9-57 所示。

图　9-54

9.5.3　投影贴图

投影贴图可以将贴图投影到平面上，就像使用投影仪进行投影一样。此功能在将地形图片投影到场地模型上，或将建筑物图片投影到代表该建筑的模型上时尤其有用。具体操作步骤如下。

❶ 制作一个如图 9-55 所示的模型，执行"文件 > 导入"命令，光标将变为拖着图片的选择工具。将图片放在需要接收投影的模型的前方，适当调整图片大小，可以使用 X 射线模式和平行投影模式，以确保图片正确定位，如图 9-56 所示。

图　9-57

❸ 右键单击矩形平面，在右键菜单中执行"纹理 > 投影"命令。选择颜料桶工具，按住 Alt 键提取矩形平面上的材质，再依次单击它后面的曲面，为其填充该材质，最终效果如图 9-58 所示。

图　9-55

图　9-58

9.5.4 球面贴图

球面贴图的原理本质上与投影贴图一致，因为球面也是一种曲面，具体贴图步骤如下。

❶ 绘制两个互相垂直、同样大小的圆，然后将其中一个圆的面删除，只保留边线，接着选择这条边线并选择"跟随路径"工具，再单击平面圆的面，生成球体，如图 9-59 所示。

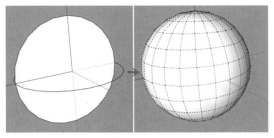

图　9-59

❷ 再创建一个竖直的矩形平面，矩形面的长宽与球体直径一致，如图 9-60 所示。

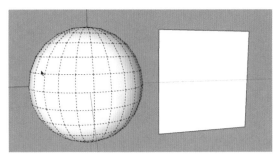

图　9-60

❸ 创建一个新的材质，为该材质添加海底的贴图，将材质填充到矩形平面并调整贴图大小，如图 9-61 所示。

图　9-61

❹ 选择球体，执行"视图＞隐藏几何图形"命令，取消隐藏几何图形的显示。在矩形平面上单击鼠标右键，并在弹出的快捷菜单中执行"纹理＞投影"命令，如图 9-62 所示。

图　9-62

❺ 提取矩形材质，再将提取的材质填充给球体，最终效果如图 9-63 所示。

图　9-63

9.5.5 镂空贴图

使用镂空贴图可以让简单的模型呈现复杂的效果，镂空贴图图片的格式要求为 PNG 格式，或者是带有 Alpha 通道的 TIF 格式或 TGA 格式。另外，SketchUp 不支持镂空显示阴影，所以如果要想得到正确的镂空阴影效果，需要将模型进行修改和镂空，使其尽量与贴图一致。这里就以创建围栏为例，介绍镂空贴图的使用方法。具体操作步骤如下。

❶ 在 SketchUp 中创建围栏模型，如图 9-64 所示。

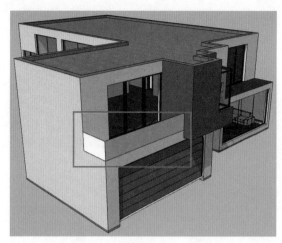

图 9-64

❷ 新建材质，为材质添加一张 PNG 格式的围
栏图片，这张图一定得是在 Photoshop 或
其他图像处理软件中去掉底图并保留透明
通道的图片，将材质填充给围栏的模型，
并适当调整贴图的大小和位置，如图 9-65
和图 9-66 所示。

图 9-65

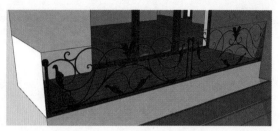

图 9-66

❸ 使用转角贴图的技巧，为旁边的左侧围栏
也填充材质，最终效果如图 9-67 所示。

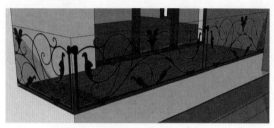

图 9-67

Chapter

第 10 章

图层与大纲

　　SketchUp 中的图层类似于 Photoshop 中图层的概念。使用图层不仅可以帮助用户整理场景模型，而且当工作文件体量很大时，可以将模型放置在不同的图层上，然后通过关闭部分图层的可见性来加快软件运行效率。

 本章视频教程内容

　　视频位置：光盘 > 第 10 章图层与大纲

　　素材位置：光盘 > 第 10 章图层与大纲 > 第 10 章练习文件

序号	章节号	知识点	主要内容
1	10.1	图层管理器	• 删除图层 • 切换图层可见性 • 修改图层颜色 • 图层转移
2	10.1.1	创建图层	• 创建图层的两种方式
3	10.3	大纲管理器	• 大纲中模型名称的修改 • 大纲中模型的层级排列 • 大纲中模型的选择
4	10.3.3	模型的隐藏与显示	• 模型的隐藏 • 模型的多种显示命令
5	10.3.4	模型的锁定与解锁	• 锁定模型 • 解锁模型

10.1　图层管理器

图层管理器是 SketchUp 中用来管理图层的工具。在 SketchUp 中，虽然组和组件在一定程度上可以有效地管理模型，但将模型放置在不同的图层中可以更简单地整体控制模型的显示颜色与显示状态。

10.1.1　创建图层

执行"窗口 > 图层"命令可以打开"图层"对话框，如图 10-1 所示。每个文件都有一个默认图层，叫作"Layer 0"。

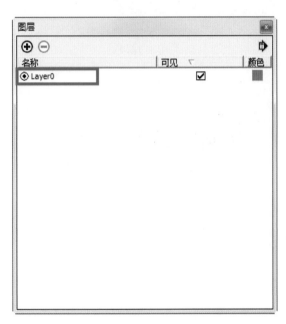

图　10-1

如要新建一个图层，只需单击图层管理器上方的"新建"按钮 ⊕，SketchUp 就会在列表中新增一个图层，如图 10-2 所示，此时可以直接输入新的图层名称，输入完毕后在空白处单击或者按 Enter 键即可。

图　10-2

10.1.2　重命名图层

在图层管理器中选择要重命名的图层，然后双击它的名称，就可以输入新的图层名，完成输入后按 Enter 键确定即可，如图 10-3 所示。

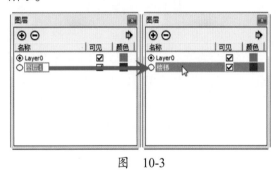

图　10-3

10.1.3　设置当前图层

"当前图层"是处于激活状态的图层，"当前图层"的名称前面会有一个黑点。新建模型时，哪个图层是"当前图层"，该模型就属于哪个图层。要设置一个图层为当前图层，可以单击图层名前面的确认框，如图 10-4 所示。

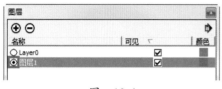

图　10-4

10.1.4　显示或隐藏图层

可以勾选 / 取消图层"可见"标签下的选项，来设置图层内容是否可见。勾选即表示该图层上的所有内容可见，如图 10-5 所示，取消勾选则图层内容不可见。图层若被设置为"当前图层"，则该图层会自动变成可见图层。这里要注意，SketchUp 不允许将"当前图层"设置为不可见。

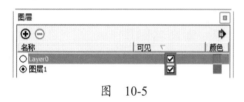

图　10-5

10.1.5　显示和修改图层颜色

SketchUp 可以给不同图层上的模型设置不同的显示颜色，以便用户识别模型所属的图层。当创建一个新图层时，SketchUp 会自动给它分配一个唯一的颜色。默认情况下，图层的颜色是不显示的，如需显示图层颜色可以单击"详细信息"按钮 ，在菜单中选择"图层颜色"命令。图 10-6 所示为原图，图 10-7 所示为勾选"图层颜色"后的效果。

如果需要改变图层的显示颜色，可以单击图层名称后面的色块。此时会打开"编辑材质"面板，在这里能够设置新的图层颜色。图 10-8 所示为将地面图层的颜色由黄色改成了灰色。

图　10-6

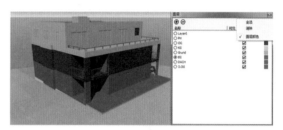

图　10-7

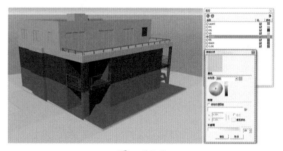

图　10-8

10.1.6　删除图层

要删除图层，首先需要在图层列表中选择该图层，然后单击"删除"按钮 ，如图 10-9 所示。如果这个图层是空图层，SketchUp 会直接将其删除。如果图层中有模型，SketchUp 会弹出"删除包含图元的图层"对话框，询问如何处理图层中的内容，如图 10-10 所示。选择一种处理方式，单击"确定"按钮即可删除图层。

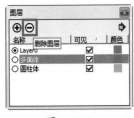

图 10-9

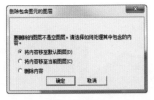

图 10-10

10.1.7 清理图层

要清理所有未使用的图层（即图层中没有

任何内容），只要在图层管理器中单击"详细信息"按钮 ，在菜单中选择"清除"命令即可，如图 10-11 所示。

图 10-11

技术看板

SketchUp 的图层并没有将模型分隔开来，所以并不意味着在不同图层上创建的模型，不能和别的图层中的模型合并成组或组件。

10.2 图层工具栏

使用 SketchUp 的图层工具栏可以更便捷地切换当前图层和执行打开"图层"管理器的操作。

10.2.1 工具栏参数

"图层"工具栏可以通过执行"视图 > 工具栏 > 图层"命令调出，它同样对场景模型起着分类管理的作用，如图 10-12 所示。

图 10-12

- "图层管理器"按钮 ：单击该按钮，将打开"图层"管理器。在 10.1 节已经讲解了"图层管理器"的相关知识，故在此不作赘述。

- 图层下拉按钮 ：单击该按钮，可展开图层下拉列表，其中列出了场景中所有的图层，通过单击相应的图层名即可切换当前图层。在图层管理器中，当前图层会被同步激活，如图 10-13 所示。

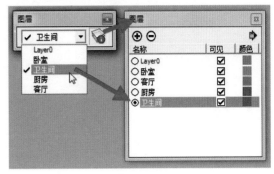

图 10-13

10.2.2 移动模型到其他图层

图 10-14 所示为初始状态，这三个模型都在默认图层（Layer 0）上，如果希望将某个模型从一个图层移动到另一个图层，可以执行以下操作。

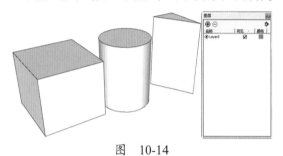

图　10-14

❶ 创建两个新的图层，分别命名为"圆柱体"和"多面体"，并将图层颜色设为蓝色和草绿色，如图 10-15 所示。

图　10-15

❷ 选择圆柱体，如图 10-16 所示，图层工具栏的列表框会以黄色亮显圆柱体所在图层的名称（Layer 0）和一个箭头。如果选择了多个图层中的模型，列表框也会亮显，但不显示图层名称。

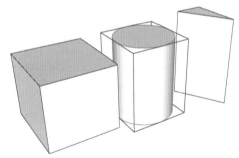

图　10-16

❸ 单击图层列表框的下拉按钮，在下拉列表中选择"圆柱体"图层。物体就移到"圆

柱体"图层中去了，同时"圆柱体"图层变为当前图层。此时，可以在"图层管理器"菜单中勾选"图层颜色"，可以看到圆柱体变为了草绿色，如图 10-17 所示。

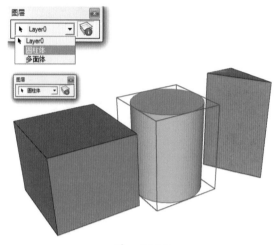

图　10-17

❹ 选择多面体，使用同样方法将它放置在"多面体"图层，最终效果如图 10-18 所示。

图　10-18

❺ 另外，也可以在模型上单击鼠标右键，执行"图元信息"命令，在"图元信息"对话框中切换模型所属图层，如图 10-19 所示。

图　10-19

10.3 大纲管理器

"大纲"管理器可以帮助用户整理及组织场景中的组和组件，创建组和组件的多重管理层级，并且可以帮助用户快速选择到所需选择的对象。在场景中模型数量较多时，使用"大纲"管理器可以大幅提高工作效率。

纲管理器"，如图 10-20 所示。"大纲管理器"中只显示场景中的组和组件，也就是说在"大纲管理器"中能管理的模型就是"组或组件"。在一些大型的场景中，组和组件层层相套，编辑起来容易混乱，而"大纲管理器"可以用树形结构列表显示组和组件，条目清晰，便于查找和管理。

10.3.1 什么是大纲管理器

执行"窗口 > 大纲"命令，即可打开"大

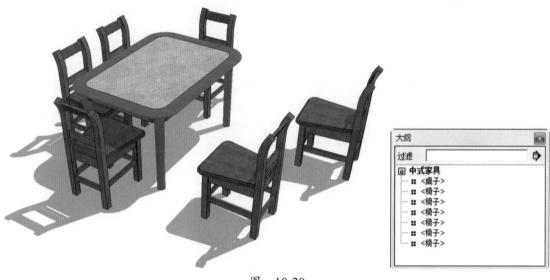

图　10-20

"大纲管理器"参数介绍

• "过滤"文本框

在"过滤"文本框中输入要查找的组或组件名称，即可查找场景中的组或者组件。

• "详细信息"按钮

单击该按钮将弹出一个快捷菜单，该菜单中的命令可用于一次性全部折叠或者全部展开树形结构列表，如图 10-21 所示。

图　10-21

10.3.2 模型名称的修改

要修改"大纲管理器"中模型的名称，可以右键单击模型，并在菜单中执行"图元信息"命令，在弹出的"图元信息"对话框中修改名称，如图 10-22 所示，完成修改后关闭对话框即可。

图   10-22

10.3.3 模型的隐藏与显示

场景中显示的模型太多时，会降低软件的工作效率。对于一些暂时不用查看或编辑的模型，可以将其隐藏，等需要使用时再显示。具体操作步骤如下。

1.隐藏模型可以任选以下两种方法之一。

● 选择要隐藏的模型，执行"编辑 > 隐藏"命令。

● 选择要隐藏的模型，右键单击执行"隐藏"命令，如图 10-23 所示。

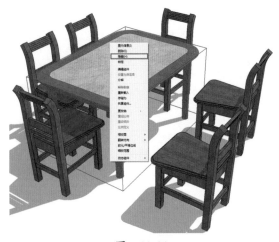

图   10-23

被隐藏的模型的名称在大纲中显示为斜体灰色文字，如图 10-24 所示。

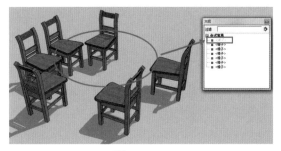

图   10-24

2.要显示模型，可以在"大纲管理器"中先选中已隐藏的模型，然后执行"编辑 > 取消隐藏"命令。根据需要，选择"取消隐藏"命令下的子命令，如图 10-25 所示。

图   10-25

➤ 选定项：只对选定的模型取消隐藏（可以在"大纲管理器"中选择组或组件后，再执行该命令）。

➤ 最后：只对最后被隐藏的模型取消隐藏。

➤ 全部：显示全部被隐藏的模型。

10.3.4 模型的锁定与解锁

当场景中模型较多时，为了避免不希望修改的模型被误操作，可以将这些模型件暂时锁定。被锁定的模型不能被编辑，也不能实施变换操作。

要锁定模型，可以先在"大纲管理器"选中该模型，再使用右键菜单命令锁定或者执行"编辑 > 锁定"命令，如图 10-26 所示；要解锁该模型，可以在"大纲管理器"选中该模型后，使用右键菜单命令解锁或者执行"编辑 > 解锁"

命令。被锁定的模型在选择后会显示为红色，
如图 10-27 所示。

图 10-26

图 10-27

技术看板

只有组和组件这两类模型才能使用"锁
定"和"解锁"命令，对面和边则不能执
行此操作。

Chapter

第 11 章

样式与动画

在 SketchUp 中模型的边线与面的显示样式可以依据用户的需求灵活变化。利用场景管理器的功能，还可以在 SketchUp 中创建各式的动画效果，如环绕动画、剖面动画等。

 本章视频教程内容

视频位置：光盘 > 第 11 章样式与动画

素材位置：光盘 > 第 11 章样式与动画 > 第 11 章练习文件

序号	章节号	知识点	主要内容
1	11.1.1	边线样式的应用	• 边线、后边线、轮廓、深度暗示、延长的样式效果
2	11.1.2	边线样式的修改	• 使用样式面板修改边线样式
3	11.1.3	正面样式的应用	• 正面样式的切换 • 正面样式的修改 • 正面颜色与背面颜色的修改
4	11.1.4	预设样式的应用	• 为场景切换 SketchUp 不同的预设样式
5	11.1.5	预设样式的混合	• 通过混合边线样式和面的样式创建来自定义新的样式效果
6	11.2.2	实战：制作简单动画	• 添加、移动、更新、删除场景，场景的显示 • 使用场景管理器制作简单动画
7	11.2.3	实战：制作环绕动画	• 使用场景管理器制作环绕动画
8	11.2.4	实战：制作剖面动画	• 使用截面工具和场景管理器制作剖面动画 • 导出剖面动画

11.1 模型的显示样式

大部分三维建模程序可以精确地表现设计构思，但在模型的呈现特点和风格方面却比较单调。特别是进行概念表达时，计算机图像通常表现得太过准确和生硬，减弱了表达效果。这就是为什么徒手绘图在最初的构思阶段有着明显的优势。SketchUp 可以通过设定"样式"来模拟设计师手绘草图的效果，能够更加生动地表现设计理念。

11.1.1 边线样式的应用

执行"视图 > 边线样式"命令，可以在右侧菜单中选择一种模型边线的显示形式，如图 11-1 所示。

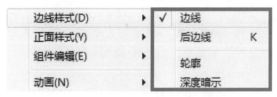

图   11-1

* 边线：勾选该项，会显示模型所有的可见边线。图 11-2 所示为未勾选"边线"，图 11-3 所示为已勾选"边线"。

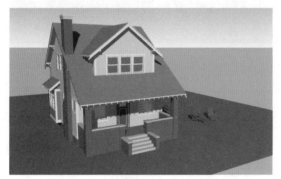

图   11-2   未勾选"边线"

图   11-3   已勾选"边线"

* 后边线：勾选该项，会用虚线显示出模型被遮挡的边线，如图 11-4 所示。

图   11-4

* 轮廓：勾选该项，将会加重模型的轮廓线，可以突出三维物体的空间轮廓，如图 11-5 所示。

图   11-5

- 深度暗示：勾选该项，则离相机近的边线将被加强显示，如图 11-6 所示。

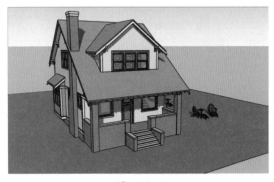

图　11-6

- 延长：勾选该项，会将每条直线稍微延长过其终点，为模型提供手绘草图的外观，如图 11-7 所示。

图　11-7

11.1.2　边线样式的修改

如果要修改边线的样式，可以执行"窗口 > 样式"命令，此时会弹出"样式"对话框，如图 11-8 所示。在"编辑"选项卡中单击"边线设置"按钮 ，可以看到，这里的选项与"视图"菜单下的选项基本一致，勾选对应选项即可启用相应边线样式，而且还可以设置"轮廓""深度暗示"和"延长"的边线粗细值，单位为"像素"。对于之前介绍过的选项，这里就不一一赘述了。下面只介绍"视图"菜单

下之前没有介绍的三个选项——"端点""抖动"和"颜色"的用法。

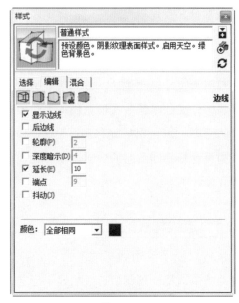

图　11-8

- 端点：勾选该项，会在直线的结尾处增加直线的厚度，如图 11-9 所示。

图　11-9

- 抖动：勾选该项，会以轻微的偏移多次渲染每条直线，模拟手绘时线条的抖动效果，如图 11-10 所示。
- 颜色：单击修改右侧方块中的颜色，可以改变模型边线的颜色，总共有 3 种方式，分别为"全部相同""按材质"和"按轴"，如图 11-11 所示。

图　11-10

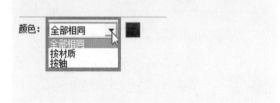

图　11-11

➤ 全部相同：使用在右侧方块中定义的颜色来显示所有边线。图 11-12 所示为黄色边线效果，图 11-13 所示为紫色边线效果。

图　11-12

图　11-13

➤ 按材质：使用模型本身的材质颜色作为边线的颜色，如图 11-14 所示。

图　11-14

➤ 按轴：当边线与某个轴平行时，边线颜色使用对应轴的颜色来显示，如图 11-15 所示。

图　11-15

问：为何有时看不到模型的黑色边线？

答：场景中的黑色边线无法显示的时候，可能是在"样式"面板中将边线的颜色设置成了"按材质"显示，只需改回"全部相同"即可。

11.1.3　正面样式的应用

如图 11-16 所示，执行"视图 > 正面样式"

命令，可以在右侧子菜单中选择一种模型的整体
显示样式。另外，执行"窗口＞样式"命令，在
"编辑"选项卡中单击"平面设置"按钮 ，再
单击所要采用的显示样式按钮即可修改模型整体
样式。如图 11-17 所示，这里的按钮和菜单命令
是一一对应的关系。

图　11-16

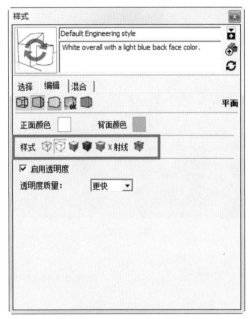

图　11-17

● "X 射线" 按钮 ：单击该按钮，
可以使模型的表面以半透明的方式显示，如
图 11-18 所示。

● "线框" 按钮 ：单击该按钮，则只
显示模型的边线，如图 11-19 所示。注意，在
此模式下，推／拉工具不可用。

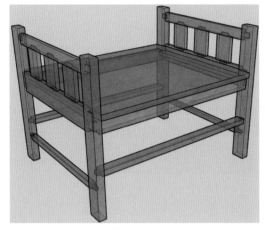

图　11-18

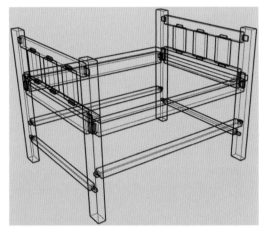

图　11-19

● "隐藏线" 按钮 ：单击该按钮，则
不显示被遮住的边线，如图 11-20 所示。

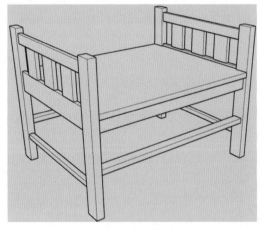

图　11-20

- "阴影"按钮 ![按钮]：单击该按钮，当模型被填充材质后，以材质的颜色显示模型，如图 11-21 所示。

图　11-21

- "带纹理的阴影"按钮 ![按钮]：单击该按钮，当模型被填充材质后，显示其材质贴图效果，如图 11-22 所示。

图　11-22

- "单色"按钮 ![按钮]：单击该按钮，模型用默认材质的正 / 反面色显示，如图 11-23 所示。

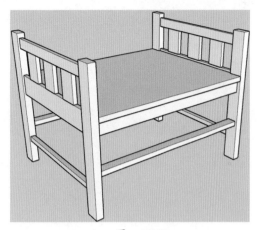

图　11-23

11.1.4　预设样式的应用

在"样式"面板中单击"选择"选项卡，如图 11-24 所示，可以快速切换 SketchUp 为用户提供的许多预设样式库，分别有"Style Builder 竞赛获奖者""手绘边线""混合样式""照片建模""直线""预设样式"和"颜色集"。单击样式库中的某个样式缩略图后，该样式就会应用在场景中，如图 11-25 至图 11-31 所示。

图　11-24

● Style Builder 竞赛获奖者之"无边界的铅笔边线"样式,如图 11-25 所示。

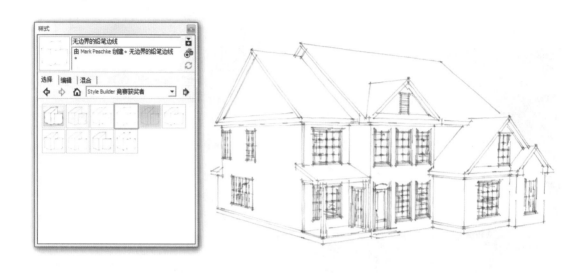

图　11-25

● 手绘边线之"粗毛笔"样式,如图 11-26 所示。

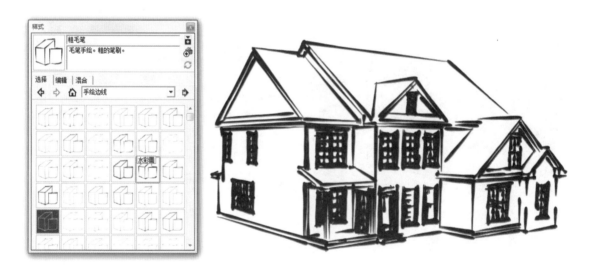

图　11-26

● 混合样式之"帆布上的笔刷"样式，如图 11-27 所示。

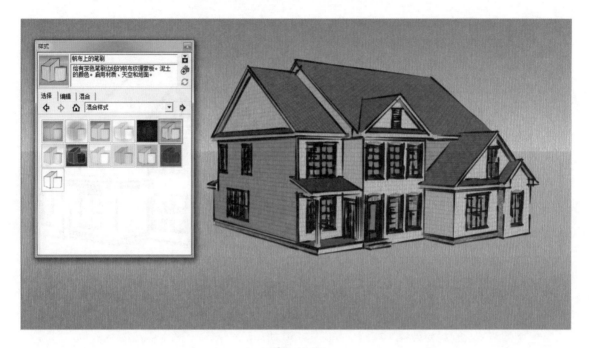

图　11-27

● 照片建模之"照片建模样式"样式，如图 11-28 所示。

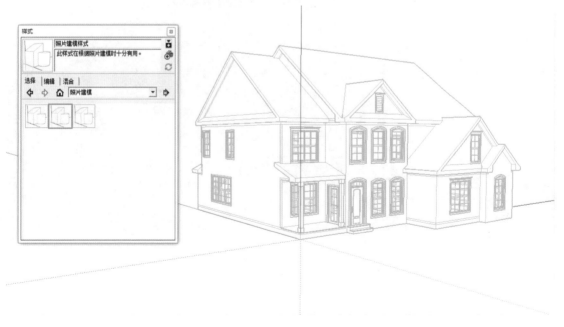

图　11-28

● 直线之"直线 05 像素"样式，如图 11-29 所示。

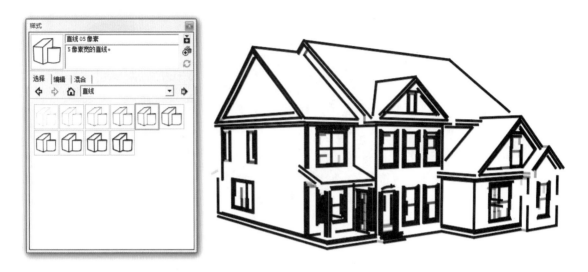

图　11-29

● 预设样式之"地球建模"样式，如图 11-30 所示。

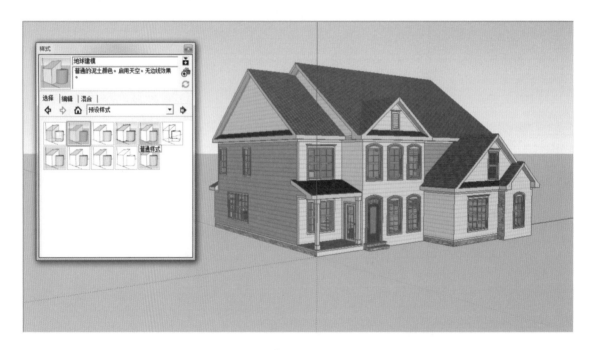

图　11-30

● 颜色集之"红棕色"样式，如图 11-31 所示。

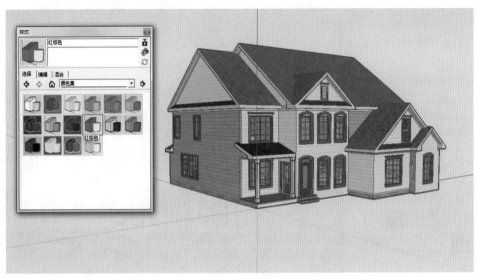

图　11-31

技术看板

　　在进行样式预览和编辑的时候，SketchUp 只能自动存储预设的样式。在若干次选择和调整后，用户可能找不到之前设置过的某种满意的样式。建议使用模板，不管是样式设置、模型信息或者系统设置都可以在编辑好后生成一个惯用的模板（执行"文件＞另存为模板"菜单命令），当需要使用保存的模板时，只需在向导界面中单击"选择模板"按钮，进行选择即可。

11.1.5　预设样式的混合

　　在"样式"面板中单击"混合"选项卡，将下方"选择"标签下的样式直接拖曳到对应的设置区域，就可以完成样式的自定义，创建出独立的新样式。如图 11-32、图 11-33 所示，先设定了模型的边线样式，然后又修改了模型的平面设置，这样就创建了一种全新的显示样式。

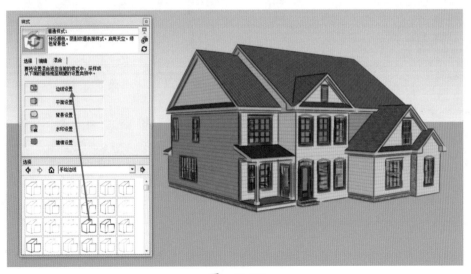

图　11-32

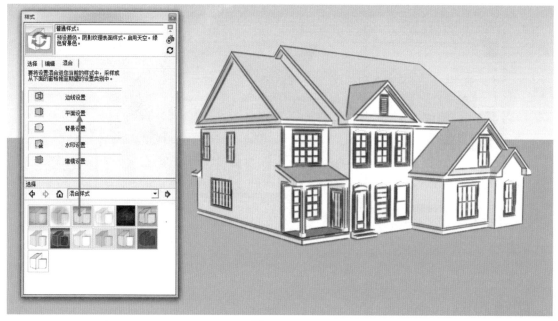

图　11-33

11.1.6　水印设置

　　水印功能可以用来在模型周围放置 2D 图像以创造背景，也可以为模型添加版权标签。单击"水印设置"按钮 ，可以看到水印设置的参数选项，如图 11-34 所示。

图　11-34

- "添加水印"按钮 ：单击该按钮，会弹出"创建水印"对话框，根据需要选择后，即可添加水印，如图 11-35 所示。

图　11-35

- "删除水印"按钮 ：选中所需删除的水印，单击该按钮，可以删除该水印。
- "编辑水印设置"按钮 ：选中所需编辑的水印，单击该按钮会弹出"编辑水印"对话框，可以对该水印的位置、大小、混合等属性进行调整，如图 11-36 所示。

图 11-36

● "下移水印"按钮 ↓ / "上移水印"按
钮 ↑：选中水印后，单击这两个按钮可以切换
该水印图像在模型中的层叠位置。

11.1.7 建模设置

在"样式"面板"编辑"选项卡中，选择"建
模设置"按钮 ▣，可以设定各种不同对象的显
示样式，如图 11-37 所示。

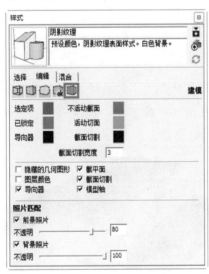

图 11-37

● 选定项：用于设置所选模型的显示颜
色，如图 11-38 所示，默认为蓝色。

图 11-38

● 已锁定：用于设置已锁定的模型的颜
色，如图 11-39 所示，默认为红色。

图 11-39

● 导向器：用于设置导向器的颜色，如
图 11-40 所示，默认为黑色。

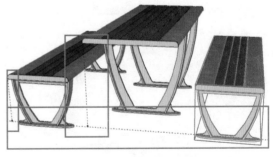

图 11-40

● 不活动截面：用于设置当前不活动
的截平面的颜色，如图 11-41 所示，默认为
灰色。

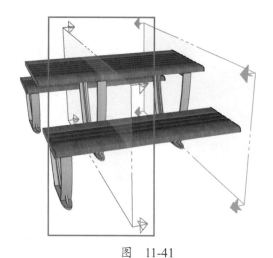

图　11-41

- 活动截面：用于设置当前活动的截平面的颜色，如图 11-42 所示，默认为橙色。

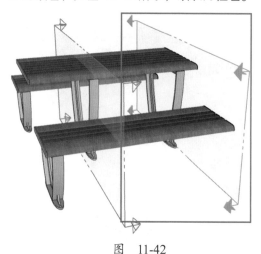

图　11-42

- 截面切割：用于设置活动截平面的剖面线的颜色，如图 11-43 所示，默认为黑色。

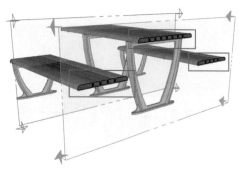

图　11-43

- 截面切割宽度：用于设置活动截平面中所有剖面线的厚度，默认值为 3。图 11-44 为截面切割宽度为 3 的效果，图 11-45 为截面切割宽度为 8 的效果。

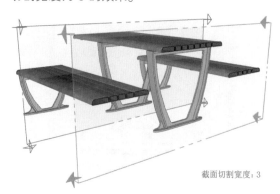

截面切割宽度：3

图　11-44

截面切割宽度：8

图　11-45

- 隐藏的几何图形：勾选该项，可以显示被隐藏的模型。被隐藏的模型会使用浅色的交叉填充图案显示，边线显示为虚线，如图 11-46 所示。

图　11-46

● 图层颜色：勾选该项，可使用图层颜色来显示模型，如图 11-47 所示。

图　11-47

● 导向器：勾选该项，可显示导向线和导向点。

● 截平面：勾选该项，可显示截平面，图 11-48 所示是未勾选"截平面"的效果，图 11-49 所示为勾选了"截平面"的效果。

● 截面切割：勾选该项，可显示截面切割效果。取消勾选该项，截平面会自动变为不活动的截平面，不显示切割效果，如图 11-50 所示。

未勾选"截平面"

图　11-48

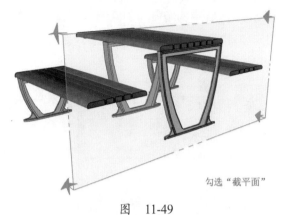

勾选"截平面"

图　11-49

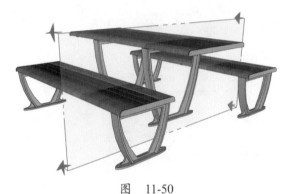

图　11-50

● 模型轴：勾选该项，可显示绘图轴，如图 11-51 所示。

图　11-51

11.2　动画的创建和导出

使用场景管理器可以创建多种类型的动画，如简单的摄像机动画、环绕动画和剖面动画（又称生长动画）。

11.2.1　关于场景管理器

在 SketchUp 中将从摄像机镜头中所看到的内容称作"场景"，"场景管理器"主要用于保存 SketchUp 中的场景和创建动画。执行"窗口 > 场景"命令即可打开"场景"管理器对话框，如图 11-52 所示。

图　11-52

- "刷新场景"按钮⟳：如果改变了场景，则需要单击该按钮来更新场景信息。
- "添加场景"按钮⊕：默认情况下，绘图区是没有摄像机的，也就是没有场景。在场景管理器中单击该按钮，就可以创建一个场景。
- "删除场景"按钮⊖：单击该按钮，将删除选中的场景。
- "场景下移"按钮↓ /"场景上移"按钮↑：这两个按钮用于移动场景的排列顺序。

技术看板

单击绘图区左上方的场景标签，可以快速切换场景。在场景标签上单击鼠标右键也能弹出场景管理命令，如可以对场景进行更新、添加或删除等，如图 11-53 所示。

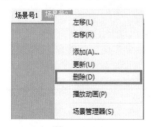

图　11-53

- "查看选项"按钮▦▾：单击此按钮，可以改变场景缩略图的显示方式，如图 11-54 所示。

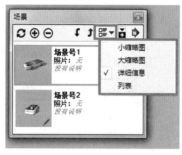

图　11-54

- "显示/隐藏详细信息"按钮：每一个场景都包含了很多属性设置，单击该按钮即可隐藏或者显示这些属性，如图 11-55 所示。

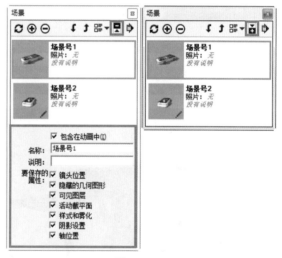

图　11-55

- 包含在动画中：勾选该项，表示在播放动画时，该场景也会显示在动画中；反之，则播放动画时会自动跳过该场景。
- 名称：可定义场景的名称。
- 说明：可输入有关场景的描述。
- 要保存的属性：可以选择需要与该场景一起保存的属性。勾选某项，则表示该属性的变化将与场景一起保存；不勾选某项，表示当前场景的这个属性会延续上一个场景的设置。

11.2.2 实战：制作简单动画

在 SketchUp 中动画的本质就是连续播放一系列场景，创建简单动画的具体操作步骤如下。

① 执行"窗口＞场景"命令，打开场景管理器。将视图调整到图 11-56 所示的视角，在场景管理器中单击"添加场景"按钮⊕，创建"场景 1"。

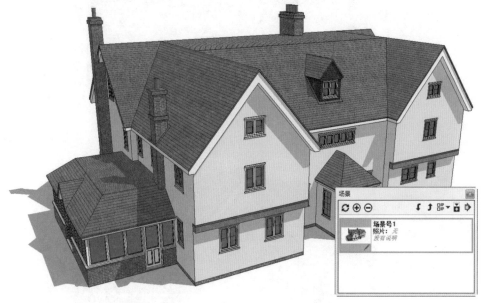

图　11-56

② 将视图调整到图 11-57 所示的视角，在场景管理器中单击"添加场景"钮⊕按，创建"场景 2"，如图 11-57 所示。以此类推，继续创建"场景 3"和"场景 4"，如图 11-58 和图 11-59 所示。

③ 右键单击绘图窗口上方的第一个场景标签，在右键菜单中选择"播放动画"命令，如图 11-60 所示，此时会依次播放每个场景的动画。

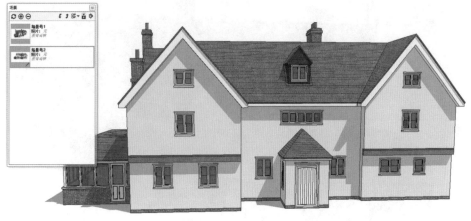

图　11-57

图　　11-58

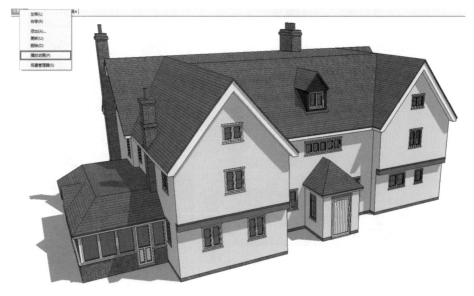

图　　11-59

图　　11-60

11.2.3　实战：制作环绕动画

环绕动画可实现 360° 展示场景的效果，具体制作步骤如下。

❶ 打开对应的练习文件，制作一根如图 11-61 所示的参考线。

图　11-61

❷ 以垂直线与地面的交叉点为中心，如图 11-62 所示，使用多边形工具绘制一个如图 11-63 所示的多边形，删除中间的平面。

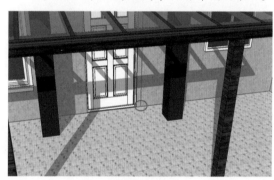

图　11-62

图　11-63

❸ 打开场景管理器，创建 6 个场景，如图 11-64 所示。双击"场景 1"，使用"定位镜头"工具在多边形的一个转折点上单

击并拖动鼠标，至图 11-65 所示的点后松开鼠标。在场景管理器中，右键单击"场景 1"，执行"更新场景"命令。

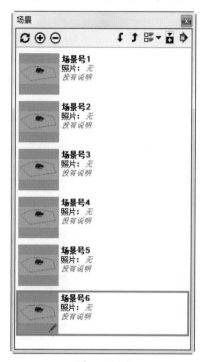

图　11-64

图　11-65

❹ 执行"窗口 > 模型信息"命令，选择"动画"选项，将"场景延迟"设为"0"秒，如图 11-66 所示。

❺ 用同样方法顺时针定位镜头，逐次更新 6 个场景。右键单击"场景 1"标签，执行"播放动画"命令，如图 11-67 所示，查看动画效果。

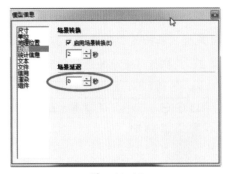

图　11-66

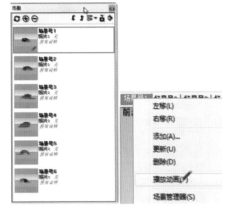

图　11-67

11.2.4　实战：制作剖面动画

在 SketchUp 中可以通过动画演示截面切割的过程。具体操作步骤如下。

❶　使用截平面工具，为模型添加四个剖面，如图 11-68 所示，四个剖面要尽量等距离分布。

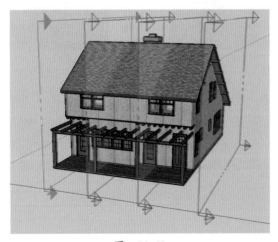

图　11-68

❷　创建 4 个场景，在第一个场景中激活最左边的截平面，则绘图区会显示该截面效果，更新场景；在第二个场景中激活第二个截平面，更新场景，以此类推，效果如图 11-69 所示。

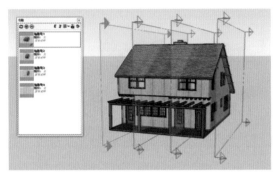

图　11-69

❸　执行"窗口＞模型信息"命令，选择"动画"选项，将"场景延迟"设为"0"秒，将"场景转换"设为"1"秒。打开"截面"工具栏，单击"显示截平面"工具 🔲，如图 11-70 所示，隐藏所有截平面。

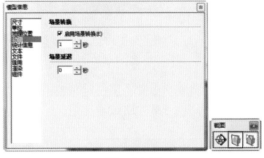

图　11-70

❹　右键单击绘图窗口上方的第一个场景标签，在右键菜单中选择"播放动画"命令，此时会依次播放每个场景的动画，效果如图 11-71 所示。

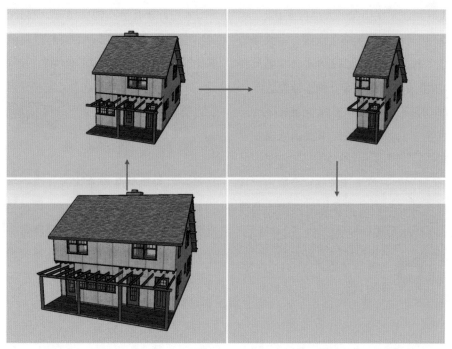

图　11-71

11.2.5　动画的输出

制作好场景后就可以导出动画了，具体步骤如下。

❶ 执行"文件 > 导出 > 动画"命令，如图 11-72 所示，开启标准保存文件对话框。选择好存放视频的位置，输入视频命名，如图 11-73 所示。

图　11-72

图　11-73

❷ 单击"选项"按钮即可打开"动画导出选项"对话框，如图 11-74 所示。

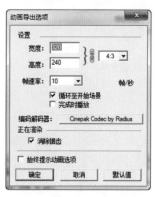

图　11-74

● 宽度 / 高度：用于控制视频画面的尺寸，以像素为单位，默认尺寸为 320 像素 x240 像素。

● 锁定宽高比：默认情况下，视频画面的宽高比是锁定的。4 ：3 和 16 ：9 是最常用的宽高比，具体使用哪种比例取决于具体的项目需要。单击该按钮，可以取消锁定宽高比。

● 帧速率：控制每秒播放的画面数量，

帧率和渲染时间以及视频文件大小成正比。

- 循环至开始场景：勾选该项，动画播放完最后一个场景后会自动跳转到第一个场景继续播放，此功能可以用于创建无限循环的动画。

- 完成时播放：勾选该项，SketchUp 一旦创建好视频文件，会马上使用默认的播放器来播放该文件。

- 编码解码器：单击该按钮，会弹出"视频压缩"对话框。在该对话框中可以进一步修改编码器、视频压缩质量等参数。

- 消除锯齿：勾选该项，SketchUp 会对导出图像做平滑处理。平滑处理会消耗更多的渲染时间，但可以减少图像中的线条锯齿。

- 始终提示动画选项：勾选该项，则今后在渲染动画之前，总是会显示这个选项对话框。

技术看板

很多老式的电视机和计算机屏幕标准宽高比例是 4∶3，现代最常用的屏幕标准宽高比例是 16∶9。

功夫在诗外 ➡

迅速移开眼前所看的物体后，人眼会在瞬间仍然感觉到物体存在视线里的这种现象，这叫作视觉停留。动画就是利用人的视觉停留现象来造成一种活动的假象，物体能动起来其实就是快速播放了连续的静态画面。

帧速率数值在 8~10 帧 / 秒是能产生动画效果的最低设置；数值在 12~15 帧 / 秒时既可以控制文件的大小也可以保证动画流畅播放；数值在 24~30 帧 / 秒时就相当于"全速"播放了。一些程序或设备会要求视频采用指定的帧速率。例如，美国和其他一些国家的电视机要求视频帧率为 29.97 帧 / 秒，欧洲的电视机要求视频帧速率为 25 帧 / 秒，电影播放需要视频帧速率为 24 帧 / 秒等。

技术看板

有时 SketchUp 会无法导出 Avi 文件，为了避免此类情况，建议在建模时材质使用英文名，文件名也设置英文名或者拼音，保存路径最好不要设置在中文名称的文件夹内（包括"桌面"也不行），而是新建一个英文名称的文件夹，然后保存在某个盘的根目录下。

在 SketchUp 中制作动画时应注意以下三点，可以让制作事半功倍。

①尽量设置好场景：从创建场景到导出动画，再到后期合成，需要花费相当多的时间。因此，应该尽量利用 SketchUp 的实时渲染功能，事先将每个场景的细节和各项参数调整好，再进行渲染。

②创建预览视频：在渲染正式的高分辨率视频之前，最好先导出一个较小的预览视频以察看效果。可以把帧画面的尺寸设为 200 左右，同时降低帧率为每秒 5～8 帧。这样的画面虽然视觉效果不好，但渲染很快，又能显示出一些潜在的问题，如屏幕高宽比不佳、相机穿墙等，以便作出相应调整，提高工作效率。

③合理安排时间：虽然 SketchUp 动画的渲染速度比其他渲染软件要快得多，但还是比较耗时的，尤其是在导出带阴影效果、高帧率、高分辨率动画的时候，所以要合理安排好时间，在人休息的时候让计算机进行耗时的动画渲染。

Chapter
第 12 章
文件的导入与导出

　　SketchUp 不仅支持快速将概念设计转换成草图模型，而且也满足方案设计全过程的需求。概念设计是重要的，但精确建模和文档协同工作能力也同样重要。用户不仅可以将多种位图、矢量图和 3D 格式的文件导入 SketchUp 中，还可以将模型导出成位图、矢量图和 3D 格式的文件，本章将详细介绍这些不同格式文件的导入与导出方法和注意事项。

 本章视频教程内容

视频位置：光盘 > 第 12 章文件的导入与导出

素材位置：光盘 > 第 12 章文件的导入与导出 > 第 12 章练习文件

序号	章节号	知识点	主要内容
1	12.1.1	导入 DWG 格式文件	• 导入 DWG 格式文件，并依据文件制作房屋的墙体模型
2	12.1.4	导入 3DS 格式文件	• 导入 3DS 格式文件，并优化模型
3	12.2.2	导出 JPG 格式文件	• 设置 JPG 格式文件的尺寸和品质，并导出文件
4	12.4.1	导出 3DS 格式文件	• 导出 3DS 格式文件，并在 3ds Max 中打开文件

12.1 文件的导入

在文件菜单下，执行"导入"命令，即可导入多种格式的文件。

12.1.1 导入 DWG 和 DXF 文件

SketchUp 能够很好地支持工业标准的

AutoCAD 的 .dwg 或者 .dxf 文件的导入和导出。导入 AutoCAD 文件的具体步骤如下。

❶ 执行"文件 > 导入"命令，会弹出"打开"对话框，文件类型选择"*.dwg，*.dxf"如图 12-1 所示。

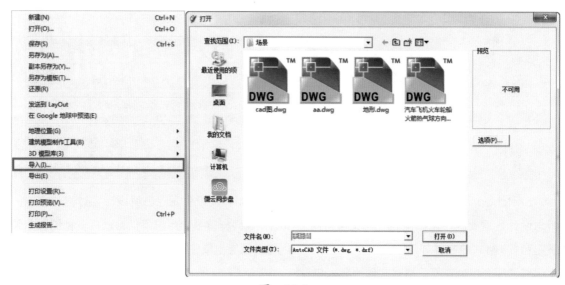

图　12-1

❷ 选择要导入的文件，如图 12-2 所示。单击"选项"按钮，在选项对话框中，如图 12-3 所示，选择一个导入的单位，一般为"毫米"或"米"。另外，如果勾选"合并共面平面"，可以在导入 DWG/DXF 文件时，让 SketchUp 自动删除平面上多余的三角形的划分线；如果勾选"平面方向一致"可以让 SketchUp 分析导入平面的朝向，并统一面的正反方向。

❸ 设置完成后，单击"确定"按钮，则开始导入文件。因为 SketchUp 的模型与大部分 CAD 软件中的模型有很大的区别，转换需要大量的运算，所以大文件完全导入可能需要几分钟时间。导入完成后，SketchUp 会显示一个导入模型的报告，如图 12-4 所示。

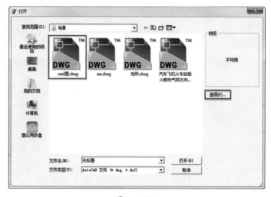

图　12-2

图　12-3

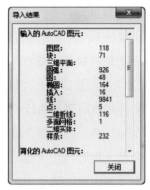

图　12-4

技术看板

　　如果导入之前，SketchUp 中已经有了
别的模型，所有导入的内容会自动合并为
一个组，以免干扰已有的模型。如果导入
空白文件中，则不会创建组。

　　以下是在导入 DWG/DXF 格式文件时，要
注意的几个问题。

　　1．支持导入的对象

　　SketchUp 支持导入的 AutoCAD 对象包括
线、圆弧、圆、段线、面、有厚度的实体、三维面、
嵌套的图块以及图层等。目前，SketchUp 还
不能支持 AutoCAD 实心体、区域、样条线、
形宽度的多段线、XREFS、填充图案、尺寸标
注、文字和 DT、ARX 物体，这些对象在导入
时将被忽略。如果想导入这些未支持的对象，
需要在 AutoCAD 中先将其分解（快捷键 x），
有些对象还需要分解多次才能在导出时转换为
SketchUp 模型，有些即使被分解也无法导入，
请读者注意。

　　2．文件大小

　　在导入之前，最好先清理 AutoCAD 文件，
保证只导入需要的内容，尽量使导入的文件简
化。导入一个大的 AutoCAD 文件需要很长的
时间，因为每个图形都必须进行分析。而且，

　　一旦导入，复杂的 AutoCAD 文件也会拖慢
SketchUp 的系统性能，因为 SketchUp 中智能
化的线和面比在 AutoCAD 要耗费更多的系统
资源。

　　3．导入选项

　　有些文件可能包含非标准的内容，如共面
的表面或者朝向不一的表面。用户可以通过勾
选 "导入 AutoCAD DWG/DXF 选项" 对话框中
的 "合并共面平面" 和 "平面方向一致" 复选框，
强制 SketchUp 在导入时进行自动分析，纠正
这些问题，如图 12-5 所示。

图　12-5

　　4．导入单位

　　一些 AutoCAD 文件格式，例如 DXF，是以
统一单位来保存数据。这意味着导入时必须指
定导入文件使用的单位以保证进行正确的缩放。
如果已知 AutoCAD 文件使用的单位为 mm，而
在导入时却选择了 m，那么就意味着图形放大
了 1 000 倍。

　　如果知道 AutoCAD 文件使用的单位就可
以准确指定，不然就只能猜。如果要猜，建议
最好猜比较大的单位。因为 SketchUp 只能识
别 0.001 平方单位以上的面，假设导入的模型
有 0.01 单位长度的边线，将不能导入，因为
0.01×0.01=0.000 1 平方单位。模型比例缩小
会使一些过小的面在 SketchUp 中被忽略，剩
余的面也可能发生变形。

问：AutoCAD 里的平面图能不能直接放到 SketchUp 里进行立体拉伸操作？

答：可以，但在制作 AutoCAD 平面图时，尽量使用直线，并且图形要闭合。即使在 AutoCAD 中用曲线或弧线，导入 SketchUp 后也会成多段线。导入后，对于在同一平面内本来就封闭的线，只需要绘制其中一小段线段就会自动封闭成面；对于开口的线，将开口处用线连接好就会生成面，有了面之后就可以拉伸了。

在需要封闭很多面的情况下，可以使用在第 16 章中介绍的 Label Stray Lines 插件，它可以快速标明图形的缺口。另外，还可以使用 SUAPP 插件集中的线面工具进行封面，具体步骤为选中要封面的线，然后执行“插件 > 线面工具 > 生成面域”命令。在运用插件进行封面的时候需要等待一段时间，在绘图区下方会有进度条显示封面的进程。对于插件没有封到的面可以使用线条工具进行补充。

12.1.2 实战：导入 DWG 文件并创建墙体模型

用户在制作室内或建筑模型时，经常需要将 DWG 格式的 AutoCAD 文件导入 SketchUp 中做参照。接下来将制作一个基于 DWG 文件的室内墙体模型。具体步骤如下。

❶ 创建一个 SketchUp 空白文件，新建图层并命名为“dwg”，将该层设为“当前图层”，删除场景中的人物模型。执行“文件 > 导入”命令，导入练习文件夹中的“House_Plan.dwg”文件，如图 12-6 所示。

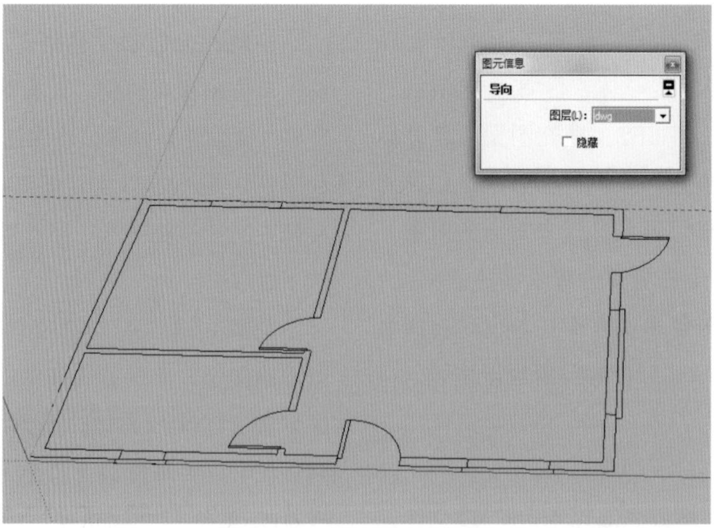

图 12-6

❷ 使用“卷尺工具”单击并测量室内平面图的长度，显示为 3.12m，如图 12-7 所示。在数值控制框中输入“10m”，按 Enter 键，在弹出的对话框中，单击“是”按钮。

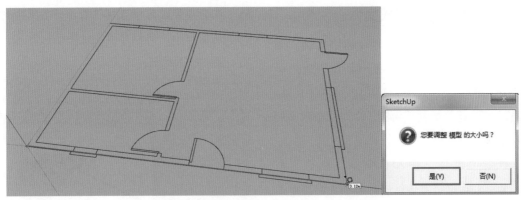

图　12-7

❸ 使用矩形工具绘制一个与平面图重叠的矩形，删除不需要的线段，最终效果如图 12-8 所示。

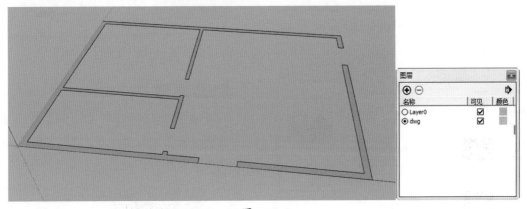

图　12-8

❹ 新建"墙体"图层并将该图层设为"当前图层"，使用"推拉工具"将墙体向上拉升 3m，如图 12-9 所示，完成墙体创建。

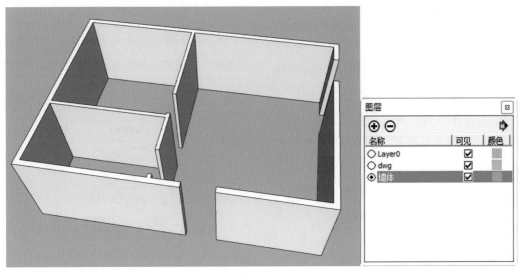

图　12-9

12.1.3 导入 JPG 格式文件

实际工作中，经常需要对扫描图像、传真、照片等进行描绘，SketchUp 允许用户导入 JPG、PNG、TGA、BMP 和 TIF 格式的文件。这里以 JPG 格式的文件为例，学习二维图像的导入方法。

❶ 执行"文件 > 导入"命令，打开"打开"对话框将对话框中的文件类型选择为"*.jpg"，单击要导入的 JPG 文件，在右侧可以看到 3 个单选按钮，分别为"用作图像""用作纹理""用作新的匹配照片"。根据需要选择一项用途，单击"打开"按钮，如图 12-10 所示。

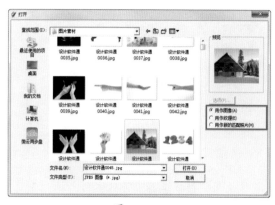

图 12-10

● 用作图像：选择该项，则导入的图像只是用来作为绘图参照。

● 用作纹理：选择该项，则导入的图像会作为一种材质的贴图，可以填充到平面上。

● 用作新的匹配照片：选择该项，则导入的图像可以变形后贴到面上的，在"照片匹配建模"时需要选择该项。

❷ 在绘图窗口中单击一次可以确定图像放置位置，移动光标可以设置图像的大小，再次单击完成图像导入。

❸ 从资源管理器中直接将需要的图像拖到绘图窗口中，同样可以完成图像的导入，如图 12-11 所示。

图 12-11

技术看板

图像导入 SketchUp 后，如果在图像上单击鼠标右键，可以看到图 12-12 所示的快捷菜单。

图 12-12

● 图元信息：执行该命令，将打开"图元信息"对话框，可以查看和修改物体的属性，如图 12-13 所示。

图 12-13

- 删除：该命令用于将图像从文件中删除。
- 隐藏：该命令用于隐藏所选内容，执行该命令后，该命令就会变为"显示"。
- 分解：该命令用于将群组炸开。
- 输出：如果对导入的图像不满意，可以执行"输出"命令将其导出，并在其他软件中进行编辑修改。
- 重新载入：执行该命令，可将被修改后的图像重新载入 SketchUp 中。
- 缩放范围：该命令用于缩放视野使整个图像可见，并将其放置在绘图区的正中心。
- 阴影：该命令用于让图像产生投影。
- 解除黏接：如果导入时将图像吸附在了一个平面上，它将只能在该平面上移动。"解除黏接"命令可以让图像脱离吸附的平面，如图 12-14 所示。

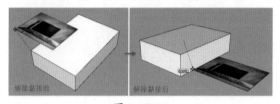

图　12-14

- 用作材质：该命令用于将导入的图像作为材质贴图使用。

问：在导入图像时，如何改变图像的高宽比？

答：在默认情况下，导入的图像会保持原始文件的高宽比。用户可以在导入图像时按住 Shift 键来改变高宽比，或者在导入图像后，使用拉/伸工具来改变图像的高宽比。

技术看板

当用户在场景中导入一个图像后，这个图像就已封装到 SketchUp 文件中。这样在发送 SketchUp 文件给他人时就不会丢失文件图像，但这也意味着文件会迅速变大。所以在导入图像时，应尽量控制图像文件的大小，以下是两种减小图像文件大小的方法。

① 降低图像分辨率：图像的分辨率与图像文件大小直接相关。有时候，低分辨率的图像就能满足描图需要，所以在导入图像前先将图像转为灰度图，然后再降低分辨率以减小图像文件大小。

② 更换图像格式：如果图像为无压缩格式，如 TIFF 格式，则可以将图像另存为 JPG 的格式，以减少图像文件大小。

12.1.4 导入 3DS 格式文件

执行"文件 > 导入"命令，在弹出的"打开"对话框中的文件类型选择为"*.3ds"格式，单击模型文件，再单击"打开"按钮即可。单击"选项"按钮，可以设置是否合并共面平面和模型单位，如图 12-15 所示。

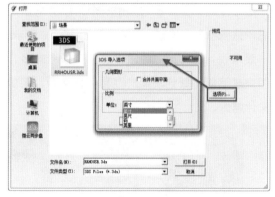

图　12-15

技术看板

如遇到导入的模型布线太多的情况，可以在选中模型的全部边和面后，使用柔化边线命令，勾选"平滑法线"和"软化共面"复选框，再调整法线间的角度以移除多余布线，如图 12-16 所示。

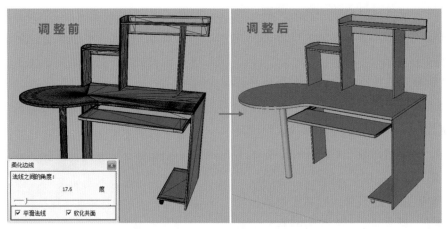

图　12-16

12.2　导出位图图像

执行"文件 > 导出 > 二维图形"命令，在"导出"对话框中，可以输出 JPG、BMP、TIF 和 PNG 格式的位图图像。

12.2.1　关于位图

位图又叫点阵图或像素图，当位图放大到一定限度时，会发现它是由一个个小方格所组成，这些小方格被称为像素，如图 12-17 所示。一般来说，相同尺寸的图像上所含像素越多，图像越清晰，颜色之间的混和也越平滑，图像文件越大。

图　12-17

12.2.2　导出 JPG 格式文件

JPG 格式是一种常用的图片压缩格式，JPG 格式的优点是文件体积小巧，并且兼容性好；不足之处在于 JPG 格式对图像进行的是有损压缩。在"输出二维图形"对话框的输出类型中选择"JPEG 图像"选项，单击"选项"按钮即可打开"导出 JPG 选项"对话框，如图 12-18 所示。

图　12-18

导出 JPG 选项面板的参数如下。

● 使用视图大小：勾选该复选框，则导出的图像大小为当前视图窗口大小；取消勾选该复选框，则可以在其下方自定义图像尺寸。

● 宽度 / 高度：用于设定导出图像的大小，单位为像素。指定的尺寸越大，导出时间越长，消耗内存越多，生成的图像文件也越大。最好只按需要导出相应大小的图像文件。

● 消除锯齿：勾选该复选框，SketchUp 会对导出的图像做平滑处理。这需要更多的导出时间，但可以减少图像中的锯齿。

● JPEG 压缩：用于设定图像的品质。滑块向左滑动，图像尺寸会变小，并且质量下降，导出时间变短；向右滑动则相反。

JPG 格式对图像进行的是有损压缩，如果在 SketchUp 中希望得到品质更高的位图文件，可以选择 TIFF/PNG 格式。这两种格式对应的对话框内的内容基本一致，如图 12-19 所示。

图　12-19

技术看板

SketchUp 的图片导出质量与显卡的硬件质量有很大关系，显卡越好，消除锯齿的能力就越强，导出的图片就越清晰。

执行"窗口 > 使用偏好"命令打开"系统使用偏好"对话框，在 OpenGL 参数面板中勾

选"使用硬件加速"复选框，并在"能力"选项组中选择最高级的模式，即可导出更清晰的图像，如图 12-20 所示。

图　12-20

功夫在诗外 ➡

JPG、BMP、TIFF 和 PNG 都属于位图图像格式，这里介绍一下它们各自的特点。

① JPG：JPG 格式的最大特点是文件比较小，它可以对图像进行高倍率的压缩，是目前所有格式中压缩率最高的格式之一。此格式的图像通常用于图像预览和一些超文本文档中（HTML 文档）。因为 JPG 格式在压缩保存过程中会丢掉一些肉眼不易察觉的数据，所以保存的图像与原图有所差别，没有原图的质量好，因此印刷品最好不要用此图像格式。JPG 格式支持 CMYK、RGB 和灰度的颜色模式，但不能保存 Alpha 通道。

② BMP：BMP 格式支持 RGB、索引颜色、灰度和位图的图像颜色模式，但不能存储 Alpha 通道。该文件格式还可以支持 1 ～ 24 位的图像。其中对于 4 ～ 8 位的图像，使用 Run Length Encoding（RLE，运行长度编码）压缩方案，这种压缩方案

不会损失数据，是一种非常稳定的格式。注意，BMP 格式不支持 CMYK 颜色模式的图像。

③ TIFF：TIFF 是一种通用文件格式，所有的绘画、图像编辑和排版都支持该格式。而且，几乎所有的桌面扫描仪都可以产生 TIFF 图像。该格式支持具有 Alpha 通道的 CMYK、RGB、Lab、索引颜色和灰度图像，以及没有 Alpha 通道的位图模式图像。

④ PNG：PNG 格式可以保存 24 位的彩色图像，并且支持透明背景和消除锯齿边缘的功能。它是可移植网络图形格式，也是一种位图文件存储格式，对图像是无损压缩。与 TIFF 类似，它保存的图像品质比 JPG 更高。在 SketchUp 中的镂空贴图一般都会使用 PNG 图片格式。

图　12-22

图　12-23

12.2.3　导出 EPix 格式文件

Piranesi 是由 Informatix 英国公司与英国剑桥大学都市建筑研究所针对艺术家、建筑师、设计师研发的三维立体专业彩绘软件。它可以作为 SketchUp 的表现搭档，最后形成水彩、水粉、油画、马克笔等多种手绘风格的作品，如图 12-21 至图 12-23 所示。

EPix 格式的文件是 Piranesi（又名"彩绘大师"）的专用格式。要导出 EPix 格式文件可以执行"文件 > 导出 > 二维图像"命令，打开"输出二维图形"对话框，然后设置好导出的文件名和文件格式（*.epx 格式），单击"选项"按钮，会弹出"导出 Epx 选项"对话框，如图 12-24 所示。

图　12-21

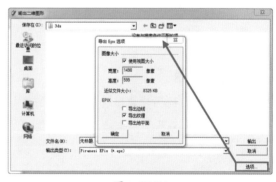

图　12-24

导出 Epx 选项面板的参数介绍如下。

- 图像大小

➢ 使用视图大小：选中该复选框后，将使用 SketchUp 绘图窗口的尺寸导出图像，如果没有勾选该项，则可以自定义图像尺寸。

➢ 宽度 / 高度：可以用于设定导出图像的大小，单位为像素。

- 导出边线：大多数三维程序导出文件到 Piranesi 绘图软件中时，不能导出边线。而边线却是传统徒手绘制的基础，勾选该复选框，可以将模型的边线样式导入 Epix 格式的文件中。

技术看板

如果在样式编辑器中的边线设置里没有勾选"显示边线"选项，则无论是否勾选了"导出边线"选项，导出的文件中都不会显示边线。

- 导出纹理：勾选该复选框，可以将所有贴图材质导入 Epix 格式的文件中。"导出纹理"复选框只有在为模型赋予了材质贴图并且正面样式为"带阴影的纹理"时才有效。

- 导出地平面：勾选该复选框，可以在图像的深度通道中创建一个地平面，让用户可以快速地放置人、树、贴图等物体，而不需要在 SketchUp 中建立一个地面。

12.3　导出矢量图形

SketchUp 不仅能将模型导出为位图图像文件，还可以将模型导出为矢量图形文件，如 DWG、DXF、EPS 和 PDF 格式的文件。

12.3.1　关于矢量图

矢量图又称为向量图，矢量图中的图形元素称为对象，每个对象都是一个单独的个体，它具有大小、方向、轮廓、颜色和屏幕位置等属性。

矢量图的优势主要有以下 3 点。

1. 矢量图文件大小与分辨率和图像尺寸无关，只与图像的复杂程度（主要是点的数量）有关，点越多，文件越大。

2. 图形可以无限缩放，对图形进行缩放、旋转或变形操作时，图形不会产生锯齿效果。

3. 矢量图文件可以在任何输出设备上以最高分辨率进行打印输出，图像不会模糊。

矢量图的劣势主要在于难以表现色彩层次丰富的逼真图像效果，而位图在这方面的表现更加优秀。

12.3.2　导出 EPS/PDF 文件

PDF（Portable Document Format，便携式文件格式）是一种用处很广的文件格式。它可以将文字、字型、格式、颜色及独立于设备和分辨率的图形图像等封装在一个文件中。该格式文件还可以包含超文本链接、声音和动态影像等电子信息，支持特长文件，集成度和安全可靠性都较高。

EPS（Encapsulated PostScript）是 Adobe 公司开发的标准图形格式，可以用 illustrator 或 Photoshop 打开，广泛应用于图像设计和印刷品出版。

从 SketchUp 中导出的 EPS 和 PDF 格式文件都是矢量图文件。执行"文件 > 导出 > 二维图形"命令，在"输出类型"中选择对应的格式即可将模型导出。这两种格式对应的对话框中的内容一致，如图 12-25 所示。

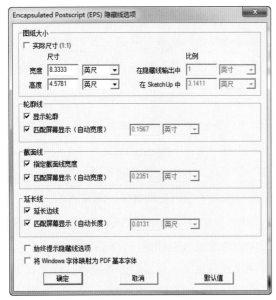

图　12-25

EPS 隐藏线选项面板的参数介绍如下。

● 图纸大小

➢ 实际尺寸：以 SketchUp 中模型的真实尺寸导出 1：1 的矢量图。

➢ 宽度 / 高度：设置文件的高度以及宽度。PDF/EPS 文件的高度和宽度被限制在 7200 像素之内。

● 轮廓线

➢ 显示轮廓：将 SketchUp 中显示的轮廓线也导出到矢量图中。

➢ 匹配屏幕显示（自动宽度）：自动分析轮廓线的输出宽度，让导出的轮廓线与其屏幕上显示的相似。

● 截面线

➢ 指定截面线宽度：指定导出的剖面线的宽度。

➢ 匹配屏幕显示（自动宽度）：自动分析剖面线的输出宽度，让导出的剖面线与其屏幕上显示的相似。

● 延长线

➢ 延长边线：勾选该项，则将导出 SketchUp 中显示的边线出头部分。

➢ 匹配屏幕显示（自动长度）：自动分析边线出头部分的输出宽度，让导出的边线出头部分与其屏幕上显示的相似。

● 始终提示隐藏线选项

每次导出 PDF/EPS 格式的文件时，都显示该选项对话框。

● 将 Windows 字体映射为 PDF 基本字体

勾选该选项，则模型中的 Windows 字体导出后将被相应地替换为 PDF 的字体。

问：导出的 EPS 文件中会包含模型的不透明度和阴影等效果吗？

答：PDF 和 EPS 格式的文件中可以包括线条和平面单色填充效果，但不能导出贴图、阴影、背景和透明度等内容。另外，由于 SketchUp 没有使用 OpenGL 来输出矢量图，因此也不能导出那些由 OpenGL 渲染出来的效果。如果想要导出所见即所得的图像，可以将文件导出为位图图像。

技术看板

SketchUp 在导出文字、标注到矢量图形中时有以下限制。

① 被模型遮挡的文字和标注在导出后会出现在模型前方。

② 位于 SketchUp 绘图区边缘的文字和标注不能被导出。

③ 某些字体不能正常转换。

12.3.3　导出 DWG/DXF 格式文件

DWG/DXF 格式文件既可以是三维模型文件，也可以是二维矢量图形文件。执行"文件 > 导出 > 二维图形"命令，在"输出二维图形"对话框中，输出类型选择"*.dwg"，再单击"选项"按钮即可打开"DWG/DXF 隐藏线选项"对话框，如图 12-26 所示。

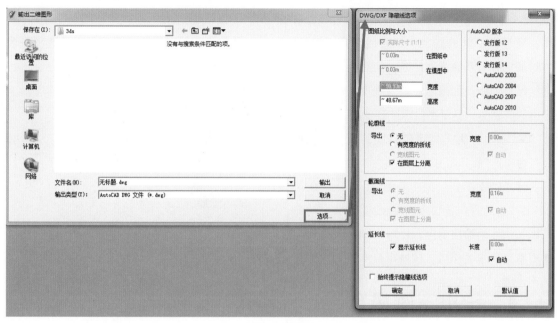

图　12-26

DWG/DXF 隐藏线选项面板的参数介绍如下。

● 图纸比例与大小

➤ 实际尺寸：以 SketchUp 中模型的真实尺寸导出 1：1 的矢量图。

➤ "在图纸中"和"在模型中"：设置模型在图纸上的缩放比例。例如，在图纸中 / 在模型中 =1mm/1m，那就相当于导出 1：1000 的图形。另外，开启"透视图"模式时不能定义这两项的比例。在"平行投影"模式下，也必须是模型表面垂直于视图时才可以对其定义。

➤ 宽度 / 高度：设置导出文件的高度以及宽度。

● AutoCAD 版本

在该选项组中可以选择导出的 AutoCAD版本。

● 轮廓线

➤ 无：勾选该项，则导出时会忽略屏幕显示效果而导出正常的线条；取消选中该项，则 SketchUp 中显示的轮廓线会导出为较粗的线条。

➤ 有宽度的折线：勾选该项，则导出的轮廓线为多段线。

➤ 宽线图元：勾选该项，则导出的剖面线为粗线。该项只有导出 AutoCAD 2000 以上版本的 DWG 文件时才有效。

➤ 在图层上分离：勾选该项，将导出专门的轮廓线图层，便于在其他程序中设置和修改。SketchUp 的图层设置在导出二维矢量图时不会直接转换。

- 截面线

该选项组中的设置与"轮廓线"选项组相类似，在此就不赘述了。

- 延长线

➢ 显示延长线：勾选该项，将导出SketchUp 中显示的延长边线，如果没有勾选该项，将导出正常的线条。延长线在 SketchUp 中对捕捉参考系统没有影响，但在别的程序中可能出现问题，如果想在其他程序中继续编辑导出的矢量图，尽量不要勾选该项。

➢ 长度：用于指定延长线的长度。该项只有在勾选"显示延长线"选项并未勾选"自动"选项时才生效。

➢ 自动：勾选该项，SketchUp 会自动分析延长边线的输出宽度，让导出的延长边线与其屏幕上显示的相似。该选项只有在勾选"显示延长线"选项时才生效。

- 始终提示隐藏线选项

勾选该项，则每次导出 DWG/DXF 格式的文件时，都显示该选项对话框。如果没有勾选该项，将默认使用上次的导出选项设置。

- 默认值按钮

单击该按钮，可以将对话框中的选项设置恢复到系统的默认值。

技术看板

导出 AutoCAD 文件时，SketchUp 默认使用当前的文件单位。例如，假设 SketchUp 的当前单位设置是十进制 / 米，则 SketchUp 以此为单位导出 DWG 文件后，在 AutoCAD 程序中也必须将单位设置为十进制 / 米才能正确转换文件。

12.4 导出三维模型

在 SketchUp 中创建的模型可以导成多种三维模型格式，方便与其他软件，如AutoCAD、3ds Max、Maya 等进行紧密协作。

12.4.1 导出 3DS 格式文件

SketchUp 可以导出 DAE、3DS、FBX、VRML、XSI 和 OBJ 格式的三维模型文件。本小节将详细介绍最常用的三维模型格式文件——3DS 格式文件的导出方法。3DS 格式最早是基于 DOS 的 3D Studio 建模和渲染动画程序的文件格式。3DS 格式支持 SketchUp 输出材质、贴图和照相机。

执行"文件 > 导出 > 三维模型"命令，在

"输出模型"对话框中将输出类型选择为 3DS 文件，再单击"选项"按钮，即可打开"3DS 导出选项"对话框。

3DS 导出选项面板时参数介绍如下。

- 几何图形

➢ 导出：用于设置导出的内容，包含了 4 种不同的选项，如图 12-27 所示。

√ 单个对象：将整个模型导出为一个已命名的模型。

√ 完整的层次结构：按组和组件来导出模型。值得注意的是，任何嵌套的组或组件只能按最高层级转换为一个组或组件，且 3DS 格式不支持 SketchUp 的图层。

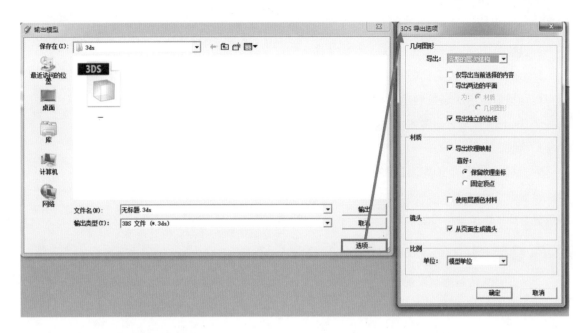

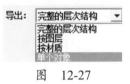

图　12-27

√ 按材质：按材质贴图导出模型，填充了相同材质的模型将合并为一个模型整体。导出 3DS 文件的同时也将 SketchUp 的材质导出。注意，3DS 文件的材质文件名限制在 8 个字符以内，不支持长文件名，也不支持 SketchUp 对贴图颜色的改变。

√ 按图层：将按图层导出模型，同一图层上的模型将合并为一个模型整体。

➤ 仅导出当前选择的内容：勾选该项，将仅导出当前选中的内容。

➤ 导出两边的平面：勾选该项后，将激活下方的"材质"和"几何图形"两个选项，一般情况下不需要勾选该项。"材质"选项能开启 3DS 材质定义中的"双面"功能，这个选项导出的多边形数量和单面导出的多边形数量一样，但渲染速度会下降，特别是开启阴影和反射效果的时候；另外，这个选项无法使用

SketchUp 中的背面的材质；"几何图形"选项则是将每个 SketchUp 的面都导出两次，一次导出正面，另一次导出背面，导出的多边形数量增加一倍，同样渲染速度也会下降，但是导出的模型两个面都可以渲染，并且正反两面可用不同的材质。

➤ 导出独立的边线：独立边线是大部分 3D 程序所没有的功能，所以无法经由 3DS 格式直接转换，此选项可以创建非常细长的矩形来模拟边线。

● 材质

➤ 导出纹理映射：勾选该项，可以导出材质中的贴图。

➤ 喜好

√ 保留纹理坐标：选项用于在导出 3DS 文件时，不改变 SketchUp 材质贴图的坐标。只有勾选"导出纹理映射"选项后，该选项和"固定顶点"选项才能被激活。

√ 固定顶点：该选项用于在导出 3DS 文件时，保持贴图坐标与平面视图对齐。

➤ 使用层颜色材料：勾选该项，可以以

SketchUp 的图层颜色为基准来分配3DS材质。

- 镜头

➤ 从页面生成镜头：勾选该项后，在导出时可以为当前激活的场景创建照相机，也给其他每个 SketchUp 场景创建照相机。

- 比例

➤ 单位：指定导出模型使用的长度单位。默认设置是"模型单位"，即 SketchUp 的"模型信息"中指定的当前单位。

技术看板

3DS 格式的问题和限制

SketchUp 是专为方案推敲而设计的软件，它的一些特性不同于其他的三维建模程序，所以在导出 3DS 文件时一些信息不能被保留，同时 3DS 格式本身也存在一些局限性，具体如下。

① 模型顶点限制

3DS 格式的一个模型被限制为 64 000 个顶点和 64 000 个面。如果 SketchUp 的模型超出这个限制，导出的 3DS 文件可能无法在别的程序中导入。如遇到超出 3DS 格式限制的模型，SketchUp 会自动监视并显示警告对话框。要解决这个问题，首先要确定选中"仅导出当前选择的内容"选项，然后试着把模型分解成较小的组或组件逐个导出。

② 嵌套的组或组件

SketchUp 不能导出组和组件的层级到 3DS 文件中。换句话说，组中嵌套的组会被打散并附属于最高层级的组。

③ 双面的表面

在一些三维程序中，多边形的表面法线方向是很重要的，因为默认情况下只有表面的正面可见。这好像违反了直觉，真实世界的物体并不是这样的，但只有这样才能提高渲染效率。

SketchUp 中一个表面的正反两个面都可见，所以不必担心面的朝向。但是，如果将其导出为 3DS 格式的模型时，模型表面没有统一法线（即正反方向），当在别的应用程序中打开时就会出现"丢失"面的现象。其实并不是真的丢失表面了，而是面的朝向不对，所以没有正确显示出来。

解决这个问题的方法是在 SketchUp 中用"反转平面"命令对模型表面方向进行手工统一。另外，勾选"3DS 导出选项"对话框中的"导出两边的平面"选项也可以修正这个问题。如果没时间手工修改表面法线时，用这个命令非常方便，但是使用该命令会增加 3DS 文件大小，降低渲染速度。

④ 双面贴图

SketchUp 中模型表面有正反两面，但只有正面的贴图可以被导出。

⑤ 复数的 UV 顶点

一般三维程序里 3DS 文件中每个顶点只能使用一个贴图坐标，所以共享相同顶点的两个面上无法具有不同的贴图。但 SketchUp 通过分割模型，可以让在同一平面上的多边形各自拥有各自的顶点。这样，虽然在 SketchUp 中可以为同一个平面填充多种材质贴图，但由于顶点重复，可能会造成在其他三维程序中无法正确执行一些模型操作，如平滑或布尔运算。

幸运的是，当前的大部分三维程序已经能自动正确处理由 SketchUp 导出的 3DS 文件，在贴图保持和模型操作方面都能得到理想的结果。

⑥ 独立边线

一些三维程序使用的是"顶点－面"模型，不能识别 SketchUp 的独立边线定义。因此，要导出边线时，SketchUp 会导出细长的矩形来代替这些独立边线，但可能导致无效的 3DS 文件。所以尽量不要把独立边线导出到 3DS 文件中。

⑦ 贴图名称

3DS 文件使用的贴图文件名格式有基于 DOS 系统的 8.3 字符限制。不支持长文件名和一些特殊字符。

SketchUp 在导出时会试着创建 DOS 标准的文件名。例如，一个命名为"corrugated metal.jpg"的文件在 3DS 文件中被描述为"corrug~1.jpg"。使用相同的头六个字符的其他文件将被描述为"corrug~2.jpg"，并以此类推。

不过这样的话，如果要在别的 3D 程序中使用贴图时，就必须重新指定贴图文件或修改贴图文件的名称。

⑧ 贴图路径

保存 SketchUp 文件时，使用的材质会被封装到文件中。这样，当把 SketchUp 文件 E-mail 给他人时，不需要担心找不到材质贴图的问题。但是，3DS 文件只是提供了贴图文件的链接，没有保存贴图的实际路径和信息，这一局限很容易破坏贴图的分配。

最容易的解决办法就是在导入模型的三维程序中添加 SketchUp 的贴图文件目录，这样就能解决贴图文件找不到的问题。

另外，如果别人只将 SketchUp 文件传送给你，该文件封装了自定义的贴图材质，这些材质是无法导出到 3DS 文件中的。如果要将自定义的材质贴图导出到 3DS 文件中，就需要别人另外再把贴图文件传送过来，或者将 SketchUp 文件中的贴图导出为图像文件。

⑨ 材质名称

SketchUp 允许使用多种字符的长文件名，而 3DS 不行。因此，导出时，材质名称会被修改并截至 12 个字符。

⑩ 可见性

只有当前可见的模型才能被导出到 3DS 文件中去。隐藏的模型或处于隐藏图层中的模型是不会被导出的。

⑪ 图层

3DS 格式不支持图层，所有 SketchUp 图层在导出时都将丢失。如果要保留图层，最好导出为 DWG 格式。另外，可以勾选"使用层颜色材料"选项，这样在别的应用程序中就可以基于 SketchUp 图层来选择和管理几何体。

⑫ 单位

SketchUp 导出 3DS 文件时，可以在选项中指定单位。例如，在 SketchUp 中边长为 1m 的立方体在设置单位为"m"时，导出到 3DS 文件中，边长为 1。如果将导出单位设成 cm，则该立方体的导出边长为 100。3DS 格式通过比例因子来记录单位信息。这样别的程序读取 3DS 文件时就可以自动转换为真实尺寸。例如，上面的立方体虽然边长一个为 1，另一个为 100，但导入程序后大小却是一样。

不幸的是，有些程序忽略了单位缩放信息，这样，边长 100cm 的立方体在导入后是边长 1m 的立方体的 100 倍大。碰到这种情况，只能在导出时就把单位设成其他程序导入时需要的单位。

12.4.2 导出 OBJ 格式文件

OBJ 格式文件是 Wavefront 公司为它的一套基于工作站的 3D 建模和动画软件"Advanced Visualizer"开发的一种标准 3D 模型文件格式，很适合用于三维软件模型之间的互导，一个附加的 .mtl 文件是用来描述定义在 .obj 文件中的材质。

执行"文件 > 导出 > 三维模型"命令，然后在弹出的"输出模型"对话框中设置好导出的文件名称和文件格式（*.obj），再单击"选项"按钮即可打开"OBJ 导出选项"对话框，如图 12-28 所示。

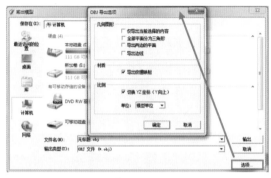

图 12-28

OBJ 导出选项面板的参数介绍如下。

● 仅导出当前选择的内容：勾选该项，则只有被选中的内容才可以导出。如果没有选中任何内容，全部场景模型都会被导出。

● 全部平面分为三角形：勾选该项，则 SketchUp 模型的每个面都会输出为三角形，而不是多边形。

● 导出两边的平面：勾选该项，则模型将以双面导出。

● 导出边线：勾选该项，SketchUp 会导出模型的边线。如果没有勾选该项，边线就会被忽略。大部分应用程序在导入的时候会忽略边线，所以很多时候都不需要选择。

● 导出纹理映射：勾选该项，可以将模型场景中的材质贴图全部导出到一个文件夹内。

● 切换 yz 坐标（y 向上）：OBJ 格式默认是以 xz 平面作为水平面的，而 SketchUp 是以 xy 作为水平面的。勾选该项后，导出的文件将自动转换成 OBJ 格式的平面标准。

● 单位：选择导出模型使用的尺寸单位，系统默认的单位为"模型单位"。

12.4.3 导出 VRML 格式文件

VRML 2.0（虚拟实景模型语言）是一种三维场景的描述格式文件，通常用于三维应用程序之间的数据交换或在网络上发布三维信息。VRML 格式的文件可以储存 SketchUp 模型，包括边线、表面、组、材质、透明度、照相机视图和灯光等。

执行"文件 > 导出 > 三维模型"命令，然后在弹出的"输出模型"对话框中设置好导出的文件名和文件格式（*.wrl），再单击"选项"按钮即可打开"VRML 导出选项"对话框，如图 12-29 所示。

图 12-29

VRML 导出选项面板的参数介绍如下。

● 输出纹理映射：勾选该项，SketchUp 将把贴图信息导出到 VRML 文件中。如果未勾选该项，则只导出颜色。

- 忽略平面材质的背面：SketchUp 在导出 VRML 文件时，可以导出双面材质。勾选该项，两面都将以正面的材质导出。

- 输出边线：勾选该项，SketchUp 将把边线导出为 VRML 边线实体。

- 使用层颜色材料：勾选该项，SketchUp 将按图层颜色来分配模型的材质。

- 使用 VRML 标准方向：VRML 默认以 xz 平面作为水平面（相当于地面），而 SketchUp 是以 xy 平面作为地面。勾选该项，

导出的文件会转换为 VRML 标准。

- 生成镜头：勾选该项，SketchUp 会为每个场景都创建一个 VRML 相机。当前激活的 SketchUp 场景会导出为"默认照相机"，其他场景照相机则以场景名称来命名。

- 允许镜像的组件：勾选该项，可以导出镜像和缩放后的组件。

- 检查材质覆盖：勾选该项，可以自动监测组件内的模型是否有应用默认材质，或是否有属于默认图层的模型。

第二篇
拓展功能篇

Chapter

第 13 章

沙盒工具

SketchUp 的"沙盒"工具只在其专业版中才有，可以创建、优化和更改 3D 地形，也可以利用等高线生成平滑的地形，为场景添加坡地和沟谷，也可以创建建筑地基和车道等。

 ## 本章视频教程内容

视频位置：光盘 > 第 13 章沙盒工具

素材位置：光盘 > 第 13 章沙盒工具 > 第 13 章练习文件

序号	章节号	知识点	主要内容
1	13.1.1	根据等高线创建工具	·根据 DWG 格式的等高线文件创建地形
2	13.2.1	曲面拉伸工具	·使用曲面拉伸工具绘制地形
3	13.2.2	曲面投射工具	·使用曲面投射工具快速制作山坡道路
4	13.2.3	曲面平整工具	·使用曲面平整工具平整山坡
5	13.2.4 和 13.2.5	添加细部工具与翻转边线工具	·使用添加细部工具制作地面的隆起 ·翻转边线工具的基本用法

13.1 创建地形工具

执行"视图 > 工具 > 沙盒"命令就可以打开沙盒工具栏,工具栏中共有7个工具,分为上下两排。上排是创建地形的工具,包括"根据等高线创建"工具和"根据网格创建"工具;下排工具是修整地形的工具,包括"曲面拉伸"工具、"曲面平整"工具、"曲面投射"工具、"添加细部"工具和"翻转边线"工具,如图 13-1 所示。

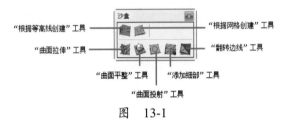

图　13-1

13.1.1 根据等高线创建工具

用"根据等高线创建"工具可以通过封闭相邻的等高线创建地形。等高线可以是直线、圆弧、圆、曲线等,"根据等高线创建"工具将会封闭这些闭合(或不闭合)的线成面,从而创建地形。用户既可以从其他软件中导入三维等高线地形文件,也可直接在 SketchUp 中切换到顶视图,并使用绘图工具绘制等高线,然后在左视图或者前视图中移动等高线至相应的高度,每条线之间的高度间隔要相等,如图 13-2 所示。

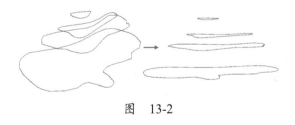

图　13-2

准备好等高线后,选中所有等高线,再

单击沙盒工具栏内的"根据等高线创建"工具。SketchUp 将依据等高线生成地形,并将新生成的地形组成一个组。此时可以隐藏该组,然后删除原来的等高线,最后为地形填充合适的地面材质,如图 13-3 所示。

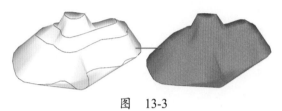

图　13-3

13.1.2 根据网格创建工具

选择"根据网格创建"工具,单击并拖动鼠标可以在 SketchUp 中绘制网格地形,如图 13-4 所示。

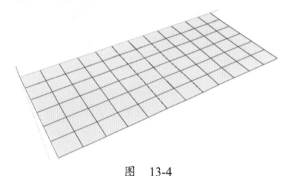

图　13-4

如需精确绘制网格地形,可以在选中"根据网格创建"工具后,首先在数值控制框中输入每个单元网格的边长,按 Enter 键即可确定。之后,可以直接拖动光标,也可以在数值控制框中输入网格整体长度,按 Enter 键,同理可以继续输入网格整体宽度,按 Enter 键,完成网格地形的绘制。完成绘制后,网格会自动封面,并形成一个组。

13.1.3 用推/拉工具创建地形

使用推/拉工具可以根据等高线创建阶梯状地形。具体步骤如下。

❶ 创建平面，使用徒手画工具创建等高线，如图 13-5 所示。

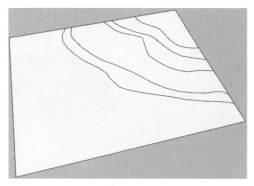

图　13-5

❷ 假设等高线高差为 8m，选择推/拉工具，依次将等高线推拉 8m 的高度，最终效果如图 13-6 所示。

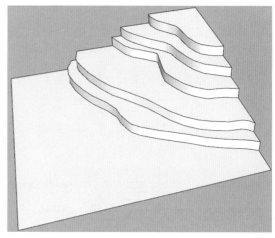

图　13-6

13.2　修整地形工具

创建好地形的基本模型之后，可以使用修整地形的工具对地形进行进一步的细加工。例如，可以在地形上制作道路、平整地面等。

13.2.1 曲面拉伸工具

"曲面拉伸"工具　的主要作用是修改地形高度上的起伏程度，它不能对组、组件直接进行操作。具体使用方法如下。

❶ 选择已有地形模型，双击进入地形组的内部。选中曲面拉伸工具，输入数值来确定圆的半径（即拉伸点的辐射范围），如图 13-7 所示。

❷ 将圆心移动至想要拉伸的位置，也就是要拉伸到最高点的位置，单击鼠标左键确认基点。此时红色圆圈范围内的点都会被选中。上下移动光标或者输入数值可以确定拉伸的高度，向上移动光标可以创建凸起的地形，向下移动光标可以创建凹陷的地

形，如图 13-8 所示。

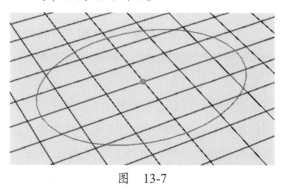

图　13-7

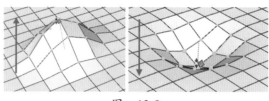

图　13-8

在使用曲面拉伸工具时要注意以下几点。

❶ 用"根据等高线创建"工具和用"根据网格创建"工具制作生成的地形是一个组，要对其进行编辑，首先要双击进入该组内部。

❷ 曲面拉伸工具只能沿系统默认的 z 轴进行拉伸，所以如果希望多方向拉伸时，可以结合旋转
工具，先将所需拉伸的组旋转到合适的角度后，再进入组编辑状态进行拉伸，如图 13-9 所示。

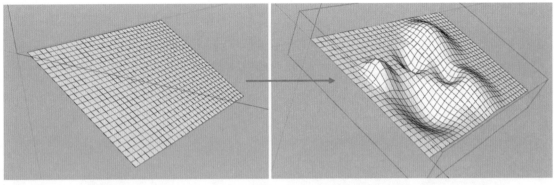

图　13-9

❸ 如果只想对个别的点、线或面进行拉伸
的话，可以先将圆的半径设置为比一个
单元网格小的数值或者设置成最小的单位
1mm。设置好以后，先退出曲面拉伸工具，
使用选择工具选择点、线、面，如图 13-10
所示，再使用拉伸工具进行拉伸即可，如
图 13-11 所示。

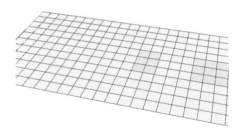

图　13-10

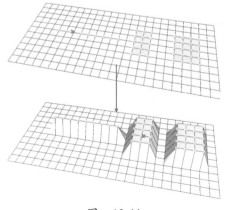

图　13-11

13.2.2　曲面投射工具

"曲面投射"工具 🔲 可以将形状投影到地
形上，在地形上制作道路。具体操作步骤如下。

❶ 使用矩形工具，在地形正上方画一个比地
形大一些的矩形，如图 13-12 所示。

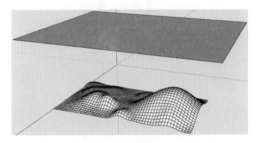

图　13-12

❷ 为地形填充草地材质，为上方的矩形填充
任意一种颜色，并降低其不透明度，切换
到顶视图，执行"镜头 > 平行投影"命令，
如图 13-13 所示。

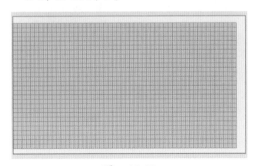

图　13-13

③ 在矩形上使用"徒手画"工具绘制出道路，删除道路以外的内容，并将道路组成一组，如图 13-14 所示。

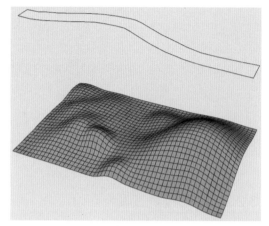

图　13-14

④ 选中道路，使用曲面投射工具单击地形。此时，SketchUp 会自动计算道路在地形上的投影，以创建道路，如图 13-15 所示。

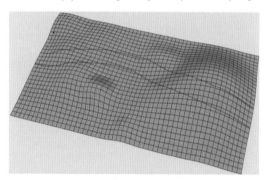

图　13-15

⑤ 为道路填充所需的材质，最终效果如图 13-16 所示。

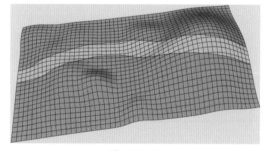

图　13-16

13.2.3　曲面平整工具

当房屋建在坡地上时，需要使用"曲面平整"工具![icon]先平整场地，才能使房屋更好地与地面结合。具体步骤如下。

① 在顶视图中放置好地形与房屋的相对位置，使用矩形工具绘制一个略大于房屋面积的矩形，并移动至房屋上方，如图 13-17 所示。

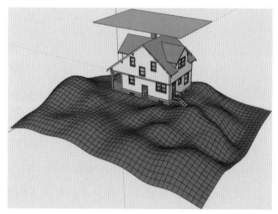

图　13-17

② 使用曲面平整工具单击矩形，会出现图 13-18 所示的红色线框，此时数值控制框中显示了将来被平整的场地会对矩形向外偏移的距离，按 Enter 键确认。

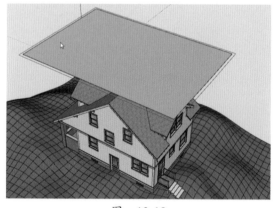

图　13-18

③ 将光标移动到地形上，单击地形，当图标变成![icon]时单击并向上或向下拖动鼠标，将地形拉伸到合适的位置，单击鼠标左键即

可完成平整地形操作，如图 13-19 所示。

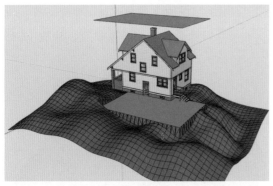

图　13-19

❹ 为平整面填充合适的材质之后，就可以将房屋移动到已经平整的场地上，最终效果如图 13-20 所示。

图　13-20

技术看板

当需要对平整好的面进行上下移动修改时，可以先选择平整面，再使用移动工具或者曲面拉伸工具，进行上下移动。

13.2.4　添加细部工具

当现有的网格精度不能满足制作精确地形需要时，可以通过"添加细部"工具 ▇ 重新对这些网格进行细分。

❶ 细分前需要首先双击进入地形组内部或将其分解，再使用选择工具，选择欲细分的表面，如图 13-21 所示。

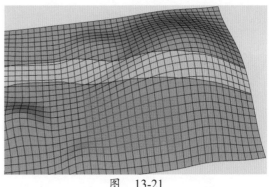

图　13-21

❷ 单击"添加细部"工具后，所选中的表面就会被细分，最终效果如图 13-22 所示。细分的原则是将一个网格分成 4 块，共形成 8 个三角面。

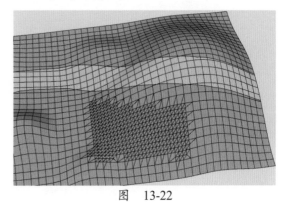

图　13-22

13.2.5　翻转边线工具

使用"翻转边线"工具可以人为地改变地形网格线的方向，对地形的局部进行调整。某些情况下，一些地形的起伏不能顺势而下，执行"翻转边线"命令，改变边线凹凸的方向就可以很好地解决此问题。具体操作步骤如下。

❶ 其实无论是用"根据等高线创建"工具，还是用"根据网格创建"工具，创建的地形都是三角面的。虽然有些显示的是四边面，但这些对角线都是隐藏的。执行"视图＞隐藏几何图形"命令查看隐藏的对角线，如图 13-23 所示。

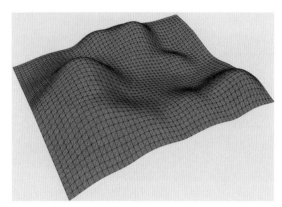

图　13-23

❷ 选择"翻转边线"工具，在要调整方向
的边线上单击即可翻转边线，如图 13-24
所示。

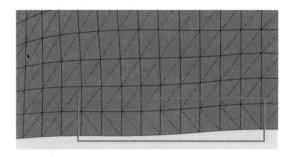

图　13-24

❸ 如希望将隐藏的边线变成一般的边线，可
以执行"窗口＞柔化边线"命令，将"法
线之间的角度"设为 0 即可，如图 13-25
所示。

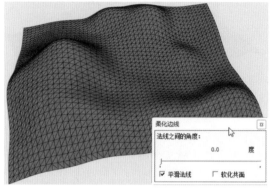

图　13-25

Chapter

第 14 章

实体工具

实体工具是 SketchUp 专业版才有的功能，使用实体工具可以对实体进行布尔运算，也就是并集、差集、交集的运算，除此之外，SketchUp 还提供了其他三种运算工具，本章将进行详细介绍。

 本章视频教程内容

视频位置：光盘 > 第 14 章实体工具

素材位置：光盘 > 第 14 章实体工具 > 第 14 章练习文件

序号	章节号	知识点	主要内容
1	14.1.1	实体定义	• 实体的创建与判断
2	14.2	实体工具的应用 -01	• 实体的并集、相交与去除工具的用法
3	14.2	实体工具的应用 -02	• 实体的修剪与拆分工具的用法
4	14.2	实体工具的应用 -03	• 外壳工具的用法
5	14.2.7	实战：制作儿童玩具	• 用实体工具制作儿童玩具

14.1　关于实体

实体工具只有对实体才有效，也就是说如果模型不是实体，是不能进行布尔运算的，本节来介绍什么是实体和布尔运算。

14.1.1　实体定义

在 SketchUp 中实体是任何具有有限封闭体积的群组或组件，也就是说，实体不能有任

何裂缝和平面缺失。

如果不确定模型是否为实体，可以右键单击该模型，在右键菜单中选择"图元信息"命令，打开"图元信息"对话框。如果"图元信息"对话框中列出了模型体积，则该模型为实体，如图 14-1 所示。如果未列出体积，则该模型不是实体，如图 14-2 所示。

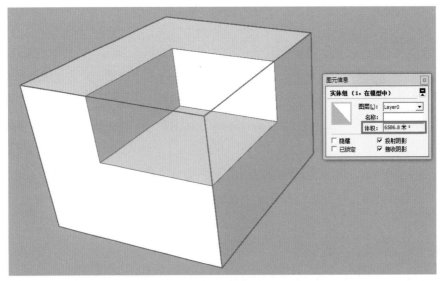

图　14-1

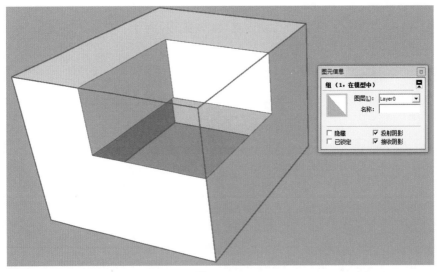

图　14-2

14.1.2　布尔运算

逻辑运算又称布尔运算，使用"布尔运算"可以在实体间进行"相加""相减"及"相交"等计算，以便创建更为复杂的模型。

14.2　实体工具的应用

执行"视图＞工具栏＞实体工具"命令，打开"实体工具"工具栏，总共有6种实体工具，分别为"外壳"工具、"相交"工具、"并集"工具、"去除"工具、"修剪"工具和"拆分"工具，如图 14-3 所示。

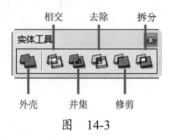

图　14-3

14.2.1　外壳工具

"外壳"工具 可以用于删除位于相交实体内部的模型，只保留所有外表面。换句话说，"外壳"工具是用于对指定的模型加壳，使其变成一个组或者组件。

图 14-4 所示为最初状态，此时两个实体各自为阵，所以相交处没有边线。右侧图像为 X 射线模式下的显示效果。

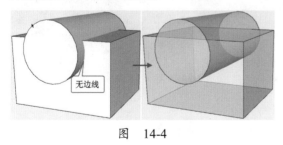

图　14-4

"外壳"工具的使用方法有如下两种。

方法一：

❶ 选择外壳工具，如果将光标放在实体以外，光标会变成带有禁止符号的箭头 ；如果将光标放在实体上，光标会变成带有数字1的箭头 ，单击第一个实体（圆柱体），如图 14-5 所示。

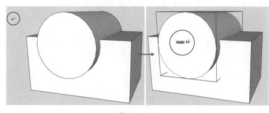

图　14-5

❷ 当光标移动到第二个实体（立方体）上时，光标会变成带有数字2的箭头 。单击第二个实体，两个实体的外表面会保留并合并起来，并形成一个新实体，效果如图 14-6 所示。因为已经合并完成，所以转折位置有边线，右侧图为 X 射线模式下的显示效果。

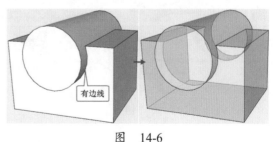

图　14-6

方法二：

❶ 使用选择工具，选中所有需要制作外壳的实体。

❷ 在实体上单击鼠标右键，在右键菜单中选择"外壳"命令或者单击实体工具栏上的"外壳"工具，则实体的外表面会保留下来，形成一个新实体，如图 14-7 所示。

技术看板

"外壳"工具可以用于两个或多个相交实体，但每个实体的面数最少为 6 个。

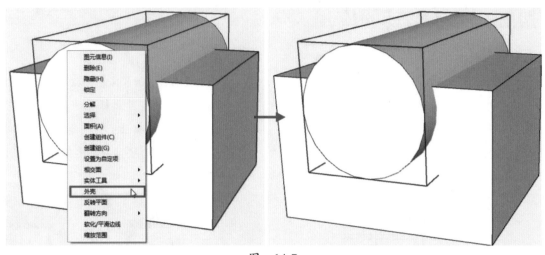

图 14-7

14.2.2 相交工具

使用"相交"工具可以获得两个实体相交的部分，删除不相交的部分。选择"相交"工具，先单击第一个实体（圆柱体），再单击第二个实体（长方体），光标右上角会有 1/2 的提示，结果如图 14-8 所示，只保留了相交部分。

在外观上与"外壳"工具的类似。区别在于，使用"外壳"工具是只能包含实体外表面，而使用"并集"工具还能包含内部物体。如图 14-9 所示，①为实体初始状态（两个相同的相互垂直的长方体管），②为执行了"并集"的效果，③为执行了"外壳"的效果。"并集"工具的使用方法与"外壳"工具的一致。

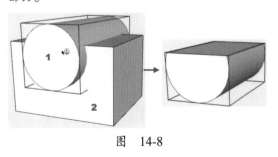

图 14-8

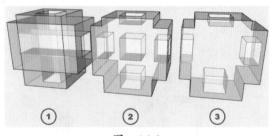

图 14-9

14.2.3 并集工具

使用"并集"工具可将多个实体合并成一个使用新的实体。使用"并集"工具的结果

14.2.4 去除工具

使用"去除"工具可以从第二个选中的实体中剪去与第一个选中的实体相交的

部分，并删除第一个选择的实体。选择"去除"工具后先单击第一个实体，再单击第二个实体，它只能对两个相交的实体执行去除操作。所产生的去除效果还要取决于实体的选择顺序。如图 14-10 所示，左边为实体初始状态，中间为先选了圆柱体后的"去除"结果，右边为先选了长方体后的"去除"结果。

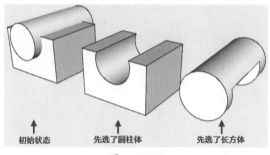

图　14-10

14.2.5　修剪工具

选择"修剪"工具后，先单击第一个实体，再单击第二个实体。操作结果是从第二个选中的实体中剪去与第一个选中的实体相交的部分，与"去除"不同的是，"修剪"工具会在结果中保留第一个实体。如图 14-11 所示，左边为实体初始状态，中间为先选了圆柱体后的"修剪"结果，右边为先选了长方体后的"修剪"结果。

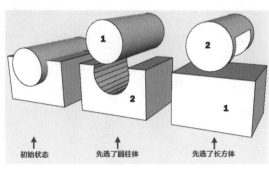

图　14-11

14.2.6　拆分工具

"拆分"工具会在实体相交的位置将两个实体的所有部分拆分为单独的组 / 组件。"拆分"工具使用方法与外壳工具一致，实体选择前后顺序不影响最终结果，如图 14-12 所示。

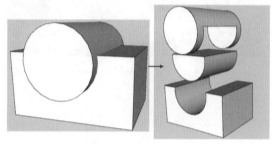

图　14-12

14.2.7　实战：制作儿童益智玩具

本实例将利用实体工具的修剪命令，制作一款儿童益智玩具。

1. 打开对应的练习文件，选中三角形截面的立体模型，将其移动到图 14-13 所示的位置，并穿过平面，如图 14-14 所示。

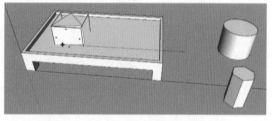

图　14-13

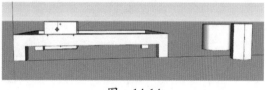

图　14-14

2. 选中三角形截面的立体模型，在实体工具栏内选择"修剪"工具，再单击平面模型。

完成修剪后，将三角形截面的立体模型移开。可以看到，平面上已经开了一个三角形的口，如图 14-15 所示。

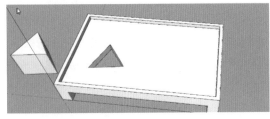

图　14-15

3. 同理，将剩余的两个物体分别与平面做修剪运算，最终效果如图 14-16 所示。

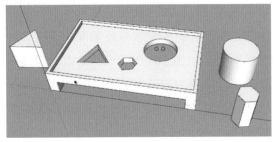

图　14-16

Chapter
第 15 章
布局工具——LayOut 3.0

　　LayOut 是 SketchUp 专业版的一个附带软件，当大家安装了 SketchUp 专业版软件后，LayOut 也会默认被一同安装在电脑中。设计者可使用 LayOut 来创建演示文稿和小型手册，传达其设计理念。本章就介绍 LayOut 3.0 的核心用法。

 本章视频教程内容

视频位置：光盘 > 第 15 章布局工具——LayOut 3.0

素材位置：光盘 > 第 15 章布局工具——LayOut 3.0> 第 15 章练习文件

序号	章节号	知识点	主要内容
1	15.2.1 和 15.2.2	选择工具与线条绘制系列工具	• 选择工具、线条工具和形状绘制系列工具的用法
2	15.2.3	形状系列绘制工具——矩形系列	• 手动绘制矩形 • 精确绘制矩形 • 圆角矩形工具、圆边矩形工具、凸边矩形工具的用法
3	15.2.3	形状系列绘制工具——圆形系列	• 手动绘制圆形 • 精确绘制圆形 • 椭圆绘制工具、多边形工具的用法
4	15.2.3	形状系列绘制工具——图形的编辑	• 图形填充样式的编辑 • 图形描边样式的编辑

续表

序号	章节号	知识点	主要内容
5	15.2.4	文本工具	• 文本的创建 • 文本的编辑
6	15.2.5	标签工具	• 标签的创建 • 标签的编辑
7	15.2.6	线性尺寸工具	• 创建长度尺寸标注 • 编辑长度尺寸标注
8	15.2.7	角度尺寸工具	• 创建角度尺寸标注 • 编辑角度尺寸标注
9	15.3.1 和 15.3.2	模型的基本操作 01 ——模型的导入和模型视图的变换	• 模型的导入 • 模型视图的变换
10	15.3.3	模型的基本操作 02 ——模型样式的变换	• 模型场景的切换 • 模型视角的切换 • 模型阴影的设置 • 场景雾化的设置
11	15.3.4	模型的基本操作 03 ——视图的更新	• 为 LayOut 中的模型与 SketchUp 中的模型建立联动
12	15.3.5	模型的基本操作 04 ——组的使用	• 修改图形的排列顺序 • 组的原理 • 组的创建与编辑
13	15.3.6	剪贴簿的使用及自定义	• 添加剪贴簿元素的方法 • 编辑剪贴簿的方法 • 自定义剪贴簿的方法
14	15.4	页面的管理	• 页面的创建 • 页面的删除 • 页面的演示
15	15.5.1	文件的设置	• 文件尺寸的设置 • 文件网格的设置 • 打印纸张的设置 • 网格单位的设置
16	15.5.2	文件的打印与输出	• 文件的输出格式 • 文件的打印设置 • 文件的打印预览

15.1　关于启动

双击 LayOut 的启动图标█，即可启动 LayOut。首次打开 LayOut 后，会弹出两个对话框，分别为"今日提示"和"使用入门"。

15.1.1　今日提示

在"今日提示"对话框中会显示 LayOut 的核心功能，默认每次启动 LayOut 时都会弹出该对话框，如果希望下次启动时不再弹出，可以取消勾选"启动时显示提示"项，如图 15-1 所示。

图　15-1

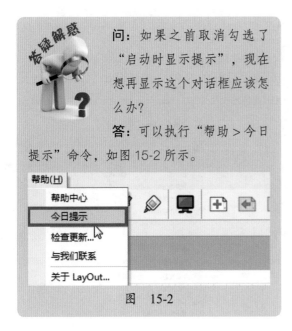

问：如果之前取消勾选了"启动时显示提示"，现在想再显示这个对话框应该怎么办？

答：可以执行"帮助 > 今日提示"命令，如图 15-2 所示。

图　15-2

15.1.2　使用入门

在"使用入门"对话框中可以选择文件的方向、大小，是否带有网格等内容，也可以打开现有的文件。该对话框具体包含了"新功能"选项卡、"最近"选项卡、"打开现有的文件"按钮、"打开"按钮、"取消"按钮以及"始终使用所选模板"选项，如图 15-3 所示，这些按钮和选项的功能如下。

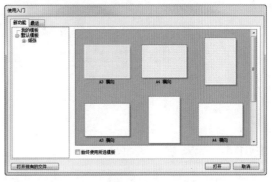

图　15-3

- 新功能：显示 LayOut 中预设的模板。

- 最近：显示最近几次使用过的模板。

- "打开现有的文件"按钮：打开现有的 LayOut 文件。

- 始终使用所选模板：勾选该项，则今后每次启动软件的时候都会使用现在所指定的模板。下次启动 LayOut 后，将不会再自动打开"使用入门"对话框。

- "打开"按钮：打开所选择的模板。

- "取消"按钮：关闭"使用入门"对话框。

15.1.3　工作界面

LayOut 的初始工作界面主要由菜单栏、工具栏、标题栏、绘图区、绘图区、命令提示栏、数值控制框、工具面板组成，如图 15-4 所示。

图　15-4

15.1.4　标题栏

标题栏显示了文件的名称，位于绘图区的左上角，在右侧有"打开文件"和"关闭"按钮，如图 15-5 所示。

图　15-5

15.1.5　菜单栏

菜单栏位于工具栏的上方，包含"文件""编辑""视图""文本""排列""工具""页面""窗口"和"帮助"9 个主菜单，如图 15-6 所示。

图　15-6

1. 文件：用于管理场景中的文件，包括"新建""从模板新建""打开""关闭""保存""另存为""另存为模板""另存为剪贴簿""返回至已保存状态""插入""导出""文稿设置""页面设置""打印预览""打印""更多最近打开的文件"和"退出"命令，如图15-7 所示。

图　15-7

● 新建：快捷键为 Ctrl+N 组合键，执行该命令后将新建一个 LayOut 文件。

● 从模板新建：执行该命令后，会打开"使用入门"对话框，可以新建一个基于指定模板的文件。

● 打开：快捷键为 Ctrl+O 组合键，执行该命令后可以打开需要进行编辑的文件。

● 关闭：用于关闭当前使用的 LayOut 文件。

● 保存：快捷键为 Ctrl+S 组合键，用于保存当前编辑的文件。

● 另存为：快捷键为 Ctrl+Shift+S 组合键，用于将当前编辑的文件另行保存。

● 另存为模板：用于将当前文件另存为一个 LayOut 模板。

● 另存为剪贴簿：用于将当前的 LayOut 文件另存为剪贴簿。

● 返回至已保存状态：执行该命令后，文件将返回至之前已经保存的状态。

● 插入：用于插入外部文件。

● 导出：用于将 LayOut 文件导出为其他格式文件，该命令的子菜单中包括 3 个命令，分别为"图像""PDF"和"DWG/DXF"，如图 15-8 所示。

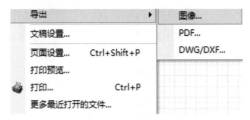

图　15-8

● 文稿设置：执行该命令将弹出"文档设置"对话框，用户可以对 LayOut 文件的文档参数进行设置，如图 15-9 所示。

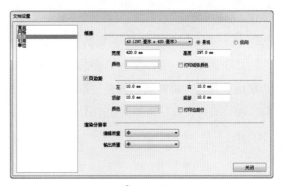

图　15-9

● 页面设置：执行该命令将弹出"页面设置"对话框，用户可以对 LayOut 文件的页面进行设置，如图 15-10 所示。

图　15-10

● 打印预览：使用指定的打印设置后，执行该命令，可以预览即将打印在纸上的图像。

● 打印：快捷键为 Ctrl+P 组合键，用于打印当前绘图区显示的内容。

● 更多最近打开的文件：用于快速打开最近使用过的文件。

● 退出：用于关闭当前文件和 LayOut 应用程序。

2. 编辑：用于对文件中的内容进行编辑

操作,包括"还原""重做""剪切""复制""粘贴""拷贝样式""粘贴样式""复制""删除""全选""不选择""移动至当前图层""创建剪切蒙版""释放剪辑蒙版""组合""取消组合""分解"和"偏好设置"命令,如图 15-11 所示。

图　15-11

● 还原:执行该命令将返回上一步的操作,快捷键为 Ctrl+Z 组合键。注意,此命令只能撤销创建对象或编辑对象的操作,而不能撤销改变视图的操作。

● 重做:撤销对文件的还原操作。

● 剪切/复制/粘贴:利用这 3 个命令可以对选中的对象进行剪切、复制和粘贴操作,快捷键依次为 Ctrl+X 组合键、Ctrl+C 组合键和 Ctrl+V 组合键。

● 拷贝样式:用于复制对象的样式。

● 粘贴样式:用于将复制的对象样式粘贴给指定的对象。

● 复制:用于以相同的角度复制对象。

● 删除:用于将选中的对象从场景中删除,快捷键为 Delete 键。

● 全选:用于一次性选中文件中的所有可选内容,快捷键为 Ctrl+A 组合键。

● 不选择:与"全选"相反,该命令用

于一次性对全部所选内容取消选择。

● 移动至当前图层:用于将选中的对象移动到当前的图层中。

● 创建剪切蒙版:用于为对象创建剪切蒙版。

● 释放剪辑蒙版:用于释放已经创建了的剪切蒙版。

● 组合:用于将多个对象进行群组。

● 取消组合:用于分解群组。

● 分解:将指定的目标对象进行分解。

● 偏好设置:执行该命令,会打开"LayOut偏好设置"对话框,这里可设置 LayOut 文件中的相关属性,如图 15-12 所示。

图　15-12

3. 视图:包含了控制视图的所有命令,具体有"工具栏""恢复默认工作区""隐藏网格""平移""缩放""放大""缩小""实际大小""缩放到合适大小"和"开始演示"命令,如图 15-13 所示。

图　15-13

● 工具栏:用于对工具栏进行自定义。

执行"工具栏 > 自定义"命令后，用户可在弹出的"自定义"对话框中对"工具栏""命令"和"选项"进行设定，如图 15-14 所示。

图 15-14

• 恢复默认工作区：在修改了工作界面后，执行该命令可以将工作区恢复至初始状态。

• 隐藏网格：用于显示或者隐藏绘图区的参考网格。

• 平移：用于平移视图。

• 缩放：用于缩放视图大小。

• 放大：用于对视图进行放大查看。

• 缩小：用于对视图进行缩小查看。

• 实际大小：用于将绘图区中的所有内容缩放到其实际的尺寸大小来查看。

• 缩放到合适大小：用于将绘图区中的所有内容缩放到合适的大小查看。

• 开始演示：单击该命令后，会自动对文件中不同页面的内容按从左到右的顺序播放。

 欲知更多关于"页面"的内容，可以参阅 15.4 节的内容。

4. 文本：包含了编辑文本的所有命令，具体有"粗体""斜体""下划线""删除线""对齐""定位""更大""更小""基线""间距"和"删除边框"命令，如图 15-15 所示。

图 15-15

• 粗体：用于将文本进行加粗显示。

• 斜体：用于将文本进行倾斜显示。

• 下划线：用于为文本添加下划线。

• 删除线：用于为文本添加删除线。

• 对齐：用于将两个或者多个文本进行对齐。

• 定位：用于定位文本相对于文本框的位置，包括"左""中心"和"右"3 个子命令，如图 15-16 所示。

图 15-16

• 更大：用于将文本字号增大一号显示。

• 更小：用于将文本字号减小一号显示。

• 基线：用于显示文本的基线位置，包括"默认值""上标"和"下标"3 个子命令，如图 15-17 所示。

图 15-17

- 间距：用于调整文本的行间距，包括"单个图元""一倍半""两倍行距"和"自定义"4个子命令。

- 删除边框：用于删除文本的边框。

5. 排列：用于对所选内容执行排列、对齐和翻转等操作，具体包含"置于最前""前移""后移""置于最后""对齐""空格""中心""翻转""开启对象捕捉"和"开启对齐网格"几个命令，如图15-18所示。

图　15-18

- 置于最前：用于将所选对象放置到绘图区的最顶层。

- 前移：用于将所选对象向上移动一层。

- 后移：用于将所选对象向下移动一层。

- 置于最后：用于将所选对象放置到绘图区的最底层。

- 对齐：用于将两个或者多个对象进行对齐，子命令如图15-19所示。

图　15-19

- 空格：用于将多个选定对象进行垂直或水平方向的等间隔排列，如图15-20所示。

图　15-20

- 中心：用于将两个或者多个对象放置在页面垂直方向或者水平方向的中心位置，子命令如图15-21所示。

图　15-21

- 翻转：用于将对象上下翻转或者从左至右翻转，子命令如图15-22所示。

图　15-22

- 开启对象捕捉：开启或者关闭捕捉对象的功能。

- 开启对齐网格：开启或者关闭对齐网格功能。

6. 工具：包含了LayOut中的所有工具命令，具体有"选择""删除""样式""拆分""组合""直线""圆弧""矩形""圆""多边形""文本""标签"和"尺寸"命令，如图15-23所示。

图　15-23

- 选择：用于选择要编辑的对象。

- 删除：用于删除选定的对象。

- 样式：用于提取样式，并将样式应用到其他对象。

- 拆分：用于将一个对象拆分为多个

对象。

- 组合：用于将具有相同顶点的线条合并为一个整体。

- 直线（系列工具）：用于绘制直线或自由的线条。

- 圆弧（系列工具）：用于绘制圆弧或饼图。

- 矩形（系列工具）：用于绘制直角矩形或圆边矩形等。

- 圆（系列工具）：用于绘制正圆形或椭圆形。

- 多边形：用于绘制多边形。

- 文本：用于创建文本。

- 标签：用于创建带有引线的标签文本。

- 尺寸：用于绘制尺寸标注。

在 15.2 节中将会详细介绍每种工具用法。

7. 页面：包含了创建和管理页面的所有命令，具体有"添加""复制""删除""上一个"和"下一个"命令，如图 15-24 所示。

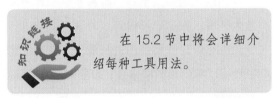

图　15-24

- 添加：创建一个新页面。

- 复制：复制当前编辑的页面。

- 删除：删除当前编辑的页面。

- 上一个：跳转到上一个页面。

- 下一个：跳转到下一个页面。

8. 窗口："窗口"菜单中的命令代表着不同的编辑器和管理器。通过这些命令可以打

开相应的面板，而且各个面板可以相互吸附对齐。如图 15-25 所示，单击 即可展开该面板。包括"颜色""形状样式""SketchUp 模型""尺寸样式""文本样式""页面""图层""剪贴簿"和"工具向导"等命令。

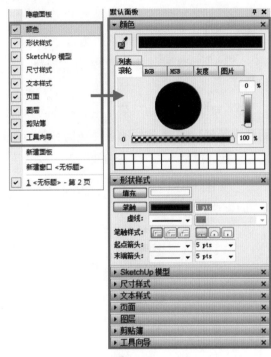

图　15-25

- 颜色：单击该选项，可以打开或关闭"颜色"面板。

- 形状样式：单击该选项，可以打开或关闭"形状样式"面板。

- SketchUp 模型：单击该选项，可以打开或关闭"SketchUp 模型"编辑器。

- 尺寸样式：单击该选项，可以打开或关闭"尺寸样式"面板。

- 文本样式：单击该选项，可以打开或关闭"文本样式"面板。

- 页面：单击该选项，可以打开或关闭"页面"面板。

- 图层：单击该选项，可以打开或关闭

"图层"面板。

● 剪贴簿：单击该选项，可以打开或关闭"剪贴簿"面板。

● 工具向导：单击该选项，可以打开或关闭"工具向导"面板。

各个面板的功能与用法，在15.1.9小节中有详细介绍。

9. 帮助："帮助"菜单中的命令可以帮助读者了解 LayOut 软件的各种功能和详细信息。包括"帮助中心""今日提示""检查更新""与我们联系"和"关于 Layout"命令，如图 15-26 所示。

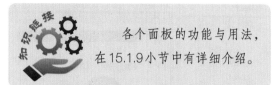
图　15-26

● 帮助中心：单击该选项，将弹出包含 LayOut 帮助中心的相关网页（目前大陆地区无法打开该网页）。

● 今日提示：单击该选项，将弹出 LayOut "今日提示"对话框。

● 检查更新：单击该选项，将自动检测最新的软件版本，并对软件进行更新。

● 与我们联系：单击该选项，将弹出 LayOut 的相关网页（目前大陆地区无法打开该网页）。

● 关于 Layout：单击该选项，将弹出显示 LayOut 的版本信息、许可证信息等的对话框，如图 15-27 所示。

图　15-27

15.1.6　绘图区

绘图区又叫绘图窗口，其占据了工作界面的最大区域。在这里不仅可以对演示文稿进行排版，也可以对模型视图进行调整。在绘图窗口中还可以看到绘图网格线，如图 15-28 所示。

图　15-28

15.1.7　数值控制框

绘图区的右下方是数值控制框，包括度量栏和绘图区缩放比例栏，如图 15-29 所示。

图　15-29

度量栏会显示绘图过程中的尺寸或距离信息，也可以接受键盘输入的数值，其有以下 3 个特点。

1. 光标移动时，数值会在数值控制框中动态显示。如果数值达不到系统属性里指定的数值精度，LayOut 会自动在数值前面会加上"～"符号，这表示该数值不够精确。

2. 用户可以在命令完成之前输入数值，也可以在命令完成后（未执行其他命令之前）输入数值。输入数值后，需要按 Enter 键确定。

3. 输入数值之前不需要单击数值控制框，可以直接用键盘输入，数值控制框随时候命。

15.1.8　命令提示栏

状态栏位于绘图区的左下角，用于显示命令提示和操作状态信息，这些内容会随着不同的命令而改变，如图 15-30 所示。

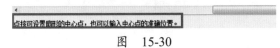

图　15-30

15.1.9　工具面板

工具面板位于软件界面的右侧，由"形状样式""SketchUp 模型""尺寸样式""文本样式""页面""图层""剪贴簿""工具向导"和"颜色"面板窗口构成，如图 15-31 所示。

图　15-31

1. 形状样式：完成形状绘制后，如果要改变线条或者形状的填充与描边效果，可以单击视图右侧的"形状样式"标签，打开其卷展栏，如图 15-32 所示。在这里，可以修改填充颜色、描边的颜色和粗细，以及线段外观等。

图　15-32

• 填充：单击"填充"按钮，可以启用或关闭填充效果。单击右侧色块，可以在"颜色面板"中修改填充颜色。

• 笔触：单击"笔触"按钮，可以启用或关闭描边效果。单击右侧色块，可以在"颜色面板"中修改描边颜色；单击下拉列表，可以在列表中选择描边粗细，也可以直接输入描边粗细的数值。图 15-33 所示为笔触分别是 10pts 和 20pts 的效果。

图　15-33

• 虚线：单击右侧的下拉列表，可以选择描边的虚线样式。选定样式后，在其右侧的下拉列表中可以设置虚线短横的长短比例。如图 15-34 所示，橙色圆形边线的短横比例为"1x"，绿色圆形边线的短横比例为"2x"。

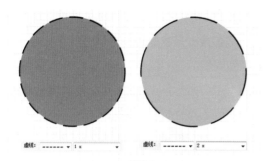

图　15-34

- 笔触样式 ⬚⬚⬚/⬚⬚⬚：可以修改笔触转角和端点的外形，如图 15-35 所示。

图　15-35

- 起点箭头／末端箭头：可以设置线段起点和终点的形状与大小，如图 15-36 所示。

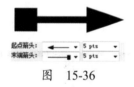

图　15-36

2．SketchUp 模型：这个是 Layout 所特有的功能，可以将 SketchUp 文件中的场景和样式直接应用在 LayOut 中进行版式设计，面板中有"视图"和"样式"两个选项卡，如图 15-37 所示。利用"视图"选项卡可以直接调用 SketchUp 文件中的不同场景，利用"样式"选项卡可以直接调用 SketchUp 文件中的场景样式。

图　15-37

3．尺寸样式：用于调整尺寸的样式和长度单位等参数，如图 15-38 所示。

图　15-38

- ⬚⬚⬚：可以改变文字与标注线的相对位置，效果依次如图 15-39 所示。

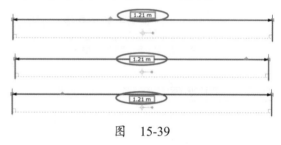

图　15-39

- ⬚⬚⬚⬚：可以改变文字的方向，效果依次为图 15-40 所示。

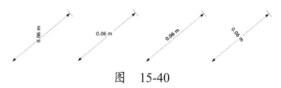

图　15-40

- 自动调整比例：先单击该按钮，再单击"实际尺寸"按钮，可以在右侧列表中选择尺寸比例，如图 15-41 所示。

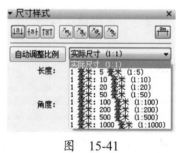

图　15-41

- 长度：可以改变文字的长度单位，如图 15-42 所示。

图　15-42

4. 文本样式：用于调整文本的外观样式，分为"格式"和"列表"两个选项卡，"格式"选项卡内可以调整包括文本字体、大小、对齐等参数；"列表"选项卡内可以调整文本的项目符号、分隔符等内容，与 Word 用法类似，如图 15-43 所示。

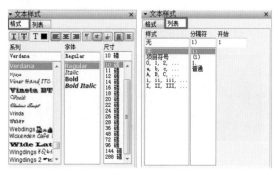

图　15-43

5. 页面：用于创建演示文稿或打印文稿的页面，如图 15-44 所示，具体用法会在 15.4 节中做详细讲解。

图　15-44

6. 图层：用于组织和管理文件中的内容。

7. 剪贴簿：在 LayOut 的剪贴簿中为用户提供了很多常用的图形素材，如人物、植物、箭头等，可以提高做图效率，在 15.3.6 小节中有详细讲解。

8. 工具向导：类似于帮助文件，当用到某个工具时，工具向导会给出该工具的使用方法。图 15-45 所示显示了选择工具的用法。

图　15-45

9. 颜色：用于调整描边和填充的颜色，如图 15-46 所示。

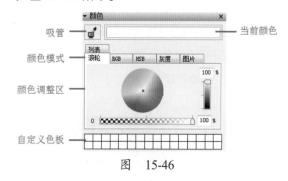

图　15-46

• 吸管：可以吸取屏幕上的颜色作为当前颜色。

• 颜色模式：可以切换几种不同的颜色选择模式，如"滚轮""RGB""HSB"等。

• 颜色调整区：颜色的色相、饱和度、透明度等参数的编辑区域。

• 自定义色板：可以从"当前颜色"拖动常用的颜色到自定义色板，方便重复使用。

15.2 常用工具

LayOut 工具栏中有多种类型的工具,包括绘图类工具,文本及尺寸标注类工具,组合、拆分模型的工具以及演示文稿的工具,如图 15-47 所示,本章将学习每个工具的用法。

图 15-47

15.2.1 选择工具

使用选择工具 ▶ 可以移动和缩放所选对象,具体方法如下。

1. 移动对象:在对象上按下并拖动鼠标即可移动对象。移动过程中会从单击点延伸出一条线,旁边的数字显示了移动的距离。如图 15-48 所示,对象被向右下方移动了,蓝色文字显示了移动的距离。

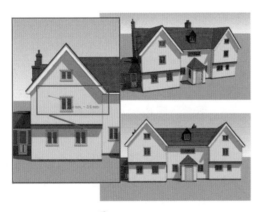

图 15-48

技术看板

按住 Shift 键可以水平或垂直移动对象,按住 Ctrl 键可以移动并复制对象。

2. 缩放对象

❶ 将光标放在图 15-49 所示的位置上,上下移动,可以缩放对象的高度。

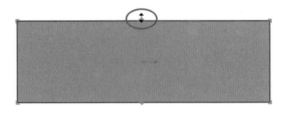

图 15-49

❷ 将光标放在图 15-50 所示的位置上,左右移动,可以缩放对象的宽度。

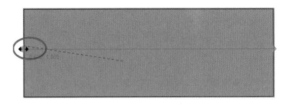

图 15-50

❸ 将光标放在图 15-51 所示的位置上,沿 45° 角方线移动,可以同时缩放对象的宽度和高度。按住 Shift 键移动,可以让对象进行等比例缩放。

图 15-51

3. 旋转对象

选中需要旋转的对象,将光标移动到对象中心的蓝色旋转手柄上。如图 15-52 所示,按住并拖动鼠标即可围绕中心旋转对象,到合适角度后单击鼠标左键即可。

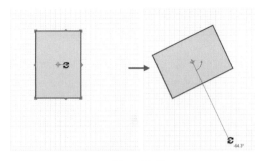

图　15-52

15.2.2　线条绘制系列工具

1. 直线工具 ✏：可以绘制直线或者曲线，用法和 Photoshop 中的钢笔有些类似。

- 绘制直线：单击鼠标左键确定起始点，拖动鼠标到线的终点，再次单击鼠标左键，完成一段直线的绘制，移动鼠标并单击可继续绘制下一段线，待线条或形状全部绘制完成后，按 Esc 键可退出绘制模式，如图 15-53 所示。

- 绘制曲线：单击鼠标左键确定曲线的起始点，移动鼠标到曲线的终点，按住并拖动鼠标，此时会显示出贝塞尔曲线手柄，单击鼠标左键，再移动鼠标到下一条曲线的终点并单击鼠标左键。以此类推，可继续绘制下一段曲线，待线条或形状全部绘制完成后，按 Esc 键可退出绘制模式，如图 15-54 所示。

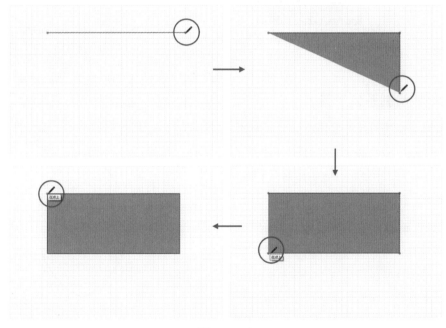

图　15-53

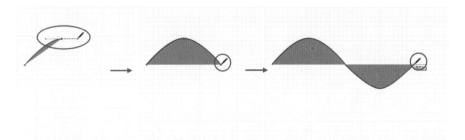

图　15-54

2. 徒手画工具 ≋：按住并拖动鼠标左键即可以像用铅笔绘图一样绘制线条。

3. 圆弧 /2 点圆弧 /3 点圆弧 / 饼图工具：在圆心单击并拖动鼠标左键，确定圆的半径后再次单击鼠标左键，再移动光标到圆弧 / 饼图结束位置再次单击鼠标左键，即可使用不同定位方式，绘制开口的圆弧形状或者闭合的饼图，如图 15-55 所示。

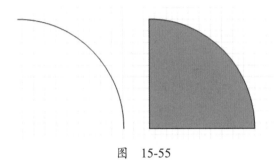

图　15-55

15.2.3　形状绘制系列工具

形状绘制系列工具主要是用来绘制各种不同版本的"矩形"和"圆形"，包括"矩形"工具、"圆角矩形"工具、"圆边矩形"工具、"凸边矩形"工具和"圆 / 椭圆"工具等。

1. 矩形工具 ▇：使用该工具，单击鼠标左键设置矩形的起点，按对角方向移动鼠标光标，单击鼠标左键即可完成矩形的绘制。完成绘制后，按键盘的"向上"箭头可以为矩形添加圆角，单击次数越多，圆角越明显，按"向下"箭头可以为矩形减少圆角，效果如图 15-56 所示。

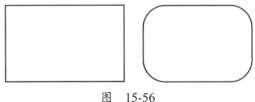

图　15-56

2. 圆角矩形工具 ▇：使用方法与矩形工具一致，按"向上 / 向下"箭头，可以调整圆

角大小，如图 15-57 所示。

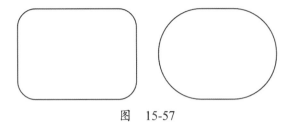

图　15-57

3. 圆边矩形工具 ◉：使用方法与矩形工具一致，可以绘制一个类似于胶囊的形状，如图 15-58 所示。

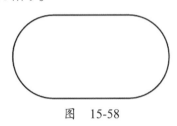

图　15-58

4. 凸边矩形工具 ◉：使用方法与矩形工具一致，可以绘制一个类似于叶片的形状，如图 15-59 所示。

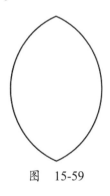

图　15-59

5. 圆 ◉ / 椭圆工具 ◉：使用方法与矩形工具一致，可以绘制正圆 / 椭圆，如图 15-60 所示。

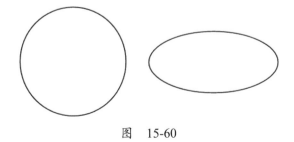

图　15-60

6. 多边形工具：使用方法与矩形工具一致，可以绘制多边形，如图 15-61 所示。

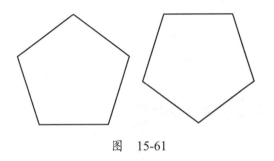

图　15-61

15.2.4　文本工具

文本工具🅰可以为文件添加文本。选择该工具，单击并按住鼠标左键可放置文本框的起点，按对角方向移动鼠标可以增加文本框的大小，再次单击鼠标左键后就可输入文本内容。完成输入后用鼠标单击文本框以外的区域即可完成文本框的创建，如图 15-62 所示。

图　15-62

15.2.5　标签工具

标签工具🏷️主要用于创建带有引线的标签文本。使用该工具，单击鼠标左键确定引线的起点，移动鼠标确定文本引线的长度，再次单击鼠标左键后就可输入文本内容。输入完成后用鼠标单击文本框之外的地方即可，如图 15-63 所示。

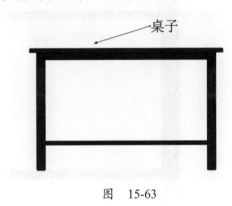

图　15-63

15.2.6　线性尺寸工具

单击"线性尺寸工具"图标✎，在尺寸的起点单击鼠标左键，然后移动到尺寸的终点再次单击鼠标左键，即可确定测量距离。在垂直于尺寸坐标的方向上继续拖动光标，再在适当位置单击鼠标左键，即可确定尺寸标注位置，如图 15-64 所示。

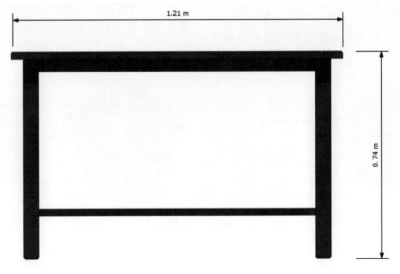

图　15-64

15.2.7 角度尺寸工具

单击"角度尺寸工具"图标↗，先在夹角的第一条线段的两端单击，然后移动到夹角的第二条线段两端再次单击即可确定角度。之后，可以移动光标确定文字的标注位置，效果如图15-65 所示。

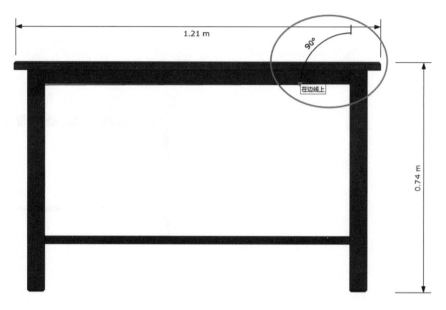

图   15-65

15.2.8 删除工具

删除工具使用方法很简单，只需使用它单击要删除的对象即可。

15.2.9 样式工具

"样式"工具主要用于获取样式并将样式应用到其他对象上，与 Photoshop 中的吸管工具作用相似。

使用"样式"工具单击某个对象，可获取该对象的样式，再将光标移动到绘图区的其他对象上，单击鼠标左键就可将获取的样式应用到该对象上，如图15-66 所示。

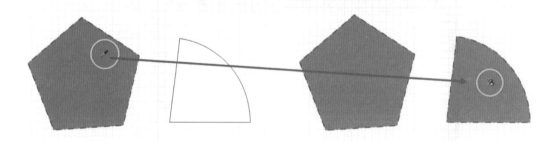

图   15-66

15.2.10　拆分工具

"拆分"工具主要是对线条或者形状进行拆分。使用"拆分"工具在图形对象上单击鼠标左键确定要拆分的起点，移动光标，在图形对象上再次单击鼠标左键确定要拆分的终点，之后图形对象会被分为两个部分，如图 15-67 所示。

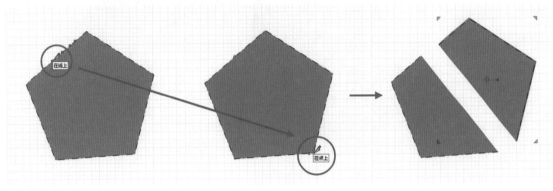

图　15-67

15.2.11　组合工具

"组合"工具主要用于组合具有相同顶点的线段。使用"组合"工具单击鼠标左键选择第 1 个需要组合的线段，接着单击鼠标左键选择第 2 个需要组合的线段，两条线段被组合到了一起，中间部分会自动进行填充，如图 15-68 所示。

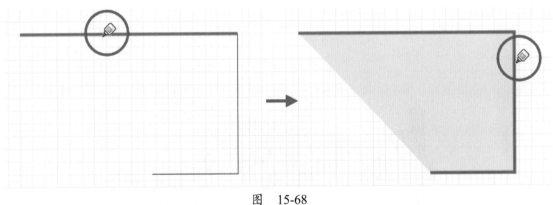

图　15-68

15.3　模型的基本操作

虽然其他一些软件如 Photoshop、PowerPoint 等也可制作打印稿或者演示文稿，但只有 LayOut 允许直接导入模型来布局画面，并且在演示过程中也能够和模型场景进行实时交互，这一点是其他排版软件所做不到的。

15.3.1　模型的导入

执行"文件 > 插入"命令，可以导入所需的模型，如图 15-69 所示。

图　15-69

除了能够导入模型，用同样方式还可以导入图片和文本文件，具体文件格式如图 15-70 所示。

可插入的内容 (*.skp;*.bmp;*.dib;*.jpg;*.jpeg;*.jpe;*.jfif;*.gif;*.png;*.tif;*.tiff;*.txt;*.rtf;)
可插入的内容 (*.skp;*.bmp;*.dib;*.jpg;*.jpeg;*.jpe;*.jfif;*.gif;*.png;*.tif;*.tiff;*.txt;*.rtf;)
SketchUp (*.skp;)
光栅图像 (*.bmp;*.dib;*.jpg;*.jpeg;*.jpe;*.jfif;*.gif;*.png;*.tif;*.tiff;)
纯文本 (*.txt;)
RTF 文本 (*.rtf;)
所有文件 (*.*)

图　15-70

15.3.2　模型视图的变换

导入 LayOut 中的模型类似一张图片，只有双击模型，才可进入模型中对视图和样式等进行修改。进入模型后，在右键菜单中选择"镜头工具"的子命令。如图 15-71 所示，可以进行视图的变换操作和场景的切换。操作完成后，在外部空白处单击即可跳出模型。

图　15-71

技术看板

　　进入模型后，若要变换视图，不能使用快捷键，只能在右键菜单"镜头工具"中选择相应的命令来操作。

15.3.3　模型样式的变换

　　要切换模型的样式，首先需要在 SketchUp 中为模型添加多种样式。然后在 LayOut 中双击进入模型，在右键菜单中，选择"样式"命令，此时会显示之前在 SketchUp 中预备好的所有样式，如图 15-72 所示。

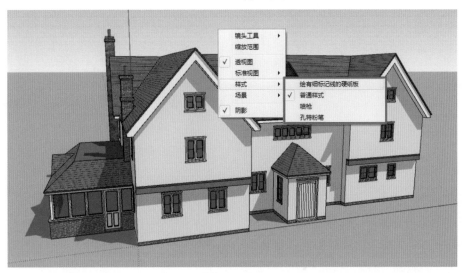

图　　15-72

15.3.4　视图的更新

　　当模型在 SketchUp 中被修改并保存了之后，LayOut 中一般会自动更新模型信息。如果视图中没有自动更新，可以右键单击需要更新的对象，在菜单中选择"更新引用"命令即可，如图 15-73 所示。

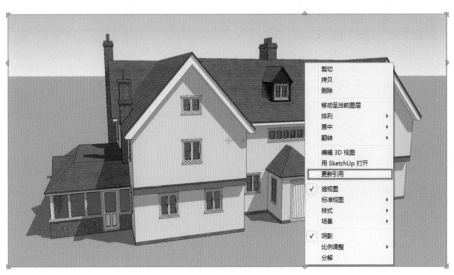

图　　15-73

技术看板

这里为大家介绍如何在 LayOut 中快速排版的技巧。具体步骤如下。

❶ 用矩形（也可以是前面所讲的任何形状）画好排版布局，如图 15-74 所示。

图　15-76

❸ 双击图片可以继续对图片位置进行编辑，编辑完成后在空白处单击鼠标左键即可，如图 15-77 所示。

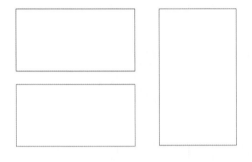

图　15-74

❷ 选择图片和矩形，然后单击鼠标右键，在右键菜单中执行"创建剪贴蒙版"命令如图 15-75 所示。这样图片就会被限定在矩形内部，如图 15-76 所示。

图　15-77

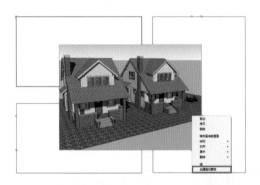

图　15-75

功夫在诗外

版式设计的构成要素分为点、线、面。如何做出专业而美观的版式呢？下面是常用的 12 种排版方式。

1. 骨骼型

骨骼型是一种规范的理性的分割方法。常见的骨骼有竖向通栏、双栏、三栏、四栏和横向通栏、双栏、三栏和四栏等。一般以竖向分栏为多。在图片和文字的编排上则严格按照骨骼比例进行编排配置,给人以严谨、和谐、理性的美。骨骼经过相互混合后的版式,既理性、条理,又活泼而具弹性,如图 15-78 所示。

图   15-78

2. 满版型

图像充满整版,视觉传达直观而强烈。文字压在图像的上下、左右或中部,如图 15-79 所示。满版型给人以大方、舒展的感觉,是商品广告常用的形式。

图   15-79

3. 上下分割型

把整个版面分为上下两个部分,在上半部或下半部配置图片,另一部分则配置文案,如图 15-80 所示。配置有图片的部分感性而有活力,而文案部分则理性而静止。上下部

分配置的图片可以是一幅或多幅。

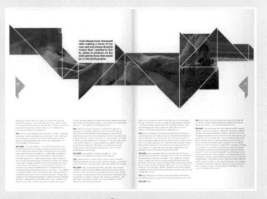

图   15-80

4. 左右分割型

把整个版面分割为左右两个部分,分别在左或右配置文案,如图 15-81 所示。当左右两部分形成强弱对比时,则造成视觉心理的不平衡。这仅仅是视觉习惯上的问题,也自然不如上下分割的视觉流程自然。不过,倘若将分割线虚化处理,或用文字进行左右重复或穿插,左右图文则变得自然和谐。

图   15-81

5. 中轴型

将图形做水平或垂直方向的排列,文案以上下或左右配置,如图 15-82 所示。水平排列的版面给人稳定、安静、和平与含蓄之感。垂直排列的版面给人强烈的动感。

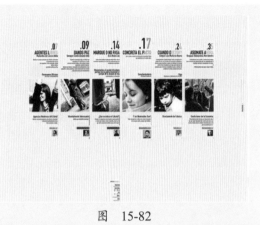

图　15-82

图　15-84

6．曲线型

图片或文字在版面结构上作曲线的编排构成，产生节奏和韵律，如图15-83所示。

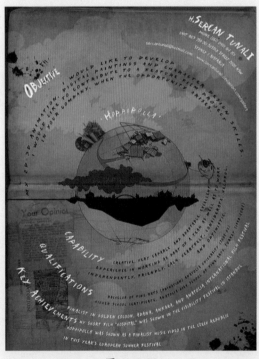

图　15-83

7．倾斜型

版面主体形象或多幅图版做倾斜编排，造成版面强烈的动感和不稳定因素，引人注目，如图15-84所示。

8．对称型

对称的版式给人稳定、庄重理性的感觉。对称有绝对对称和相对对称，一般多采用相对对称，以避免过于严谨。对称一般以左右对称居多，也可以使用上下对称，如图15-85所示。

图　15-85

9．重心型

重心型有三种排法，一是直接以独立而轮廓分明的形象占据版面中心，如图15-86所示；二是视觉元素向版面中心聚拢的运动；三是犹如将石子投入水中，产生一圈圈向外扩散的弧线运动。重心型版式能产生视觉焦点，使表现强烈而突出。

图 15-86

形则给人以动感和不稳定感。

图 15-87

10．三角形

在圆形、四方形、三角形等基本形态中，正三角形（金字塔形）是最具安全稳定因素的形态，如图 15-87 所示，而圆形和倒三角

11．并置形

将相同或不同的图片作大小相同而位置不同的重复排列，如图 15-88 所示。并置构成的版面可以让原本复杂喧嚣的版面有次序、安静、调和与节奏感。

12．自由型

自由型结构是无规律的、随意的编排构成，有活泼、轻快之感，如图 15-89 所示。

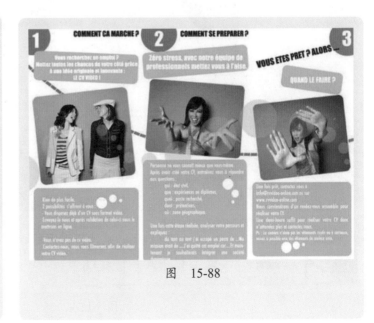

图 15-88

图 15-89

因为篇幅有限，这里只做大致介绍。除这里介绍的内容之外，还有许多其他的排版方法与排版技巧，欲知更多，读者可以在"设计软件通"官网查看相关教程。

15.3.5 组的使用

在 LayOut 中用组可以将多个对象组合在一起，方便对画面内容的整体编辑。

1. 创建组

当需要多个对象一起执行移动、旋转、缩放的操作时，可以首先按住 Shift 键将它们全部选中，然后单击鼠标右键，执行"组"命令，如图 15-90 所示；也可以执行"编辑 > 组合"命令，将多个对象组成一组，快捷键为 Ctrl+G。

图 15-90

2. 拆分组

当不需要组时，可以选中该组，在右键菜单中执行"取消组合"命令，如图 15-91 所示；也可以执行"编辑 > 取消组合"命令，将组分解，快捷键为 Ctrl+Shift+G。

图　15-91

15.3.6　剪贴簿的使用及自定义

在 LayOut 的剪贴簿中为用户提供了很多常用的图形素材，包括人物、植物、箭头等。使用时只需直接单击拖动到视图中即可，如图 15-92 所示。

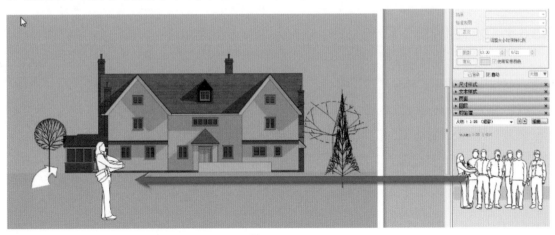

图　15-92

不仅如此,用户还可以将作图过程中常用到的素材放在一个 LayOut 文件中,执行"文件 > 另存为剪贴簿"命令,制作自己的剪贴簿。下次需要时,直接在"剪贴簿"面板中拖曳使用即可。

15.4 页面的管理

一个 LayOut 文件好像一个 PPT 文件,里面可以包含若干个页面,本节就来详细介绍页面功能的使用方法。

15.4.1 创建、删除与复制页面

如果需要创建新的页面,可以在"页面"面板中单击 ⊕ 按钮;单击 ⊟ 按钮可以删除所选页面;单击 📄 按钮可以复制所选的页面。页面创建好后,单击工具栏中的 🖥 按钮,就可以像放映幻灯片一样播放每个页面。

15.4.2 修改页面排序

在"页面"面板中,直接拖动页面即可切换页面排列顺序,如图 15-93 所示。

图　15-93

技 术 看 板

"页面"面板有以下两个要点。

① LayOut 中图层和页面是并列关系,不是图层中有页面,也不是页面中有图层。

② 画在一个图层上面的内容会在所有页面上显示。通常把每个页面都会用到的内容单独放在一个图层上,这和 Indesign 中的主页概念相类似。

15.5 文件的设置与输出

在 LayOut 中可以对作者信息、纸张大小、纸张颜色、页边距、网格大小等进行自定义设置,还可以直接打印设置好的文件内容。

15.5.1 文件的设置

执行"文件 > 文稿设置"命令,即可打开"文档设置"对话框,如图 15-94 所示,分为"常规""网格""纸张""引用"和"单位"5 个部分。

图　15-94

● 常规：可以设置文件的基本信息，包括作者姓名和文件说明，如图 15-95 所示。

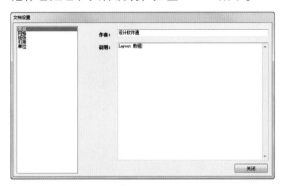

图　15-95

● 网格：可以设置是否显示网格、网格类型、主网格和次网格的间距、细分等参数，如图 15-96 所示。

图　15-96

➢ 网格类型：可以选择网格为"直线"还是"点"，如图 15-97 所示。

图　15-97

● 主网格：可设置主网格的大小，单击颜色块之后，还可以在"颜色"卷展栏中改变网格颜色，如图 15-98 和图 15-99 所示。

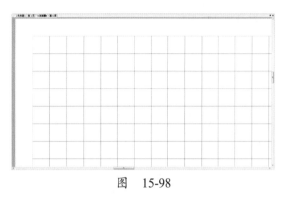

图　15-98

间距：10mm，颜色：R234 G58 B48

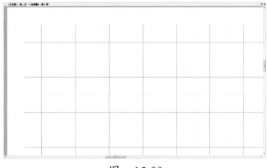

图　15-99

间距：20mm，颜色：R27 G112 B49

➢ 次网格：细分可以设置主网格在长度和宽度上被分割的段数。一个主网格可以通过细分，被分成若干个次网格。单击颜色块之后，可以在"颜色"面板中改变次网格颜色，如图 15-100 和图 15-101 所示。

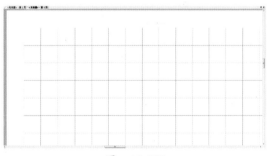

图　15-100

细分：2，颜色：R190 G250 B47

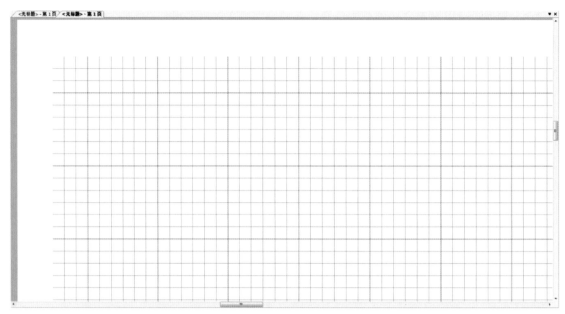

图　15-101

细分：6，颜色：R250 G160 B214

● 　纸张：用于重新设置图纸的基本参
数，包括纸张大小、页边距和纸张颜色等，如
图 15-102 所示。

位和精确度，如图 15-104 所示。

图　15-103

图　15-102

● 　引用：会显示目前 LayOut 文件中所引
用的模型具体信息，包括名称、状态、插入日
期，同时还可以对引用的模型进行"升级""重
新链接""取消链接"和"清除"的操作，如
图 15-103 所示。

● 　单位：可以设置文件所使用的长度单

图　15-104

15.5.2　文件的打印与输出

执行"文件 > 页面设置"命令，可以打开"页面设置"对话框，如图 15-105 所示，这里可以设置纸张的大小、方向与页边距等参数。

执行"文件 > 打印预览"命令，可以预览文件的打印效果，默认情况下不会打印网格。执行"文件 > 打印"命令，会弹出"打印"对话框，可以设置打印机和打印范围等内容，如图 15-106 所示，单击"打印"按钮即可打印文件。

图　15-105

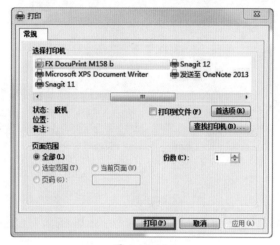

图　15-106

Chapter

第 16 章

插件的应用

　　SketchUp 的插件是用 Ruby 语言编写的实用程序，通常插件的后缀名为 .rb。使用 SketchUp 插件可以大大提高建模效率，甚至完成一些仅靠 SketchUp 无法完成的工作。

 本章视频教程内容

视频位置：光盘 > 第 16 章插件的应用

素材位置：光盘 > 第 16 章插件的应用 > 第 16 章练习文件

序号	章节号	知识点	主要内容
1	16.3.1	组合表面推拉插件	• SketchUp 的插件简介 • SketchUp 的插件安装 • 组合推拉工具的用法 • 向量推拉工具的用法 • 法线推拉工具的用法
2	16.3.2	三维倒角插件	• 转角圆滑工具的用法 • 转角锐化工具的用法 • 倒角工具的用法 • 单边倒角与多边倒角
3	16.3.3	焊接对象插件	• 使用焊接对象插件焊接线段
4	16.3.4	高级细分插件	• 细分所选工具的用法 • 细分光滑工具的用法 • 切割表面工具的用法

续表

序号	章节号	知识点	主要内容
5	16.3.5	雕刻插件	• 笔刷的设置 • 膨胀笔刷的用法 • 推挤笔刷的用法 • 平滑笔刷的用法 • 涂抹笔刷的用法 • 抓取笔刷的用法
6	16.3.5	成管插件	• 成管插件参数详解 • 使用成管插件绘制扶手
7	16.3.10	实战：用拉线成面命令制作窗帘	• 建筑插件集的简介 • 用拉线成面命令制作窗帘
8	16.3.11	实战：用创建栏杆工具制作围栏	• 用建筑插件集中的创建栏杆插件为场景创建围栏

16.1　插件的获取与安装

SketchUp 的插件有几百种之多，一个简单的 SketchUp 插件可能只有一个 .rb 文件，复杂一点的可能会有多个 .rb 文件，并带有自己的子文件夹和工具图标。大多数的 SketchUp 插件是免费的，当然也有部分很强大的插件是收费的，如渲染器插件（V-Ray for SketchUp）和高级细分插件（Artisan）等，本节将讲解 SketchUp 插件的获取和安装方法。

16.1.1　插件的获取

目前有很多网站都提供 SketchUp 插件的下载，主要有以下 4 个网站。

1. 网址：https://extensions.SketchUp.com，如图 16-1 所示。

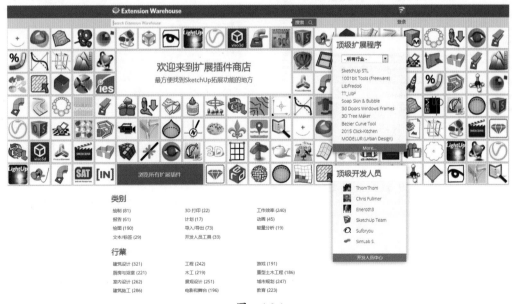

图　16-1

2. 网址：http://SketchUpplugins.com，
图 16-2 所示。

图　16-2

3. 网址：http://www.smustard.com/products/，
如图 16-3 所示。

图　16-3

4. 网址：http://sketchucation.com/
resources/tutorials/108-installing-SketchUp-
plugins，如图 16-4 所示。

图　16-4

16.1.2　插件的安装

　　下载完插件后，常见的插件安装文件主要
有以下 3 种。

　　1．rb 格式：最为常见的格式，只需把文
件复制到 SketchUp 安装目录的 Plugins 文件夹
内即可，如自由变形插件（SketchyFFD）和路
径成管插件（Pipe Along Path），如图 16-5 所
示。如果下载到的是 ZIP 压缩包，只要解压缩
后把 .rb 文件和其子目录一起复制到 SketchUp
安装目录的 Plugins 文件夹内即可。

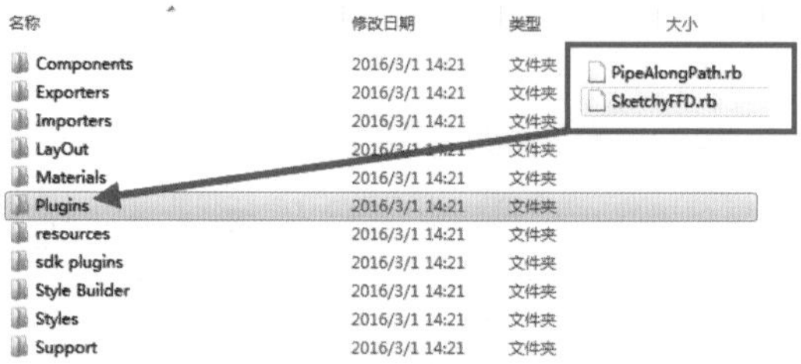

图　16-5

　　2．exe 格式：可以双击该文件，直接运行
安装程序即可，如高级细分插件（Artisan）等。

技术看板

　　少数插件如 LSS toolbar 2.0 安装时还
需要复制对应文件到 SketchUp 安装目录的
Resources 文件夹内，所以在插件安装之前
最好先仔细看下插件的相关说明。

3. RBZ 格式：这种类型的插件是从 SketchUp 8.0 才开始支持的格式文件。这种插件本质上就是 ZIP 压缩包，可以先将文件后缀名改为 .zip，然后将其解压，再把 .rb 文件和其子目录一起复制到 SketchUp 安装目录的 Plugins 文件夹内即可。

16.2 插件的运行

因为插件的类型和来源都不同，所以完成安装后的运行方式也会不同。本节将具体讲解插件的运行方法、运行中的常见问题及解决办法和关于插件使用的认知误区。

16.2.1 插件运行的方法

安装完插件文件后，重新启动 SketchUp，就可以使用它们了。插件命令一般位于 SketchUp 主菜单的"插件"菜单下。不过出现在其他地方也是经常见到的，例如，有的可能出现在"绘图""视图 > 工具栏"和右键菜单中，如图 16-6 所示。另外，某些插件还有自己的工具栏，使用起来非常方便。

如果重启 SketchUp 后插件没有自动加载，可以执行"窗口 > 使用偏好"令，单击"延长"选项，在右侧勾选需要加载的插件，单击"确定"按钮即可，如图 16-7 所示。

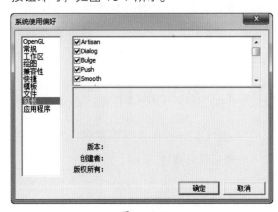

图 16-7

16.2.2 插件不能正常运行的原因

有时插件安装好之后，却不能正常运行，一般是由以下 3 点原因造成的。

1. 插件并没有按说明要求进行安装，尤其是一些需要互相调用的插件。比如，Fredo 6 开发的插件就需要调用它开发的另外一套插件 LibFredo（语言翻译平台）。如果相关的插件没有安装，插件是无法正常运行的。

2. 插件的兼容性出现问题。大部分插件都有支持 SketchUp 8.0 的版本，要根据 SketchUp 的软件版本来安装对应的插件。

3. SketchUp 小型插件大部分都是个人开发的，可能会因为操作系统不同、SketchUp 的版本不同或个人开发环境的局限性，导致插

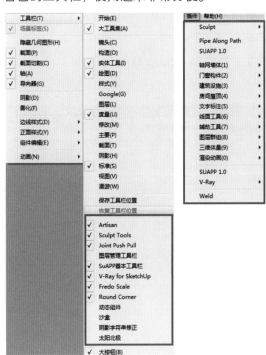

图 16-6

件冲突。一些插件会挑剔 SketchUp 语言版本或者操作系统,又或者与别的插件在某些情况下会发生冲突。如遇到这类情况,建议积极给该插件开发者反馈问题,希望开发者能尽快修复。

16.2.3 新手对于插件看法的误区

SketchUp 的插件种类繁多,而新手往往不知从何下手,经常是看到插件就安装,下面是新手常常陷入的两个插件使用误区。

1. 追求大而全:一些刚刚安装了 SketchUp 的新手就在讨论群里问哪里有插件大全,哪里

有最全的插件安装包之类的问题。这类安装包的确有,但是在不了解具体插件的作用之前,即使安装也不会用到,结果只会拖慢 SketchUp 的整体运行速度。在使用 SketchUp 的插件一段时间后,可能会发现工作中需要经常用到的插件也就 10 款左右,记得"贪多嚼不烂"的道理。

2. 过分依赖插件:不要以为装了插件能提高 SketchUp 的使用水平。插件只能在某一方面提高建模速度,而对模型的组织、管理和控制能力和对 SketchUp 本身建模特性的了解程度才能真正体现用户水平。

16.3 常用插件

SketchUp 的插件种类非常多,本节将讲解一些最常用的插件。

16.3.1 组合表面推拉插件

组合表面推拉插件(Joint Push Pull)是一个远比 SketchUp 的"推/拉"工具强大的插件,具备了多面推拉,非垂直推拉,曲面推拉,放射推拉等 SketchUp 自带的"推/拉"工具所

不具备的一些功能。

打开练习文件中的"组合表面推拉插件"文件夹,复制文件夹中所有内容,将其粘贴到 SketchUp 安装目录下的 Plugins 文件夹里,默认路径为C:\Program Files (x86)\Google\Google SketchUp 8\Plugins,如图 16-8 所示。安装完成后,重启 SketchUp 程序。

图 16-8

SketchUp 重启后，可以看到"Joint Push Pull"工具栏，工具栏上有5个工具按钮，在"插件"菜单下有对应的菜单命令，如图16-9所示。

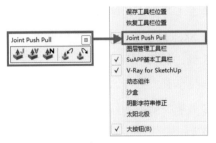

图　16-9

下面来了解下每个工具的具体用法。

• 组合推拉工具（Joint Push Pull）：该工具不但可以对多个平面同时进行推拉，还可以对曲面进行推拉，推拉后仍然得到一个曲面，这对于曲面建模来说非常有用。

使用该工具前需要先选中面，再单击"组合推拉"工具按钮，按住并拖动鼠标，此时会以线框的形式显示出推拉结果，如图16-10所示。如需精确推拉，可以在数值输入框中输入推拉距离，然后双击鼠标左键即可完成推拉操作，该工具很适合来创建弧形墙。

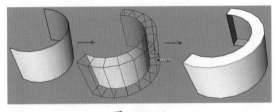

图　16-10

• 向量推拉工具（Vector Push Pull）：该工具使用方法与"组合推拉工具"一致。可以将所选表面沿任意方向进行推拉，效果如图16-11所示。

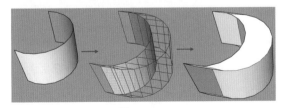

图　16-11

该工具在使用时，方向不太好把握，最好能结合键盘上锁定轴的快捷键来锁定推拉方向。

• 法线推拉工具（Normal Push Pull）：该工具使用方法与"组合推拉工具"一致。可以让面延其法线方向推拉，即可以对平面进行推拉，也可以对曲面进行推拉，每个面会分开，效果如图16-12所示。

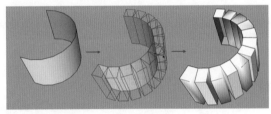

图　16-12

• 撤销／返回上一步操作：可以撤销或者返回上一步推拉操作。

在推拉过程中，按 Tab 键，会出现如图16-13所示的菜单，可以根据需要更改某个工具的默认操作行为，一般情况下使用预设即可。

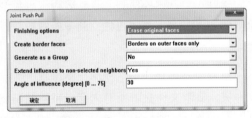

图　16-13

16.3.2　三维倒角插件

三维倒角插件又叫"倒圆角"插件，可以对模型进行倒角操作，让模型的转折处显得更为自然。打开练习文件中的"圆角工具 round corner"文件夹，复制文件夹中所有内容，将其粘贴到 SketchUp 安装目录下 Plugins 文件夹里，默认路径为 C:\Program Files (x86)\Google\Google SketchUp 8\Plugins，复制完成后，重启 SketchUp 程序。

再次运行 SketchUp 后，可以看到"Round Corner"工具栏，如图 16-14 所示。如果没有自动打开工具栏，可以在"视图 > 工具栏"菜单下将其打开。

图　16-14

该插件的具体使用步骤如下。

❶ 选中需要进行圆滑转角 / 锐化转角 / 倒角的边线。

❷ 单击工具栏中的任意一款倒角工具，这时在 SketchUp 绘图区顶部会出现一个设置区域，如图 16-15 所示，可以设置倒角的相关参数。一般只需更改 Offset 的数值，它用来控制倒角的大小，数值越大，倒角越大。

图　16-15

❸ 设定完成后，按设置区域中的 ✔ 按钮，SketchUp 就会自动计算并制作倒角。以下分别为三个工具执行倒角后的效果对比，如图 16-16 所示。

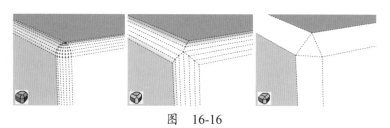

图　16-16

16.3.3　焊接对象插件

在 SketchUp 中绘制的线条经常是一小段一小段的，不方便选择和管理。使用"焊接对象插件"（Weld）可以将独立的多条线段焊接成一条整的线段。

打开练习文件中的"焊接对象插件 weld"文件夹，复制文件夹中所有内容，将其粘贴到 SketchUp 安装目录下 Plugins 文件夹里，默认路径为 C:\Program Files (x86)\Google\Google SketchUp 8\Plugins，最后重启 SketchUp 程序。安装完 Weld 插件后，Weld 命令会出现在"插件"菜单中，焊接对象插件（Weld）的具体使用步骤如下。

❶ 选中所需焊接的线条，执行"插件 >Weld"命令，在弹出的对话框中，会询问是否需

要封闭曲线（首尾相连），如图 16-17 所示，单击"是"，即会封闭曲线。

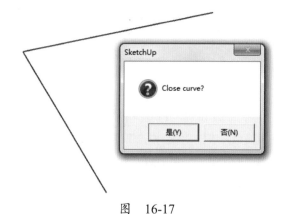

图　16-17

❷ 之后会弹出下一个对话框，询问否生成表面，如图 16-18 所示，按需选择即可，如图 16-19 所示。

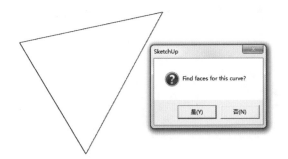

图　16-18

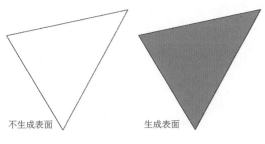

不生成表面　　　生成表面

图　16-19

图　16-21

图　16-22

16.3.4　高级细分插件

与之前的插件不同，"高级细分插件"
（Artisan）是一个需要购买和安装的独立插
件程序，具有非常强大的功能。大家可以到
http://artisan4SketchUp.com/ 网 站 下 载 试 用
版来学习，如图 16-20 所示。图 16-21 和图
16-22 所示为这个插件所制作的模型效果。

安装完成后，重启 SketchUp 就可以看到
"高级细分插件"（Artisan）的工具栏，如
图 16-23 所示。

图　16-20

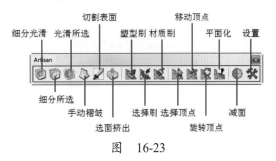

图　16-23

● 细分光滑（Subdivide and Smooth）：
选中需要进行细分光滑的对象后单击该工具，
输入 1~4 的迭代次数，按 Enter 键即可完成细
分光滑操作，如图 16-24 所示。迭代次数越多，
细分面数越多，模型越光滑，但文件会变大，

会消耗更多系统资源。

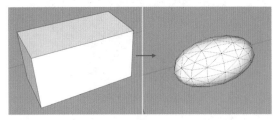

图　16-24

● 细分所选（Subdivide Selection）：选中需要细分处理的面，单击该工具，可对选中的面进一步细分处理，如图 16-25 所示。如需多次细分，可以连续单击该工具。

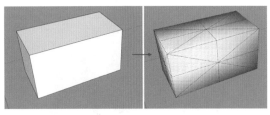

图　16-25

● 光滑所选（Smooth Selection）：选中需要光滑的面，单击该工具，可对选中的面进行光滑处理，如图 16-26 所示。

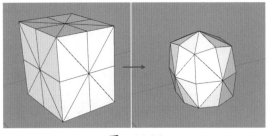

图　16-26

● 手动褶皱（Crease Tool）：使用"手动褶皱"工具单击边线、点或者面，可以手动生成褶皱，按住 Shift 键单击可取消褶皱效果。该工具一般使用较少。

● 切割表面（Knife Subdivide）：使用该工具在模型上画一条线，即可在表面上产生

切割线，如图 16-27 所示，其用法类似于线条工具。

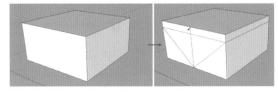

图　16-27

● 选面挤出（Extrude）：使用该工具单击一个面并移动鼠标，可以对其进行推拉，推拉到合适位置后再次单击鼠标左键即可完成操作，如图 16-28 所示，其用法类似于推 / 拉工具。

图　16-28

● 塑型刷（Sculpt Brush）：使用该工具在模型上按住并拖动鼠标可为模型表面制作起伏的效果，如图 16-29 所示。

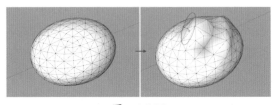

图　16-29

技术看板

使用塑型刷工具时，可通过按键盘上的"上"/"下"方向键调节塑型的力度，按"左"/"右"方向键调整笔刷大小。按住 Shift 键可限制工具只能在竖直方向上移动，通过右键菜单或 Tab 键可以改变塑型模式"塑形（Sculpt）、平滑（Smooth）、收缩（Pinch）、膨胀（Inflate）、展平（Flatten）"，如图 16-30 所示。

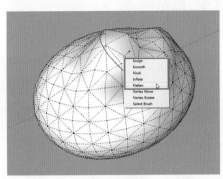

图　16-30

- 选择刷（Select Brush）🦅：使用该工具在模型上按住并移动鼠标，可以快速选择要编辑的面。按键盘上的"左"/"右"方向键可调整笔刷大小，如图 16-31 所示，按住 Shift 键的同时按住并拖动鼠标可取消选择。

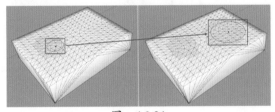

图　16-31

- 材质刷（Paint Brush）🦅：使用该工具，按住 Alt 键在其他模型上单击鼠标左键可吸取材质，接着在希望绘制材质的模型上单击鼠标左键即可为模型填充吸取的材质，如图 16-32 所示。按键盘上的"左"/"右"方向键，可以调整笔刷大小。

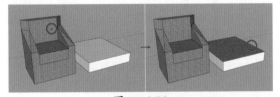

图　16-32

- 选择顶点（Vertex Select）🦅：使用该工具，按住并拖动鼠标可以框选需要编辑的顶点，如图 16-33 所示，通过右键菜单或 Tab 键可切换选择模式为"软选择"，按住 Alt 键单击并拖动鼠标可执行加选操作，按住 Shift 键的同时按住并拖动鼠标可执行加选 / 减选操作。

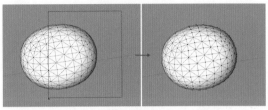

图　16-33

- 移动顶点（Vertex Move）🦅：使用移动顶点工具拖动鼠标即可移动所选顶点，如图 16-34 所示，按 Tab 键能改变移动模式，按 Shift 键可锁定当前移动方向，按键盘上的四个方向键可锁定移动的相应轴向。

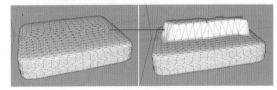

图　16-34

- 旋转顶点（Vertex Rotate）🦅：使用旋转顶点工具，按住并拖动鼠标可旋转顶点。
- 平面化（Make Planar）🦅：选中需要平面化的顶点，再单击平面化工具，会弹出平面化方式的对话框，有"最佳""xy""yz""xz"四种平面化方式可以选择，根据需要选择一种平面化方式，单击"确定"按钮，即可对所选顶点执行平面化处理，如图 16-35 所示。

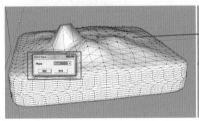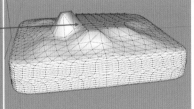

图　16-35

● 减面（Reduce Polygons）: 选中需要减面的对象后单击减面工具，设置好减面的百分比，单击"确定"按钮即可减少多边形的数量，如图 16-36 所示。但这个工具容易形成不规则的布线，所以一般不推荐使用该工具。

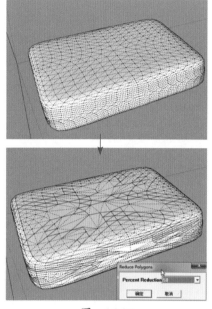

图　16-36

● 设置（Settings）: 单击该按钮，会弹出"全局参数"对话框，如图 16-37 所示。这里可设置衰减模式、笔刷镜像平面、塑型平面锁定、子表面材质、柔化边线、代理群组物体属性，一般使用默认设置即可。

图　16-37

16.3.5　雕刻插件

打开练习文件中的"btm_Sculpt_Tools_Files 雕刻插件"文件夹，复制文件夹中所有内容，将其粘贴到 SketchUp 安装目录下 Plugins 文件夹里，默认路径为 C:\Program Files (x86)\Google\Google SketchUp 8\Plugins。

重启 SketchUp 程序后，会看到"Sculpt Tools"对话框，如图 16-38 所示。在 SketchUp 中所创建的模型一般都有比较坚硬的外观，如果要制作随机的、柔和的高低起伏变化，如床单、被子、靠垫等物品，可以在创建完成后使用雕刻插件，绘制随机的高低起伏效果。

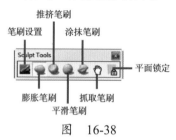

图　16-38

● 笔刷设置（Dialog）: 可设置雕刻笔刷的大小、强度、硬度等参数，如图 16-39 所示。

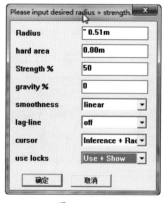

图　16-39

● 膨胀笔刷（Bulge）: 使用该工具在顶点上单击鼠标按住并拖动鼠标，可以使模型上的面膨胀隆起，如图 16-40 所示。

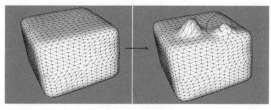

图 16-40

- 推挤笔刷（Push）：使用该工具在顶点上按住并拖动鼠标，可以将其他顶点自笔刷处推离开，如图 16-41 所示。

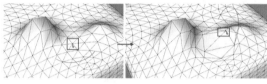

图 16-41

- 平滑笔刷（Smooth）：使用该工具在顶点上按住并拖动鼠标，可使网格起伏更加平滑。
- 涂抹笔刷（Smudge）：使用该工具在顶点上按住并拖动鼠标，可拖移笔刷范围内的顶点位置，如图 16-42 所示。

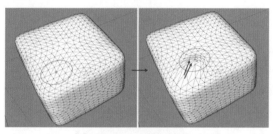

图 16-42

- 抓取笔刷（Grab）：使用该工具在顶点上按住并拖动鼠标，可以抓取顶点进行移动，移动到合适位置后单击鼠标左键即可，如图 16-43 所示。

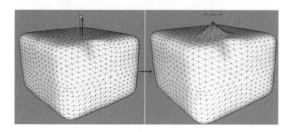

图 16-43

- 平面锁定（Planar Lock）：可以在模型上单击设置锁定的平面，被锁定的平面上的所有顶点不受笔刷影响。

问：为什么使用了雕刻插件后，但在模型上看不到效果？
答：雕刻插件只有在模型顶点数比较多的情况下，使用效果才比较明显，实际上它就是通过移动模型上顶点的位置来对模型进行雕刻。让模型顶点数变多的最快方法是使用 16.3.4 小节介绍的"高级细分插件"来对模型进行细分，然后再雕刻。

16.3.6 成管插件

打开练习文件中的"PipeAlongPath"文件夹，并将该文件夹中所有内容复制粘贴到 SketchUp 安装目录下的 Plugins 文件夹里，默认路径为 C:\Program Files (x86)\Google\Google SketchUp 8\Plugins。

重启 SketchUp 程序，绘制一条弧线，执行"插件 >Pipe Along Path"命令，会弹出"路径成管参数设置"对话框，如图 16-44 所示。根据需要设置完成后，单击"确定"按钮，则路径就变成了管子的模型，如图 16-45 所示。

图 16-44

图 16-45

16.3.7 标注线头插件

标注线头插件可以将从 AutoCAD 或者其他软件中导入的图形中没有闭合的断点标注出来，方便我们在 SketchUp 中将其闭合。

打开练习文件中的"Label Stray Lines"文件夹，并将该文件夹中所有内容复制粘贴到 SketchUp 安装目录下的 Plugins 文件夹里，默认路径为 C:\Program Files (x86)\Google\Google SketchUp 8\Plugins。

重启 SketchUp 程序，选中导入的图形后，执行"插件 > Label Stray Lines"命令，此时图形中的线段缺口就会被标注出来，如图 16-46 所示。

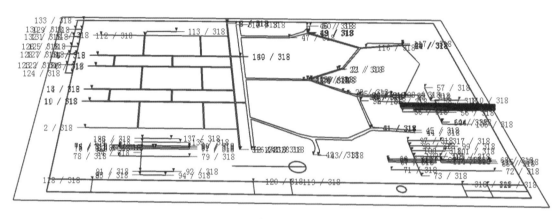

图   16-46

16.3.8 自由变形插件

打开练习文件中的"SketchyFFD"文件夹，并将该文件夹中所有内容复制粘贴到 SketchUp 安装目录下的 Plugins 文件夹里，默认路径为 C:\Program Files (x86)\Google\Google SketchUp 8\Plugins，重启 SketchUp 程序。

自由变形插件（SketchyFFD）可以通过改变控制点，来修改模型的形状。在使用该插件之前，要将模型先组成一个群组，然后在右键菜单中选择"FFD"命令，如图 16-47 所示。

只有对群组才能执行 2X2 FFD、3X3 FFD 和 NXN FFD 命令。当执行 NXN FFD 命令时，会弹出一个"FFD Dimensions"对话框，在对话框中可以自定义控制点的数目，如图 16-48 所示，生成的控制点会自动成为一个单独的组。控制点越多，对模型的控制力越强，但会增加操作难度，一般直接使用 3X3 FFD，或者 4X4 FFD 就可以了。设置好了之后，单击"确定"按钮即可。

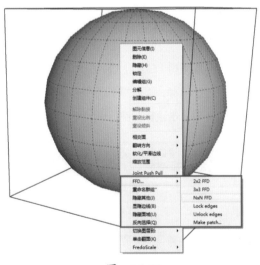

图   16-47

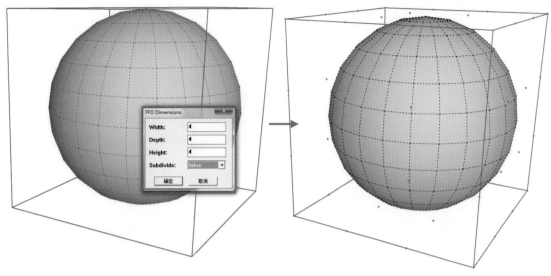

图 16-48

进入含有控制点的组并且按意愿来移动这些点，模型就会根据这些点的移动进行变形，好似模型被包裹在一个透明封套当中，如图 16-49 所示。

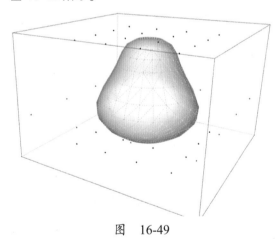

图 16-49

选择模型的边线后，在右键菜单中有 Lock Edges（锁定边线）的命令，当使用该命令把选定的边线锁定后，进行 FFD 变形时，这些边线将不受影响。

16.3.9 建筑插件集

SuAPP 中文建筑插件集是一款基于

SketchUp Pro 版本软件平台的强大工具集。包含有超过 100 项实用功能，大幅度扩展了 SketchUp 的快速建筑建模能力。SuAPP 中文建筑插件集包含了方便的基本工具栏以及优化的右键菜单命令，使操作更加顺手而快捷，并且可以通过扩展栏的设置方便地启用和关闭。

安装完成后，执行"窗口>使用偏好"命令，勾选"SuAPP 建筑插件集 1.0"选项，再执行"视图>工具栏"命令，勾选"SuAPP 基本工具栏"选项，如图 16-50 所示，即可打开图 16-51 所示的工具栏。

图 16-50

图 16-51

即可创建出窗帘的模型。

推荐到网上下载并安装 "V-Ray 1.49.02 顶渲中英文双语切换版 +SuAPP for SketchUp 6_7_8" 软件工具，这个版本可以一次性安装 V-Ray 和 SuAPP 两个插件。

为了操作方便，SuAPP 插件在右键扩展菜单中也增加了许多常用命令，如图 16-52 所示。

图　16-52

下面以两个小实战为例，讲解 SuAPP 插件集在实际建模中的运用，希望能引起读者对该插件的兴趣，并尝试着摸索其他 SuAPP 插件命令的操作方法。

16.3.10　实战：用拉线成面命令制作窗帘

❶ 打开对应的练习文件，使用徒手画工具在窗框旁边绘制图 16-53 所示的曲线。选择该曲线，执行"插件 > 线面工具 > 拉线成面"命令，单击曲线后向上移动光标至窗框顶部再次单击，在"自动成组选项"对话框中选择"NO"，单击"确定"按钮，

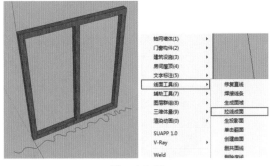

图　16-53

❷ 使用缩放工具，适当调整窗帘模型的宽度，使其与窗框宽度基本一致，如图 16-54 所示。

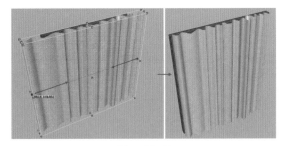

图　16-54

❸ 选择绿叶子花纹纺织品材质，将材质纹理的长宽都设为 10m。使用油漆桶工具为窗帘的两面都填充该材质，最终效果如图 16-55 所示。

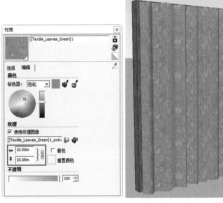

图　16-55

16.3.11 实战：用创建栏杆工具制作围栏

❶ 打开对应的练习文件，镜头设为平行投影模式，使用直线工具在顶视图上绘制围栏的路径，如图 16-56 所示。

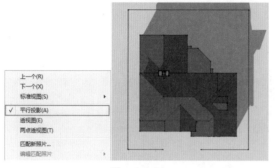

图 16-56

❷ 将镜头切换到透视图，选择一条路径，单击建筑插件集中"创建栏杆"的按钮 🗮，会弹出"栏杆构件"对话框，在此可以设置栏杆构件的基本内容，单击"确定"按钮后，会继续弹出"栏杆参数"对话框，在此可以设置有关栏杆的更多具体参数，如图 16-57 所示。

图 16-57

❸ 单击"确定"按钮，SketchUp 会自动创建一排围栏，如图 16-58 所示。使用同样方法，可以完成其他几条路径上围栏的创建，最终效果如图 16-59 所示。

❹ 适当调整围栏转角处的模型，让转角能够自然衔接，删除围栏的路径，如图 16-60 所示。

图 16-58

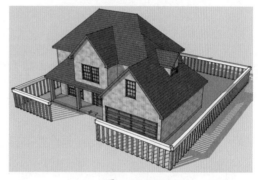

图 16-59

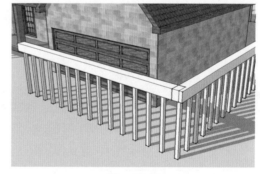

图 16-60

❺ 打开材质管理器，为围栏填充木纹材质，最终效果如图 16-61 所示。

图 16-61

Chapter

第 17 章

V-Ray for SketchUp

SketchUp 本身无法实现真实的照片级渲染效果，如果希望获得精美的渲染效果，一种方法是将模型导入其他 3D 软件中进行渲染，这就意味着用户还要学会另一款 3D 软件的基本操作，非常麻烦；另一种方法是使用 V-Ray for SketchUp 这个插件来渲染图像，本章就讲解 V-Ray for SketchUp 插件的详细用法。

 本章视频教程内容

视频位置：光盘 > 第 17 章 V-Ray for SketchUp

素材位置：光盘 > 第 17 章 V-Ray for SketchUp > 第 17 章练习文件

序号	章节号	知识点	主要内容
1	17.2.1	环境的设置	• 背景颜色的设置 • 全局光颜色的设置
2	17.2.3	点光源的应用	• 创建点光源 • 编辑点光源 • 点光源核心参数详解
3	17.2.4	面光源的应用	• 创建面光源 • 编辑面光源 • 面光源核心参数详解
4	17.2.5	聚光灯的应用	• 创建聚光灯 • 编辑聚光灯 • 聚光灯核心参数详解
5	17.2.6	IES 灯光的应用	• IES 灯光意义详解 • 创建 IES 灯光 • 编辑 IES 灯光 • IES 灯光核心参数详解

序号	章节号	知识点	主要内容
6	17.2.7	IBL 照明的应用	• IBL 照明意义详解 • 应用 IBL 照明的技巧
7	17.3.2	发光贴图引擎	• 发光贴图引擎的原理 • 发光贴图引擎核心参数详解
8	17.3.3	灯光缓存引擎	• 灯光缓存引擎的原理 • 灯光缓存引擎核心参数详解
9	17.4.3	物理设置	• 相机的物理参数（光圈、快门、ISO、白平衡等）设置详解
10	17.4.6	实战：修正建筑物的畸变	• 调整镜头平移参数修正建筑物的畸变 • 改变镜头视角的方法
11	17.5.1	材质编辑器	• 材质编辑器简介 • 创建标准材质 • 创建角度混合材质 • 创建 SketchUp 双面材质 • 创建 SketchUp 卡通材质 • 双面材质与 SketchUp 双面材质的区别
12	17.5.3	漫反射贴图	• 结合 SketchUp 自带的材质编辑器创建材质 • 修改漫反射颜色 • 修改漫反射贴图
13	17.5.4	凹凸贴图	• 凹凸贴图的添加 • 控制凹凸贴图的深度
14	17.5.5	反射贴图	• 反射贴图的添加 • 反射贴图的修改 • 为反射添加模糊效果
15	17.5.7	实战：创建普通玻璃材质	• 快速为建筑创建玻璃材质
16	17.5.8	实战：创建彩色玻璃材质	• 快速为雕塑创建彩色玻璃材质
17	17.5.10	实战：创建水面材质	• 为泳池创建具有真实起伏感的水面材质
18	17.5.11	实战：创建水面焦散效果	• V-Ray 中焦散的使用方法 • 为泳池水面创建焦散效果
19	17.5.14	实战：创建卡通材质	• 为建筑使用卡通材质的方法 • 卡通材质核心参数详解
20	17.5.3	实战：载入外部 V-Ray 材质	• 为桌子填充外部 V-Ray 材质的方法
21	17.6.2	固定比率图像采样器	• 固定比率取样器的原理 • 固定比率取样器核心参数详解
22	17.6.3	自适应纯蒙特卡罗图像采样器	• 自适应纯蒙特卡罗采样器的原理 • 自适应纯蒙特卡罗采样器核心参数详解
23	17.6.4	自适应细分图像采样器	• 自适应细分采样器的原理 • 自适应细分采样器核心参数详解 • 自适应细分采样器的特点
24	17.6.5	纯蒙特卡罗图像采样器	• 纯蒙特卡罗采样器的原理 • 纯蒙特卡罗采样器采样器核心参数详解
25	17.6.6	颜色映射面板	• 不同颜色映射模式的色彩特点

17.1 V-Ray for SketchUp 简介

V-Ray 作为一款功能强大的全局光渲染插件，其应用在 SketchUp 中的时间并不长，2007 年推出了 V-Ray for SketchUp 的第一个正式版本。在工程、建筑设计和动画等多个领域，都可以利用 V-Ray 插件提供的强大的全局光照明和光线追踪等功能渲染出非常真实的图像。如图 17-1 和图 17-2 所示，V-Ray for SketchUp 的参数较少，用户能够快速上手，材质调节灵活方便，灯光照明系统简单而强大。

图　17-1

图　17-2

17.1.1　V-Ray for SketchUp 的安装

官方从没有出过 V-Ray for SketchUp 简体中文版，因此这里介绍英文版的安装方法。如需安装简体中文版，可以到网上搜索下载 "V-Ray 1.49.02 顶渲中英文双语切换版 +SuAPP for SketchUp 6_7_8" 软件工具安装并使用。此版本为国人汉化并修改过的版本，本书为便于读者学习，后面将使用汉化的中文版进行讲解。

❶　双击 V-Ray for SketchUp 安装程序，弹出安装对话框，如图 17-3 所示。

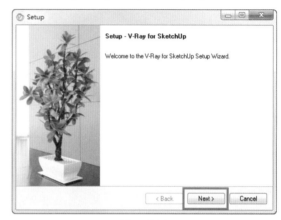

图　17-3

❷　单击 "Next" 按钮，会显示使用协议，选择 "I accept the agreement" 选项，如图 17-4 所示。

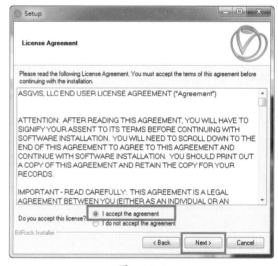

图　17-4

❸　再次单击 "Next" 按钮，会出现具体的安装内容，如图 17-5 所示。

❹　继续单击 "Next" 按钮，会显示默认安装

路径，如图 17-6 所示。如果希望将 V-Ray
安装到电脑中某个指定位置，可以在这里
单击 按钮进行浏览。

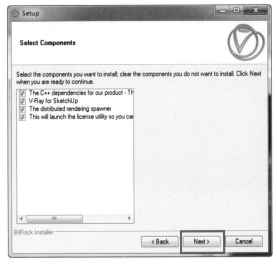

图 17-5

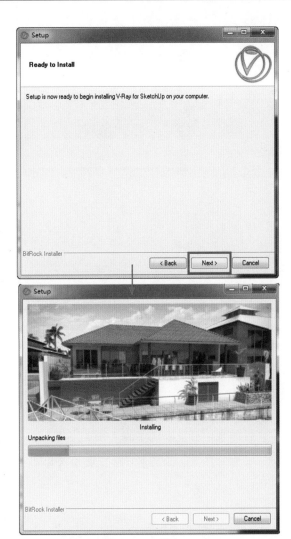

图 17-7

图 17-6

❺ 单击"Next"按钮，会显示已经可以开始
安装的提示，再次单击"Next"按钮，系
统会开始安装 V-Ray 插件，安装过程中会
显示安装进度，如图 17-7 所示。

❻ 安装完成后，单击"Finish"按钮，即可
关闭安装对话框，如图 17-8 所示。

图 17-8

❼ 此时会出现要产品序列号的窗口，单击"Next"按钮，可以继续依据向导提示完成产品的购买或试用，如图 17-9 所示。

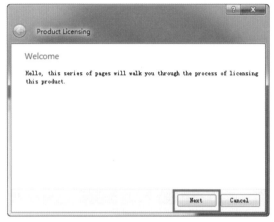

图　17-9

技术看板

在安装 SketchUp 时，大家要注意系统用户名不能有汉字。如果有汉字，需要重新创建一个没有汉字的用户名，并且将其设为管理员，否则 V-Ray 可能无法正常运行。

17.1.2　V-Ray for SketchUp 的卸载

在控制面板中，单击"程序和功能"，如图 17-10 所示，在程序列表中右键单击程序"V-Ray for SketchUp"，在右键菜单中选择"卸载"选项即可。

图　17-10

17.1.3　V-Ray 工具栏概述

V-Ray for SketchUp 的操作界面很简洁，安装完 V-Ray 之后，重启 SketchUp 软件，V-Ray 工具栏会被自动加载，如图 17-11 所示。如果界面中没有这个工具栏，可以执行"视图 > 工具栏 >V-Ray for SketchUp"命令调出该工具栏，如图 17-12 所示。

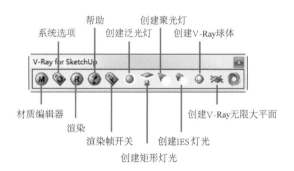

图　17-11

图　17-12

● Ⓜ材质编辑器：单击该按钮，可打开"材质编辑器"，创建并编辑材质。这个按钮的功能与主菜单中的"插件 >V-Ray> 材质编辑器"

菜单命令的作用相同。

- ● 系统选项：单击该按钮，可打开渲染参数的设置面板。这个按钮的功能与主菜单中的"插件 >V-Ray> 渲染设置"菜单命令的作用相同。

- ● 渲染：单击该按钮，可打开 V-Ray 的"渲染帧缓存"对话框。这个按钮的功能与主菜单中的"插件 >V-Ray> 渲染"菜单命令的作用相同。

- ● 帮助：单击该按钮，可以打开 V-Ray for SketchUp 的官方网站的链接。

- ● 渲染帧开关：单击该按钮，可以打开 V-Ray 的"渲染帧缓存"面板。该按钮只有在进行了首次渲染以后才起作用。

- ● 创建泛光灯：单击该按钮，可以创建泛光灯，俗称 V-Ray 点光源。

- ● 创建矩形灯光：单击该按钮，可以创建矩形灯光，俗称 V-Ray 面光源。

- ● 创建聚光灯：单击该按钮，可以创建 V-Ray 聚光灯。

- ● 创建 IES 灯光：单击该按钮，可以创建 IES 光源。

- ● 创建 V-Ray 球体：单击该按钮，可快速创建球体用于场景渲染测试。

- ● 创建 V-Ray 无限大平面：单击该按钮，可创建渲染用无限大平面。在场景搭建时，可以将其作为地面或台面来使用。

17.1.4　V-Ray 渲染帧缓存面板概述

单击 V-Ray 工具栏中的渲染图标 ●，会弹出"渲染帧缓存"面板，如图 17-13 所示。下面介绍这个面板中常用功能的意义。

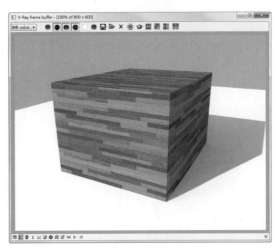

图　17-13

- ● RGB color ▦：可以切换查看图像的通道，在下拉列表中能够选择观看彩色图像效果（RGB color）通道或者不透明度效果（Alpha）通道。

- ● 选择单通道 ●●●●●：在 RGB color 通道模式下可以选择查看 RGB 三个通道的合成效果，查看 R、G、B 某个单独通道效果，或者只查看某两个通道的组合效果。

- ● Alpha 通道 ○：单击该按钮，将可切换到只查看 Alpha 通道。

- ● 单色模式 ●：单击该按钮，将可切换到查看图像黑白灰的效果，如图 17-14 所示。

RGB color　　　　单色模式

图　17-14

- ● 存储 ■/打开图像 ●：单击该按钮，可以存储或者打开图像。

- ● 清除图像 ✖：单击该按钮，可清除已经渲染出的图像。

● 区域渲染 ：单击该按钮，可在面
板中按下并拖动鼠标绘制一个渲染范围，如图
17-15 所示。通过限定范围渲染，可以缩短渲
染时间，提高测试渲染的速度。

图　17-15

17.2　V-Ray 灯光的设置

在 V-Ray 中可以使用不同类型的光源进行
照明，如类似白炽灯的点光源、类似手电筒的
聚光灯、类似太阳光的面光源等，本节将详细
介绍 V-Ray 中不同光源的使用方法。

17.2.1　环境的设置

一般晴天的情况下，室外物体是在太阳光和
全局光的共同作用下被照亮，如图 17-16 所示。
大气散射带来的照明，也就是所谓的全局光（又
称间接照明），如果没有全局光的话，阴影就会
非常暗，类似月球上的光照效果，如图 17-17 所示。

V-Ray 中最基础的灯光就是全局光，默认
情况下为启用状态。单击 V-Ray 工具栏的"系
统选项"图标 ，单击"环境"卷展栏，就可
以看到有关环境设置的参数，如图 17-18 所示。

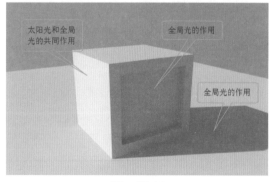

图　17-16

图　17-17

图　17-18

环境卷展栏中常用的参数详解如下。

● 全局光颜色：可以设置全局光的颜
色、倍增值等，也可以通过加载位图来控制全
局光的效果。默认使用天空贴图，如图 17-19
所示。

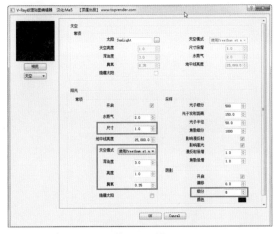

图　17-19

天空贴图编辑器中常用的参数详解如下。

➤ 尺寸：设置太阳的大小。在其他条件都不变的情况下，数值越大，阴影就会越模糊，如图 17-20 所示。

尺寸：1.0　　　　　尺寸：5.0

图　17-20

➤ 天空模式：这里有 3 个模式可选，分别为"使用 Preetham et al""使用 CIE 产生晴天"和"使用 CIE 产生阴天"。若是选阴天模式，天空将会呈现出阴天多云的效果。

➤ 浑浊度：设置大气的浑浊程度，取值范围为 2.0 ~ 20.0。根据生活经验可以知道，空气中的灰尘越多，天空就越发白发黄，太阳光就越黄。所以参数值越大，太阳光就越发黄，天空就会表现出灰蒙蒙的感觉；若是想要晴空万里的感觉，调成 2.0 即可。

➤ 亮度：设置太阳光的强度。

➤ 臭氧：设置臭氧浓度，取值范围为 0.0 ~ 1.0，数值越大，则阴影越蓝。

➤ 细分：设置阴影的质量，细分值越高，阴影效果越准确，噪点越少，但渲染时间会变长。一般最终渲染时设为 16 就够了，测试渲染时使用默认值 8 即可。

● 背景颜色：可以设置背景的颜色。默认情况下，背景颜色的设置与全局光颜色的设置保持一致。

● 反射颜色 / 折射颜色：场景中的反射或折射的颜色一般默认由全局光颜色决定。如果勾选反射 / 折射颜色，那么就可以独立设置场景中反射 / 折射的颜色或贴图。例如，勾选"反射颜色"后，为其添加一张花卉的贴图，场景中材质有反射属性的对象就会反射出花卉而不是天空，一般不用勾选。

17.2.2　默认灯光

SketchUp 有自己的默认灯光，V-Ray for SketchUp 也可以使用 SketchUp 的默认灯光为场景提供照明。在 V-Ray"渲染设置"对话框中的"全局开关"卷展栏下有一个"缺省光源"选项，启用该选项时，V-Ray 将使用 SketchUp 的默认灯光来照明场景，如图 17-21 所示。

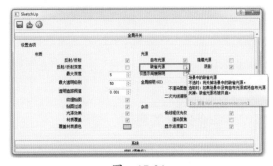

图　17-21

当使用 SketchUp 的默认灯光来照明场景时，如果在 SketchUp 的阴影设置面板中改变了阴影参数，V-Ray 渲染出来的效果会跟随阴影参数的变化而发生变化，如图 17-22 和图 17-23 所示。

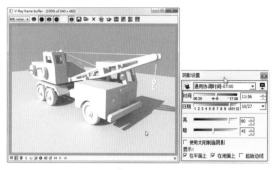

图 17-22

图 17-23

技术看板

　　默认灯光与后面要介绍的 V-Ray 太阳光有着本质的区别。默认灯光只是简单的阳光照明效果，并不具有真实阳光的物理特性。照明和阴影的精确度较差，也无法控制场景色调，所以一般情况下，我们需要关闭"缺省光源"选项，而使用 V-Ray 的光源来提供场景照明。

17.2.3　点光源的应用

　　点光源又称泛光灯，选择 V-Ray 工具栏上的创建泛光灯工具 ⬤，在场景中需要添加光源的位置并单击，就可以创建一个点光源。图 17-24 所示选定部分就是所创建的点光源。鼠标右键单击点光源，在右键菜单中执行 "V-Ray for SketchUp> 编辑光源" 命令，会弹出点光源的 V-Ray 灯光编辑器，编辑器中的参数内容会

随着所选光源类型的不同而变化，如图 17-25 所示。

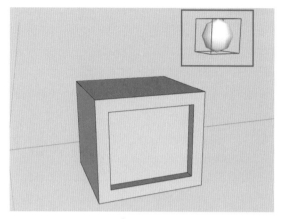

图　17-24

图　17-25

　　V-Ray 点光源灯光编辑器中常用参数的详解如下。

- 开启：控制灯光是否被开启。
- 颜色：设置灯光的颜色。
- 亮度：设置发光的强度。
- 单位：设置灯光的物理单位。使用物理灯光单位有助于在使用物理相机时获得正确的照明强度，共有 5 个选项，分别是默认、光功率、亮度、辐射功率、辐射率，一般保持默认即可，如图 17-26 所示。

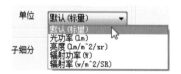

图　17-26

● 纹理衰减: 用来指定灯光的衰减方式,
有 3 种方式可供选择, 分别是线性、倒数和平
方反比, 一般保持默认的"平方反比"即可,
如图 17-27 所示。

图　17-27

● 影响漫反射: 控制是否用灯光的颜色
来影响模型表面的漫反射颜色。

● 影响高光: 控制是否用灯光的颜色来
影响模型表面高光区域的颜色。

● 光子细分: 控制采样光子细分的大小,
值越大, 阴影计算越准确, 噪点越少。

● 焦散细分: 控制采样焦散细分的大小。
当场景中应用了有焦散效果的材质时, 值越大,
焦散效果越准确。

● 剪切阈值: 控制采样剪切阈值的大小,
一般保持默认即可。

● 阴影: 控制是否让灯光产生阴影。

● 阴影偏移: 控制阴影偏离物体的距离。

● 阴影半径: 设置投影边缘的清晰度。
默认值为 0.0, 表示绝对清晰的阴影, 但是过
于清晰的阴影会显得不自然, 所以一般设置大
于 0.0 的值, 值越大则越模糊, 具体数值可以
根据实际需要进行调整, 图 17-28 所示为阴影
半径分别设为 0.0 和 20.0 的效果。

图　17-28

● 阴影细分: 控制阴影的精细程度, 一
般保持默认即可。若是阴影因为阴影半径较大
而噪点过于明显, 可以适当提高细分度。

● 阴影颜色: 控制阴影的颜色, 如图 17-29
所示, 一般保持默认即可。

图　17-29

17.2.4　面光源的应用

单击 V-Ray 工具栏上的面光源图标 🔆, 在
场景中需要添加光源的位置处单击鼠标左键,
按住并拖动鼠标, 当面光源的大小合适后, 再
次单击鼠标左键, 就可以创建一个面光源。图
17-30 所示红色框内选定部分就是所创建的面
光源, 图 17-31 所示为面光源的 V-Ray 灯光编
辑器。

图　17-30

图　17-31

光源V-Ray编辑器中常用的参数详解如下。

- 开启：控制是否开启灯光

- 颜色：控制灯光的颜色。

- 亮度：控制灯光的强度

- 单位：设置亮度单位，一般保持默认即可。

- 双面：面光源有正反面之分，默认只有正面发光。若勾选双面，则正反面都会发光，如图 17-32 所示。

图　17-32

- 隐藏：控制是否在场景中显示出光源本身。如果不勾选该项，渲染出来的图像中会出现光源。

- 不衰减：勾选该项，灯光将不会随着照射距离的远近而衰减。现实生活中的所有灯光都是会衰减的，所以一般不勾选该项。

- 忽略灯光法线：勾选该项，则从光源向周围发射出的光线是等量的；不勾选该项，光源的法线方向会发射出更多的光线，如图 17-33 所示。

图　17-33

- 光线入口：勾选该项时，灯光自身的颜色和倍增参数会被忽略，而由"渲染设置"对话框中的"环境"卷展栏里的参数来替代。在一个封闭的环境中，勾选该项，可以模拟开窗采光效果。

- 保存在发光贴图：勾选该项时，V-Ray 会将灯光的计算结果保存到发光贴图（Irradiance Map）中，这会使首次渲染时计算速度变慢，但会提高今后渲染场景的速度。

- 影响漫反射：控制是否用灯光的颜色来影响模型表面的漫反射颜色。

- 细分：控制阴影的精细程度，一般保持默认即可。

技术看板

面光源的照明精度和阴影质量要明显高于点光源，但其渲染速度较慢，所以建议不要在场景中使用太多高细分值的面光源。另外，V-Ray 光源编辑器中没有决定阴影模糊程度的参数，这是因为对于面光源来说阴影的模糊程度由面光源的大小来决定，光源面积越大，阴影越模糊。

17.2.5　聚光灯的应用

聚光灯的效果类似于现实生活中的射灯，单击工具栏上的聚光灯图标 ▼，在场景中需要添加光源的位置单击，就可以创建一个聚光灯，如图 17-34 所示。图 17-35 所示为场景添加了聚光灯后的渲染效果。在灯光的右键菜单中执行"V-Ray for SketchUp> 编辑光源"命令，会弹出 V-Ray 光源编辑器对话框，如图 17-36 所示。

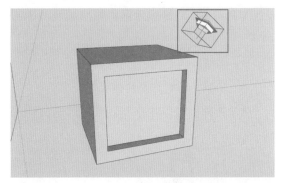

图　17-34

图　17-35

图　17-36

V-Ray 光源编辑器常用参数详解（部分参数的

意义在之前的内容中已经讲解过，这里不再赘述）。

● 光锥角度：调整光锥的夹角大小，也可以理解为光照范围的大小，如图 17-37 所示。

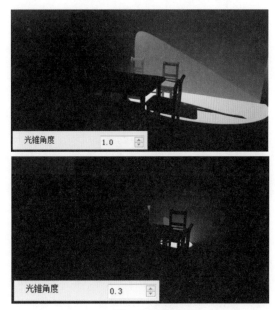

图　17-37

● 半影角度：设置投影从最亮到最暗的衰弱范围，使用默认值 0.0 时，投影边缘过度很硬，不自然。图 17-38 所示分别是数值为 0.0 和 0.3 时的效果。

图　17-38

● 区域高光：不勾选该项，则模型上受该灯光影响而产生的高光点是圆形；勾选该项，则模型上受该灯光影响而产生的高光点是矩形。

17.2.6　IES 灯光的应用

光域网是一种关于光源亮度分布的三维表现形式，决定了灯光的形状，存储于 IES 文件里。这种文件通常可以从灯光的制造厂商那里获得，格式主要有 IES、LTU 或 CIBSE。

图 17-39 所示红框内的就是 IES 灯光（又称光域网光源），IES 灯光跟一般灯光不一样，因为它是通过 IES 文件来决定灯光的照明效果的，一般用来模拟射灯。IES 灯光能发出的灯光样式非常丰富，如图 17-40 所示。图 17-41 所示为 IES 灯光编辑器。

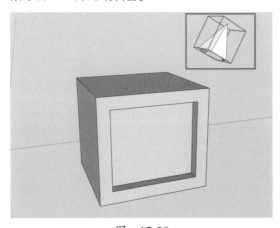

图　17-39

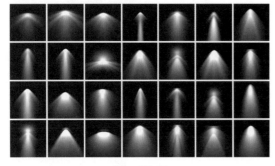

图　17-40

图　17-41

V-Ray IES 灯光编辑器中常用参数的详解如下。

● 滤镜颜色：控制灯光的颜色。

● 功率：控制灯光的强度。

● 文件：可以用来指定 IES 灯光文件的路径。

功夫在诗外 ➡

光域网是灯光的一种物理性质，确定了光在空气中发散的形状。不同的灯，在空气中的形状是不一样的，如手电筒，它会发出光束，还有一些壁灯、台灯，它们发出的光，又是另外一种形状。之所以会有这种形状不同的光，是因每个灯在出厂时，厂家对灯指定了不同的光域网。在三维软件里，如果给灯光指定了 IES 文件，渲染时光源就可以产生与现实生活中相同的灯光效果。

17.2.7　IBL 照明的应用

HDRI（High Dynamic Range Image），中文译为高动态范围图像。这种图像比一般图像储存的颜色信息要多。一般的 JPG 格式图片中过度曝光的地方会一片发白，若把亮度调低，发白的地方虽然是暗下来了，但是其中的细节不复存在。但是在 HDRI 中，曝光或很暗的地方会随着亮度的改变而显现出其中的细节，所以 HDRI 保存了比一般图像更为完整的颜色信息。

　　HDRI 可以放在"环境"卷展栏的全局光颜色处用作光照贴图，或者放在环境的背景颜色处用作背景贴图。利用 HDRI 里所记录的光照色彩信息来照亮场景，就叫作"IBL 照明"（Image Based Lighting）。具体使用步骤如下。

❶ 打开 V-Ray 的渲染设置面板，单击全局光颜色右侧按钮 ，如图 17-42 所示，会弹出图 17-43 所示的对话框。

❷ 单击"天空"，在下拉列表中单击"位图"按钮，单击"文件"右侧的按钮，指定 HDRI 的路径，其他设置如图 17-44 所示。一般情况下，天空贴图与背景贴图使用同一贴图即可。

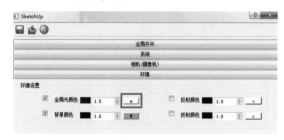

图　17-42

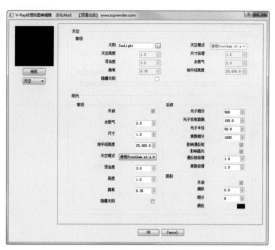

图　17-43

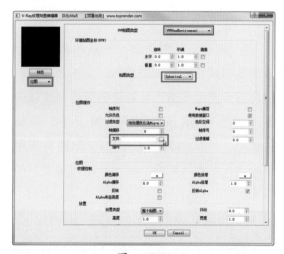

图　17-44

17.3　理解 V-Ray 的间接照明

　　现实世界中，太阳光直接照亮物体表面就是"直接照明"。光线从光源发出后，当它碰到一个物体的表面时，一部分光线会被表面吸收，另一部分光线会被反弹出去。当反弹出去的光线遇到另外的物体表面时又会继续被反弹和吸收，如此循环往复。光线在反弹的过程中会不断被吸收和衰减，所以靠近光源的物体表面，由于受到较强的初次反弹光线的照明，会

比远离光源的物体表面要亮。由于地球上的大气悬浮颗粒或物体本身让光线反弹而照亮物体就是间接照明。间接照明是 V-Ray 计算全局光照明（GI）的核心。

17.3.1　间接照明面板

　　单击"间接照明"标签，打开间接照明卷展栏，如图 17-45 所示。

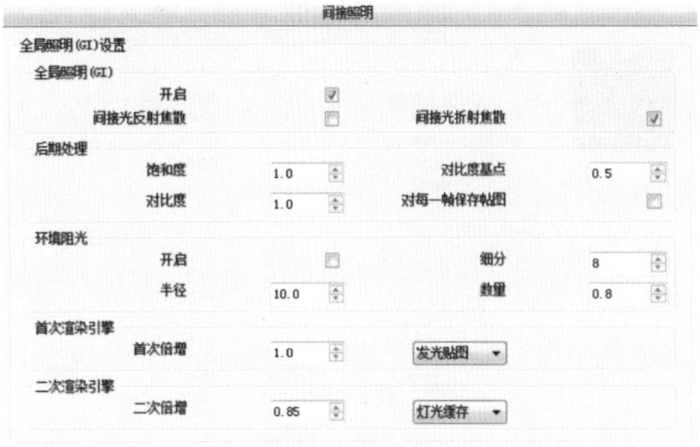

图　17-45

间接照明卷展栏中常用参数的详解如下。

● 全局照明模块

➤ 开启：勾选该项，可以打开或关闭全局光（GI）功能。

➤ 间接光反射焦散：光线照射到镜射表面的时候会产生反射焦散，能够让其外部阴影部分产生光斑，可以使阴影内部更加丰富，如图 17-46 所示。默认情况下，它是关闭的，不仅因为它对最终的 GI 计算贡献很小，而且还可能会产生一些不希望看到的噪波。

图　17-46

➤ 间接光折射焦散：光线穿过透明物体（如玻璃）时会产生折射焦散，它往往表现为强烈的聚光。默认情况下，该选项是开启的。图 17-47 所示为典型的折射散焦效果。

图　17-47

● 后期处理

➤ 饱和度：控制整个场景颜色的饱和度。

➤ 对比度：控制整个场景颜色的对比度。当值为 0 时，由对比度基点的值控制对比度；当值为 1 时，保持场景默认对比度；当值大于 1 时，对比度增强。

➤ 对比度基点：控制对比度的基点，一般保持默认值即可。

● 环境阻光

➤ 开启：勾选该项，可以打开环境阻光功能，能够更进一步加强模型的立体感。

➤ 半径：控制环境阻光产生的阴影范围，值越大，阴影范围越大。

➤ 细分：控制环境阻光产生的阴影细腻程度，值越大，阴影越细腻。

➤ 数量：控制环境阻光产生的阴影颜色深度，值越大，颜色越深。

● 首次渲染引擎

➤ 首次倍增：控制直接光照强度，一般保持默认即可。如果其值大于 1.0，整个场景会显得很亮。

➤ 首次渲染引擎██：单击下拉列表，可以选择"发光贴图"引擎、"光子贴图"引擎、"纯蒙特卡罗"引擎、"灯光缓存"引擎作为首次渲染引擎。一般会将"发光贴图"引擎作为首次渲染引擎。

更多关于引擎的内容将在 17.3.2 小节做介绍。

● 二次渲染引擎

➢ 二次倍增：控制整个场景内的间接照明强度。

➢ 二次渲染引擎 <img />：单击下拉列表，这里提供了四种二次渲染引擎，一般会将"灯光缓冲"引擎作为二次渲染引擎。

17.3.2　发光贴图引擎（Irradiance Map）

当在"间接照明"面板中将"首次渲染"引擎设为"发光贴图"引擎后，在"间接照明"面板下方即会出现"发光贴图"的卷展栏，如图 17-48 所示。"发光贴图"引擎是 V-Ray 渲染引擎中最复杂、可控制参数最多的一种全局光照渲染引擎。

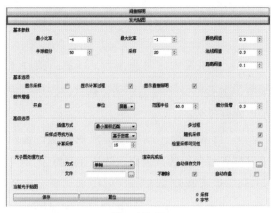

图　17-48

"发光贴图"引擎能有效地计算场景中的物体表面的光照，由于场景中不是所有区域都有相同的照明细节，因此在细节丰富的区域，发光贴图引擎会进行精确的计算（如两个靠近的物体和表面转角的位置），而在缺乏细节的区域会降低计算精确度（如平坦的表面），所以说"发光贴图"引擎是"自适应"的，它可根据场景不同区域的情况，自行确定计算量，并且是分多次来完成最终计算的，每一次计算精度会增加一倍。

发光贴图卷展栏中常用参数的详解如下。

● 基本参数

➢ 最小比率：该参数主要控制场景中平坦表面的采样数。值为 0 时，表示每 1 像素使用一个采样点，这与最终渲染图的分辨率相同；值为 -1 时，表示使用最终渲染图的一半分辨率采样，即两个像素使用一个采样点；值为 -2 时，表示 4 个像素使用一个采样点。通常需要将该值设置为负值，以便快速地计算出平坦区域的间接光照。

➢ 最大比率：该参数主要控制场景有较多细节区域的采样数。值为 1 时，表示每 1 个像素使用 4 个采样点；值为 2 时，表示每 1 个像素使用 8 个采样点。由此可见，值越大，采样精度越高，效果就越精确，但会增加渲染时间。

➢ 半球细分：该参数决定单个采样点的品质。值越大，效果越好，速度越慢；值越小，越容易出现黑斑。测试时常用 15、20，出图时常用 60、80 或 100。

➢ 采样：用于设置插值计算的 GI 样本的数量。较大的值会模糊一些细节，最终效果会光滑一些；而较小的值会产生更锐利的细节，但是也可能会产生黑斑。测试时常用 10，出图时常用 20 或 30。

➢ 颜色阈值：确定发光贴图对物体表面颜色的敏感程度，值越小，效果越好。

➢ 法线阈值：确定发光贴图对物体表面法线的敏感程度，值越小，效果越好。

➢ 距离阈值：确定发光贴图对物体表面距离变化的敏感程度，值越大，效果越好，一般保持默认即可。

● 基本选项

➢ 显示采样：选该选项时，V-Ray 将在"渲染帧缓存"面板中以小圆点的形态直观地显示出采样点情况。

➢ 显示计算过程：勾选此项，V-Ray 将在"渲染帧缓存"面板中显示发光贴图的计算过程。建议渲染时勾选，因为其对速度影响很小，若发现效果不对，可以马上终止计算，重新调试。

➢ 显示直接光照：勾选此项，V-Ray 在计算发光贴图的时候，也会显示直接照明的作用。

● 细节增强

➢ 开启：勾选该项，则开启细节增强功能。默认情况下不启用。

➢ 单位：设置计算时所使用的单位，有屏幕和世界两种方式。当使用屏幕方式时，细节增强计算将以渲染图尺寸作为依据；当使用世界方式时，将使用场景单位作为计算依据。

➢ 范围半径：表示细节增强使用的区域大小。半径越大，细部增强区域越大，画面质量越好，计算速度越慢。当单位使用屏幕方式时，如果范围半径为 60，最终渲染的图像为 600，这就表示有 1/10 的区域使用细节增强计算；当单位使用世界方式时，场景单位使用 mm，当范围半径为 60 时，表示细节增强部分的半径为 60mm。

➢ 细分增倍：表示细节增强部分使用的采样数。该参数与半球细分相关，值为 1 时，表示使用与半球细分相同的数值用于细分采样；小于 1 时，采样数为半球细分数的百分比。

● 高级选项

➢ 插值方式：有"权重平均""最小面积匹配""迪龙三角法"和"最小面积匹配权重"4

种方式，如图 17-49 所示。主要用于对采样的相似点进行插补和查找，修正图像细节，选择不同的插补类型可以起到不同的修正效果，一般保持默认即可。

图　17-49

➢ 多过程：勾选该项，系统将按照最小 / 大比率的插值进行多遍计算；取消勾选，系统会强制只计算一遍就渲染出图，一般使用默认即可。

➢ 采样点寻找方法：有"四块平衡""就近采样""重叠法""基于密度"4 种方法，如图 17-50 所示。主要控制选择适合插补的采样点，一般使用默认即可。

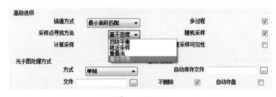

图　17-50

➢ 随机采样：勾选该项，计算时采样点是随机分布的；不勾选该项，则计算时采样点是以网格排列的。

➢ 计算采样：确定采样点的数量，值越高采样点越多，效果越好，渲染速度越慢。

➢ 检查采样可见性：出现漏光时勾选该项，可检查由于样本不可见导致的漏光现象并修复漏光区域。

● 光子图处理方式

➢ 方式：包括"单帧""累加到当前光子图""分块方式"和"从文件"4 种，如图 17-51 所示。

图　17-51

√ 单帧: 对于每帧只计算唯一的发光贴图,每新做一帧都会重新计算发光贴图,默认为"单帧"模式。

√ 累加到当前光子图: V-Ray 将使用内存中已存在的光子图,并且仅对没有足够细节的区域进行计算。

√ 分块方式: 发光贴图会分块进行计算。这在使用分布式渲染时特别有用,因为它允许发光贴图在几台计算机之间进行计算。但此模式需要通过增加半球细分值或者减低 DMC 采样器噪波阈值提高渲染帧的质量,因此不建议使用。

√ 从文件: 将保存好的发光贴图文件加载到内存中,用于渲染图像,单击 按钮可从文件导入一个预先渲染好的发光贴图。

● 渲染完成后

➢ 自动保存文件: 勾选该项,可指定发光贴图文件自动保存的路径。

➢ 不删除: 勾选该项,发光贴图文件将保存到下一次渲染之前;不勾选该项,即会在渲染完成后删除发光贴图。

➢ 自动保存: 勾选该项,渲染完成后,发光贴图文件将自动保存到用户指定的目录。

● 当前光子贴图

➢ 保存: 保存当前渲染帧的发光贴图文件。

➢ 复位: 重置当前渲染帧的发光贴图的采样数及文件大小信息。

17.3.3　灯光缓存引擎（Light Cache）

"灯光缓存"引擎主要用作"二次渲染"引擎,它是建立在追踪相机可见范围内的若干光线

路径的基础上,对光线的传递和衰减进行计算,并将灯光信息存储在一个三维数据结构中。"灯光缓存"引擎只对相机可见范围内的光线进行追踪计算,因此计算速度比较快。使用"灯光缓存"引擎后,在"发光贴图"面板下方即会出现"灯光缓存"的卷展栏,如图 17-52 所示。

图　17-52

灯光缓存卷展栏中常用参数的详解如下。

● 计算参数

➢ 细分: 每一条被追踪的光线都会产生若干个光子样本,细分主要用来控制光子样本的数量。数值越大,场景中的光子样本越多,图像效果越好,但渲染速度越慢。实际使用的光子样本数量是这个参数数值的平方。例如当该值为 1 000 时,那么光子样本数量就是 1 000×1 000=1 000 000。如果将"灯光缓存"作为首次渲染引擎,数值可以设在 1 000~1 500 之间;如果用于二次渲染引擎,则值设在 300~500 即可。

技术看板

灯光缓存的细分与出图的大小没有关系。也就是说,如果图像分辨率为 800 像素 × 600 像素的时候,细分值设为 800 效果很好;如果图像分辨率为 1 024 像素 ×768 像素的时候用 800 的细分也没有问题。

➢ 单位：用于指定用什么单位来确定采样的大小，有世界（场景单位）和屏幕（像素）两个单位可供选择，如图 17-53 所示，一般使用默认设置即可。

图 17-53

➢ 采样尺寸：控制灯光缓存光子样本间的距离大小。数值太大，会使画面模糊丢失细节；数值太小，会增加更多的锐利细节，不过可能会产生噪波效果，并且会占用较多的内存。

➢ 次数：设置使用的线程数，每个光能传递都由一个线程来独立完成，线程数量越多，图像最终渲染效果越好，一般保持默认即可。

➢ 深度：设置要跟踪的光线路径的长度。

➢ 每个采样的最少路径：设置每个采样点计算的最少路径数。值越大，渲染速度越慢，画面效果越好。

➢ 保存直接照明：勾选该项后，会使渲染速度加快，但会丢失一部分的阴影细节。所以在做白天效果时，最好关闭此项。渲染夜景图和测试图的时候可以打开，以提高速度。

➢ 显示计算过程：勾选该项后，将在渲染窗口内显示灯光缓存的计算过程。

➢ 自适应采样：勾选该项后，可以开启自适应采样功能。

➢ 仅自适应直接照明：勾选该项后，仅在计算直接光照时使用自适应采样。

➢ 多视口：勾选该项后，可以开启多视口功能。

● 重构参数

➢ 预过滤：勾选该项后，在渲染前灯光贴图中的样本会被提前过滤。从文件载入灯光贴图文件或第二次重新计算时，预过滤就会起用。

➢ 预过滤采样：设置渲染时候的预过滤的模糊程度。数值高，将产生较多模糊和较少噪点的灯光贴图。

➢ 用于光泽光线：这是 V-Ray 的一个新的计算灯光缓存方式。通常，V-Ray 在计算场景时，渲染窗口中会向用户显示渲染过程，但这个过程中的图像在最终完成图像渲染前是没办法使用的，而光泽光线是不需要进行完整的计算就可以利用中间的结果，在计算过程中如果觉得计算结果已经足够好，可随时终止这个计算过程。

➢ 过滤尺寸：控制过滤的采样的大小。

➢ 过滤类型：选择过滤的计算方式，具体包含以下 3 种，如图 17-54 所示。

图 17-54

√ 无：不使用过滤器。

√ 就近：使用这种方式时，过滤器会搜寻最靠近着色点的样本并取它们的平均值，从而得到一个较模糊的效果。该选项后面的过滤采样用于设置模糊的程度。

√ 固定：使用这种方式时，会搜寻距离着色点某一确定距离内的灯光缓存的所有样本，并取其平均值。固定过滤器可以产生比较平滑的效果，其搜寻距离是由它后面的过滤尺寸参数来决定的，较大的值可以获得较模糊的效果。

➢ 过滤采样：设置过滤采样样本的数量，值越高，过滤的越多，渲染时间也会增加。

➢ 开启追踪：勾选该项，可以改善全局照明灯光缓冲产生精度错误，但会增加渲染时间，一般不建议打开。

➤ 追踪阈值：设置 V-Ray 动态决定是否要使用灯光缓冲或光泽度的阈值，一般保持默认即可。

● 方式

➤ 方式：确定灯光缓存的渲染方式，有单帧、漫游、从文件和路径跟踪 4 个方式，一般保持默认即可。

➤ 文件：可以将文件保存到指定位置，如图 17-55 所示。

图　17-55

● 渲染完成后

➤ 不删除：勾选该项，则渲染完成后灯光缓存贴图不删除。

➤ 自动存盘：勾选该项，则渲染完成后灯光缓存贴图自动存盘。

➤ 自动保存文件：可以按指定路径保存渲染完成后的文件。

● 当前光子图

➤ 保存：单击该按钮，可以保存灯光缓存数据。

➤ 复位：单击该按钮，可清除内存中的灯光缓存数据。

17.3.4　纯蒙特卡罗全局照明引擎（DMCGI）

纯蒙特卡罗全局照明引擎的计算结果相对于其他几种引擎更加精确，它比较适合在细节比较丰富的场景中使用。当在"间接照明"面板中将"首次渲染"引擎设为"纯蒙特卡罗"后，在"间接照明"面板下方即会出现"纯蒙特卡罗全局照明"（DMCGI）的标签，单击该标签，可以打开图 17-56 所示的纯蒙特卡罗全局照明

卷展栏。

图　17-56

纯蒙特卡罗全局照明卷展栏中参数的详解如下。

● 细分：设置采样点的数量。值越大，采样点越多，计算越精确，但速度会变慢。

● 反弹光线数：只有当二次渲染引擎为"纯蒙特卡罗"引擎时，该参数才可用。它控制着二次反弹的次数，值越小，二次反弹越少，渲染结果越暗；值越大，二次反弹会更充分，渲染结果越亮，但渲染速度会变慢。

技术看板

使用纯蒙特卡罗引擎可以获得细节更丰富的图像，但它容易产生噪点。解决方法是在"渲染设置"对话框中将"图像采样器"卷展栏中的采样类型设置为"自适应纯蒙特卡罗"，同时要加大最多细分值，如图 17-57 所示。

图　17-57

17.3.5　焦散面板

"焦散"是指当光线穿过一个透明物体时，由于对象表面的不平整，使光线折射并没有平行发生，出现漫折射，投影表面出现光子分散的效果。图 17-58 所示为游泳池中的焦散效果，图 17-59 所示为焦散卷展栏。

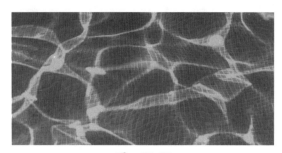

图　17-58

图　17-59

- 散焦
- ➢ 开启：勾选该项，可以打开焦散功能。
- ➢ 最大光子数：设置单位区域内的光子数量。较小的数值不容易得到焦散效果，较大的数值会产生模糊焦散效果。
- ➢ 最大密度：设置物体表面的光子分布的最大密度。0 表示使让 V-Ray 自身确定密度，较小的数值会让焦散效果比较锐利。
- ➢ 增倍：设置产生焦散的强度，值越高，

焦散效果越强烈。

- ➢ 搜索距离：设置光子追踪撞击到物体表面后，以撞击处为中心的圆形的半径。较小的数值会产生斑点，较大的数值会产生模糊焦散效果。
- 模式
- ➢ 单击"模式"右侧的下拉列表，可以切换使用"新贴图"和"从文件"这两种不同的光子计算模式。
- ➢ 新贴图：对于每帧只计算唯一的光子贴图，每新做一帧都会重新计算光子贴图。
- ➢ 从文件：从文件导入一个预先渲染好的光子贴图，并在渲染时应用。
- ➢ 光子图文件：可以从文件打开已有的光子贴图文件。
- 渲染完成后
- ➢ 不删除：勾选该项，光子贴图文件将保将存到下一次渲染之前；不勾选，会在渲染完成后删除光子贴图文件。
- ➢ 文件名：设置光子贴图文件自动保存的路径。
- ➢ 自动保存：勾选该项，渲染完成后，光子贴图文件将自动保存到用户指定的路径。

17.4　物理相机的应用

　　现实生活中，在使用相机拍摄景物时，可以通过调节光圈、快门和感光度来获得理想的曝光效果。数码相机还有白平衡调节功能，可以对因色温变化引起的图像偏色进行修正。V-Ray 也具有相同功能的相机，即物理相机。用户能够用它来调整渲染图的曝光和色彩等效果，就像使用真实的相机一样。

　　要在渲染时使用 V-Ray 的物理相机，只需在"相机（摄像机）"卷展栏的"物理设置"

中勾选"开启"即可。物理相机有 3 种类型，分别是静止相机、电影摄像机和视频摄像机，如图 17-60 所示。通常在制作静帧效果图时使用静止相机，其他两种相机主要用于动画渲染。

图　17-60

17.4.1　相机面板

单击"相机（摄像机）"标签，就可以打开相机（摄像机）的卷展栏，如图 17-61 所示。

图　17-61

17.4.2　镜头设置

相机（摄像机）卷展栏的镜头设置中，可以设置与镜头相关的参数，具体如下。

- 类型：在下拉列表中，可以选择镜头类型。包括标准型、球型、圆柱（孔式）、圆柱（正交式）、盒式、鱼眼和扭曲球型这 7 种，如图 17-62 所示。

图　17-62

- 高度: 此设置仅适用于"圆柱（正交式）"

镜头，可设置镜头的高度。

- 距离：此设置仅适用于"鱼眼"镜头，控制球体相机中心的拍摄距离。注意，如果勾选了自动匹配，则此项将不起作用，如图 17-63 所示。

图　17-63

- 视角覆盖：勾选该项后，当前选择的摄像机的视角大小将替换为覆盖的视角大小。
- 自动匹配：勾选该项后，V-Ray 将自动计算球体相机的中心能拍多远。
- 曲度：此设置仅适用于"鱼眼"镜头，控制渲染图像扭曲的轨迹。值为 1.0 时，意味着是一个真实世界中的鱼眼摄像机；值接近于 0 时，扭曲将会被增强，如图 17-64 所示。

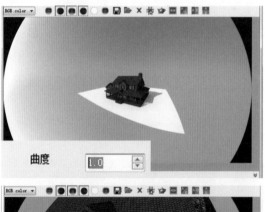

图　17-64

17.4.3　物理设置

在物理设置面板中大部分的参数与实际生活中的相机参数意义一致，如图 17-65 所示。

图　17-65

- 开启：勾选该项，可开启物理相机。
- 类型：
➢ 静止相机：模拟拍摄静态物体的照相机。
➢ 电影摄像机：用圆形快门模拟一个电影摄像机。
➢ 视频摄像机：用 CCD 快门模拟一个视频摄像机。
- 快门速度：实际上的快门速度是该参数值的倒数，如果该参数设置为 200，那么实际快门速度就是 1/200 秒。数值越低，曝光的时间就越长，图像也越亮；数值越高，曝光时间越短，也越暗，如图 17-66 所示。

图　17-66

- 快门角度：使用电影摄像机时，可以控制最终渲染图的亮度。
- 快门偏移：使用电影摄像机时，可以控制快门角度的偏移。
- 延时：使用视频摄像机时，可以控制感光器件 CCD 的延时，单位为"秒"。
- 焦距覆盖：覆盖当前场景焦距。
- 胶片框宽度：设置摄影底片的宽度，常见宽度有 35mm 和 16mm 等。
- 缩放系数：控制最终图像的缩放。
- 光圈：控制相机光孔的大小，一般都控制在 5 ~ 8 这个范围内。该参数值越大，光圈越小，表示进光量就越少，渲染的图就偏暗；反之图像就越亮，如图 17-67 所示。

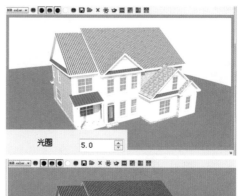

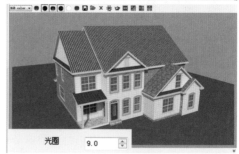

图　17-67

- 感光度（ISO）：设置胶片的曝光度。白天 ISO 一般设置在 100 ~ 200 范围内，晚上设置在 300 ~ 400 范围内，该值越大，图像越亮。
- 失真系数：设置相机镜头的畸变系数。值为 0 时，意味着没有失真，而负值会产生枕形失真，如图 17-68 所示。相反，正值会产生

桶形失真。

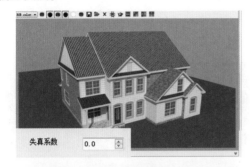

图　17-68

● 镜头平移：控制镜头偏移量，一般设置为默认值 0。

● 白平衡：如果渲染出来的图像偏离了所希望的色调，可以使用白平衡参数来进行调整。例如，图像颜色偏蓝，就可以将白平衡参数的颜色调整为天蓝色以纠正偏色，如图 17-69 所示。

图　17-69

技术看板

物理相机的快门速度、光圈和感光度（ISO）都可以调节最终渲染图像的曝光程度。但如果在场景中应用了动态模糊和景深特效，就要注意这 3 个参数的使用，因为调节光圈会影响到景深效果，而调节快门速度则会影响到动态模糊效果。

● 曝光：勾选该项，光圈、快门、感光系数才会起作用。

● 周边暗角：勾选该项，会产生类似于真实相机的镜头渐晕效果。图 17-70 所示为添加了暗角效果的图像。

图　17-70

17.4.4　景深设置

V-Ray for SketchUp 支持景深效果，为了在渲染中得到景深效果，需要在相机（摄像机）卷展展栏中勾选开启景深，另外还需要勾选"焦距覆盖"选项，这样就可以在它旁边的数值框中手动设置相机的焦距，如图 17-71 所示。

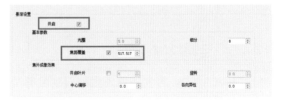

图　17-71

技术看板

焦距覆盖参数的单位是"英寸",因此,如果场景尺寸单位为其他单位时,需要先将其换算成英寸,再输入数值。

- 开启:勾选该项,即开启了景深效果。
- 光圈:控制镜头光圈大小。光圈值越小,景深模糊效果越弱;光圈值越大,景深模糊效果越强。
- 细分:控制成像质量。值越高,图像噪点越少,渲染时间越慢;值越低,图像噪点越多,渲染时间越快。
- 焦距覆盖:覆盖当前场景焦距。
- 开启叶片:勾选此项,可以设置现实世界中摄像机的光圈的多边形;不勾选该项,光圈形状则假定为完美的圆形,一般不勾选该项。
- 旋转:控制光圈形状的旋转角度。
- 中心偏移:控制光圈形状的偏移值。
- 各向异性:设置焦外成像效果各向异性的数值。用来过滤、处理当视角变化导致物体表面倾斜时造成的纹理错误,如图 17-72 所示。

图 17-72

17.4.5 运动模糊设置

现实生活中,当物体快速运动时就会有运动模糊的效果,如图 17-73 所示。但是在三维软件中,无论物体运动多快,渲染出的效果都是非常清晰的。如果希望模拟生活中的运动模

糊效果,就需要在渲染设置中开启"运动模糊"功能,并根据需要做相关设置,图 17-74 所示为运动模糊的参数选项。

图 17-73

图 17-74

- 开启:勾选该项,可以开启运动模糊。
- 持续时间:控制每一帧持续的时间长短,数值越大,模糊效果越明显。
- 间隔中点:用于控制运动物体在图像中的位置。0.5 为图像中心,1 为增加位移,0 为减少位移。
- 细分:主要控制运动模糊效果的质量,数值越高,效果越好,渲染时间越长。
- 偏移:主要控制运动模糊在物体上的前后偏移效果。0 为没有偏移,1 会向前偏移,-1 会向后偏移。
- 几何体采样:主要控制运动模糊计算过程中所使用的样本数量。取值范围为 1~1 000,效果基本无差别,一般采用默认即可。

17.4.6 实战:修正建筑物的畸变

在渲染比较高的建筑物时,常常会产生一些畸变效果。下面介绍如何通过调整 V-Ray 参数消除建筑物的畸变。

❶ 打开对应的练习文件,单击 V-Ray 工具

栏上的渲染按钮 🅡，查看建筑物的渲染效果，可以看到建筑物垂直方向上有明显的畸变，如图 17-75 所示。

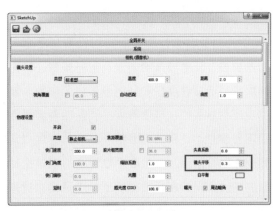

图　17-76

图　17-75

❷　单击 🎮，打开 V-Ray 的渲染设置对话框，打开"相机（摄像机）"卷展栏，将镜头平移设为 0.3 ，如图 17-76 所示。再次渲染图像，最终效果如图 17-77 所示，建筑物的畸变得到了显著的改善。

图　17-77

17.5　材质的世界

　　V-Ray 的材质有"标准材质""双面材质""角度混合材质""卡通材质"和"Skp 双面材质"这 5 种基本类型，最常用的就是"标准材质"。V-Ray 为大家准备了很多常用的预设材质，如果预设材质不能满足做图需要，我们也可以对预设材质进行编辑，创建自定义的全新材质。本节就将为大家详细讲述 V-Ray 材质的各项参数意义，以及如何创建、编辑和应用 V-Ray 材质。

17.5.1　材质编辑器

　　单击工具栏中的 🅜，或者执行"插件 >

V-Ray> 材质编辑器"命令，就可以打开"材质编辑器"面板，如图 17-78 所示。

图　17-78

●　材质预览窗口：单击"预览"按钮，

可在上方生成所选材质的预览效果。

● 材质参数控制区：可以设置材质自发光卷展栏、反射卷展栏、漫反射卷展栏、折射卷展栏、选项卷展栏和贴图卷展栏的参数。其中漫反射卷展栏、选项卷展栏和贴图卷展栏为固定卷展栏，是所有标准材质都有的卷展栏，如图 17-79 所示。其余 3 个卷展栏可以根据材质的特性不同，在标准材质上单击鼠标右键来自定义添加，如图 17-80 所示。除此之外，还可以执行"保存材质""复制材质""更名材质"等命令。

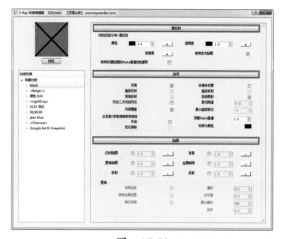

图 17-79

图 17-80

● 材质列表：所有场景中曾使用过和正在使用的材质都会显示在列表中。在"场景材质"上单击鼠标右键，可以在右键菜单中执行"创建材质""载入材质""清理没有使用的材质"等命令，并且还可以创建 5 种类型的材质，如图 17-81 所示。

图 17-81

17.5.2 标准材质

V-Ray 标准材质是指 V-RayMtl 材质，它是 V-Ray 的基本材质，在打开一个新的 SketchUp 模型时，V-Ray 会将所有 SketchUp 材质对话框中的材质加入自己的材质列表中，这些材质都会自动被转换成 V-Ray 标准材质，如 17-82 所示。

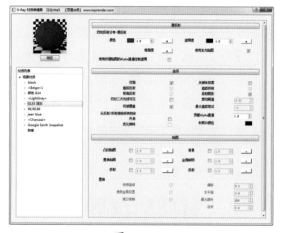

图 17-82

17.5.3 漫反射贴图

漫反射（Diffuse）是指投射在物体表面上的光向各个方向反射的现象。在漫反射卷展栏中，可以设置物体本身固有的颜色或贴图，如图 17-83 所示。

图 17-83

● 颜色：单击■按钮打开拾色器，可以设置模型的颜色。单击右侧的[_m_]按钮可以为模型添加贴图。添加贴图后，按钮会变为蓝色[_M_]。图 17-84 所示为分别添加了颜色和贴图后的效果。

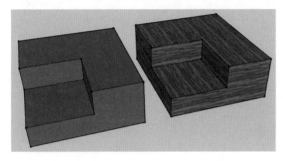

图　17-84

● 粗糙度：设置材质的粗糙程度，一般不使用。

● 透明度：设置材质的透明度，黑色为全不透明，灰色为半透明，白色为全部透明。如图 17-85 所示，左侧图像为将材质透明度设为灰色后的效果。

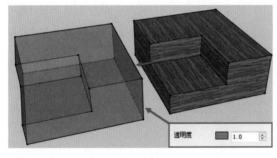

图　17-85

● 使用纹理贴图的 Alpha 通道控制透明：假如所使用的纹理贴图是包含有 Alpha 通道的，那么勾选该项后，就可以用 Alpha 通道控制模型的透明度。

技术看板

Alpha 通道是出现在 32 位位图文件中的一类数据，用于向图像中的像素指定透明度。JPG 格式的文件是不能保存 Alpha 通道的，只有 32 位的 TIFF 或者 Targa 格式的文件才能保存 Alpha 通道。

17.5.4　凹凸贴图

在贴图卷展栏下，可以为材质添加多种贴图，这里首先来学习凹凸贴图的用法，如图 17-86 所示。

图　17-86

顾名思义，凹凸贴图就是可以让模型表面产生凹凸感的贴图，一般为黑白图像。贴图中黑色的部分在渲染时会显示为凹陷下去，白色部分会显示为凸出效果。使用凹凸贴图的具体步骤如下。

❶ 勾选"凹凸贴图"选项，单击贴图层"凹凸贴图"右侧的[_m_]按钮，如图 17-87 所示。

图　17-87

❷ 在左侧下拉列表中选择"位图"，单击右侧文件右侧的[…]按钮，浏览到要添加的凹凸贴图，单击"OK"按钮即可，如图 17-88 所示。

图　17-88

如图 17-89 所示，左侧是只有带有漫反射贴图的材质效果，而右侧是在第一张基础上添加了凹凸贴图的材质效果。可以看到右侧图像的纹理感比左侧更强，带有明显的凹凸感。但这只是一种错觉，并不是真的把这个模型的表面变得凹凸不平，其实模型表面还是平滑的。

图　17-89

知识链接　如果希望让模型表面有真实的凹凸起伏，则必须使用"置换贴图"，在本章后面的章节中将会介绍"置换贴图"的用法。

17.5.5　反射贴图

当所要做的材质里带有反射的属性，如不锈钢或镜子，就需要为材质添加反射卷展栏和反射贴图。具体操作步骤如下。

❶　右键单击要添加反射属性的材质，在菜单中选择"创建材质层＞反射"命令，如图 17-90 所示。

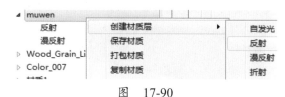

图　17-90

❷　这样就添加了一个反射卷展栏。如图 17-91 所示，"反射"右边的数字，可以调整反射的整体强弱，值越小反射效果越弱。单击 m 按钮，会打开"V-Ray 纹理贴图编辑器"对话框，从该对话框中选择反射贴图为"菲涅耳"，菲涅耳反射贴图随着观察角度不同而改变反射量，自然界中绝大多数反射都属于菲涅尔反射类型。折射率 IOR 控制总体的反射强度，默认为1.55（如果要设置金属反射效果，通常将其设置为 15 以上），如图 17-92 所示。按工具栏上的渲染按钮 R 进行渲染，效果如图 17-93 所示。

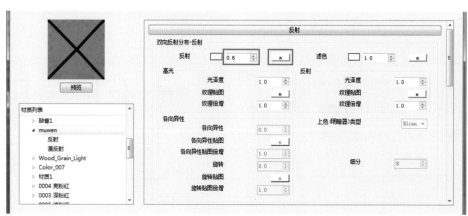

图　17-91

图　17-92

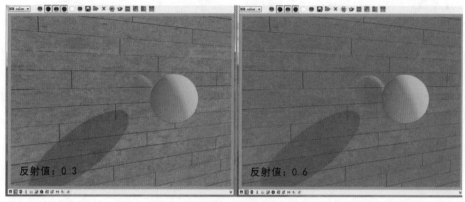

图　17-93

❸　将"滤色"的颜色设为红色，如图 17-94 所示，可以改变反射的颜色，如图 17-95 所示。

图　17-94

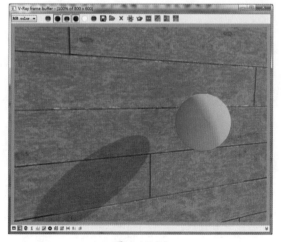

图　17-95

技术看板

　　反射是会覆盖漫反射的，到反射最强的时候，漫反射的效果就完全看不见了。

　　反射卷展栏中常用参数的详解如下。

● 反射：颜色框和数值输入的意义相同，

可以控制反射整体的强度，越亮表示反射强度越大，黑色是无反射。

● 滤色：可以控制反射的颜色。

● 高光／反射：在现实世界中，光滑的表面会有清晰的反射和高光。在 V-Ray for SketchUp 中，为了方便模拟材质，其把高光跟反射分开设置，一般两者的选项设为一样即可，下面是高光／反射选项组参数的意义。

➢ 光泽度：光泽度的范围为 0.0 ～ 1.0。1.0 为绝对光滑，0.0 为绝对模糊。

➢ 纹理贴图：可以为高光／反射赋予贴图，0.0 代表贴图不起作用，1.0 代表贴图完全影响高光／反射效果。

➢ 纹理倍增：增加或降低纹理贴图对光泽度的影响。

● 各项异性：默认状态为灰色，也就是不可调试。当光泽度调至小于 1.0 值时，才可调节，一般保持默认即可。

功夫在诗外

非均向性（Anisotropy），又称各向异性，与各向同性相反，指物体的全部或部分物理、化学等性质随方向的不同而有所变化的特性，例如，石墨单晶的电导率在不同方向的差异可达数千倍，又如天文学上，宇宙微波背景辐射亦拥有非均向性。

在 SketchUp 中，可以简单地将各向异性理解为"物体的反射具有方向性"，如拉丝不锈钢，如图 17-96 所示。

图　17-96

17.5.6　折射贴图

要制作玻璃、水和玉石等透明或半透明物体，就需要为材质增加折射属性，使用不同的折射参数可以模拟出不同的透明材质效果。默认的标准材质是没有折射属性的，可以依照创建反射属性的方法为材质添加折射属性，如图 17-97 所示。创建折射属性后，可见右侧多了折射卷展栏，如图 17-98 所示。

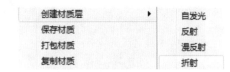

图　17-97

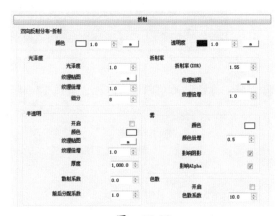

图　17-98

折射卷展栏中常用参数的详解如下。

● 颜色：设置折射的颜色，一般使用菲涅耳贴图即可。

● 透明度：设置折射效果的透明度。一般折射的透明度保持默认黑色就可以了。如果一定需要用贴图，那么漫反射和折射的透明度最好采用相同的图像，就算不是完全一样也要比较接近，这样渲染结果才会比较自然。

● 光泽度选项组：控制折射的模糊程度，光泽度的取值范围一般为 0.0 ～ 1.0，1.0 为最清晰的折射，值越小则折射效果越模糊。

● 折射率选项组：控制物体的折射率。

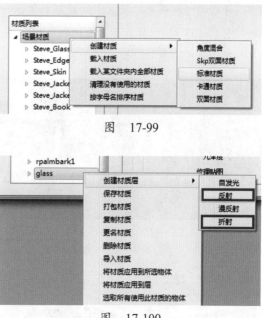

图　17-99

图　17-100

对于透明材质来说，折射率（IOR）参数是一个比较重要的参数。自然界中不同的透明材料有不同的折射率，如真空的折射率为 1、空气是 1.0003、水是 1.33、酒精是 1.39、玻璃是 1.5、绿宝石是 1.57 等，因此在制作透明材质时可以按材料的折射率去设置折射率参数。但在某些情况下为了得到最佳的渲染效果，可以灵活调整折射率，以达到理想的渲染效果为准。

● 雾选项组

➤ 颜色：设置折射的颜色，这个功能可以用作制作彩色玻璃。

➤ 颜色倍增：强化颜色的效果，值越大，颜色越深。

● 色散选项组

➤ 开启：控制是否开启色散。

➤ 色散系数：色散系数是衡量透镜成像清晰度的重要指标，色散系数，色散就越小；反之，色散系数越小，则色散就越大，其成像的清晰度就越差。

17.5.7　实战：创建普通玻璃材质

玻璃材质是建筑和室内设计中的常用材质，下面就来学习玻璃材质的创建方法。

❶ 打开对应的练习文件，在 V-Ray 的材质编辑器中新建一个标准材质，命名为"glass"，如图 17-99 所示。右键单击该材质，执行"创建材质层 > 反射层"和"创建材质层 > 折射层"命令，如图 17-100 所示。

❷ 为反射参数添加"菲涅耳"贴图，如图 17-101 所示，单击"OK"按钮。将漫反射的不透明度设为白色，如图 17-102 所示，折射使用默认参数，单击左上角的"预览"按钮，预览材质效果。

图　17-101

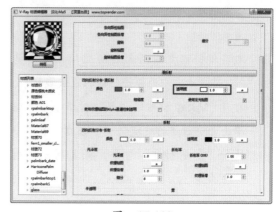

图　17-102

❸ 将玻璃材质填充给场景中的玻璃物体，如图 17-103 所示，然后按渲染按钮进行渲染，最终效果如图 17-104 所示。

图　17-103

图　17-104

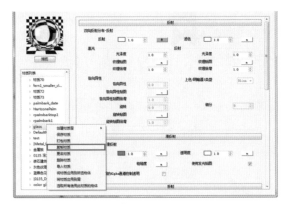

图　17-105

❷ 在折射参数中，将"雾"的颜色设为深褐色，如图 17-106 所示，并填充蝴蝶的模型，单击渲染按钮，效果如图 17-107 所示。

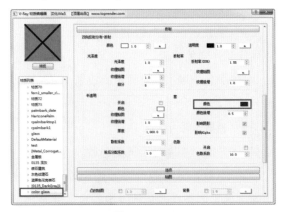

图　17-106

17.5.8　实战：创建彩色玻璃材质

学会创建一般透明玻璃后，再来了解如何为玻璃添加颜色。

❶ 本实例将以之前所创建的玻璃材质为基础，为游泳池中的雕塑创建彩色玻璃材质。打开"V-Ray 材质编辑器"对话框，右键单击之前创建的玻璃材质，在右键菜单中执行"复制材质"命令，将复制出的材质重命名为"color glass"，如图 17-105 所示。

图　17-107

17.5.9　置换贴图

置换贴图也是利用黑白灰的图像来制作模型凸出或凹陷的效果，但跟凹凸贴图不同的是，它会使模型表面产生真实变形，生成密集的网格。相比凹凸贴图，置换贴图会产生更加强烈的凹凸感，但是会大大延长渲染时间，图 17-108 所示为添加凹凸贴图的前后效果。

图　　17-108

17.5.10　实战：创建水面材质

水是最常用到的材质，下面就来学习它的创建方法。

❶ 打开对应的练习文件，将水面的模型组成一组。新建 V-Ray 标准材质，命名为"水"，为其漫反射添加贴图"Water-displacement.jpg"，并调整贴图大小，效果如图 17-109 所示。接着为其透明度添加"颜色贴图"，并将颜色设为白色，如图 17-110 所示。

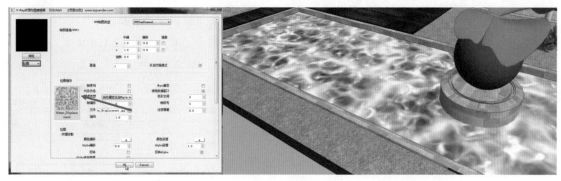

图　　17-109

图　　17-110

❷ 创建两个新的材质属性，分别为反射属性和折射属性。为反射添加"菲涅耳"贴图，如图 17-111 所示。

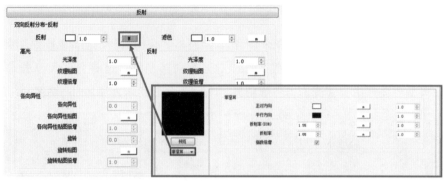

图   17-111

❸ 在贴图标签下，勾选"置换贴图"选项，
并将"Water-Displacement.jpg"赋予该项，
将色彩空间设为 1，将伽玛值设为 1.5，单
击"Ok"按钮，如图 17-112 所示。将其
权重设为 0.75，取消勾选"使用全局设置"
选项，将边长设为 2，如图 17-113 所示。

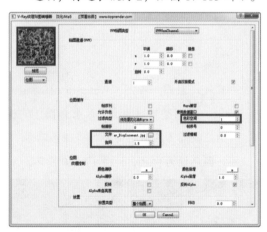

图   17-112

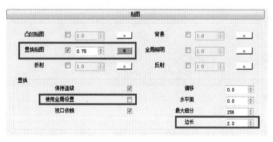

图   17-113

❹ 单击渲染按钮，效果如图 17-114 所示。此
时，水面已经有了明显的凹凸波纹效果，

但水面颜色过于清澈。

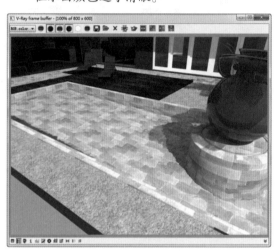

图   17-114

❺ 将折射标签下的雾的颜色设为淡蓝色，并
将颜色倍增调整为 0.05，如图 17-115 所示。
再次渲染，效果如图 17-116 所示。

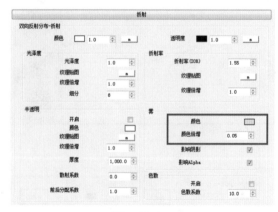

图   17-115

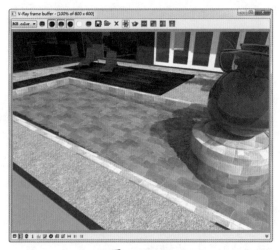

图　17-116

17.5.11　实战：创建水面焦散效果

在上个实战中，我们已经学会了如何创建基本的水面材质。如果希望水面材质效果更加逼真，可以为其添加焦散效果，但是渲染速度会降低一些。

❶ 打开对应的练习文件，直接渲染查看水面材质效果，如图 17-117 所示（这个基本水面材质的创建方法与上个实例一致，这里不再赘述）。

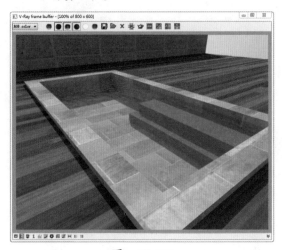

图　17-117

❷ 打开 V-Ray 参数面板，单击"焦散"标签，勾选"开启"，如图 17-118 所示。再单击环

境标签下的全局光贴图按钮，选择天空贴图，将"光子半径"设为 800，"散焦细分"设为 6 000，单击"OK"按钮，如图 17-119 所示。

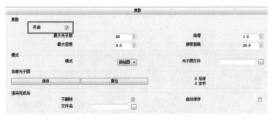

图　17-118

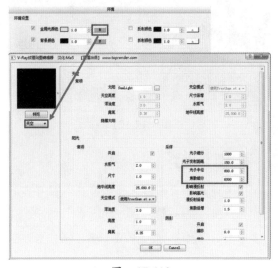

图　17-119

❸ 单击渲染按钮，效果如图 17-120 所示。水面已经有了明显的光斑，即焦散效果。

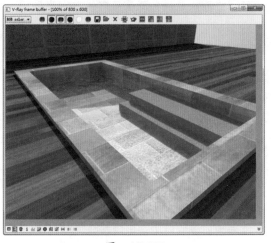

图　17-120

❹ 在 V-Ray 参数面板的焦散标签下，将"最大光子数"设为 20，"搜索距离"设为 2，再次单击渲染按钮。此时，渲染的光斑将更加锐利，同时也更小，如图 17-121 所示。

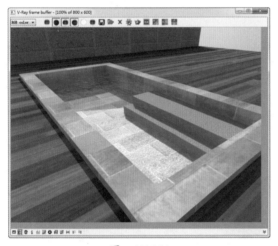

图　17-121

技术看板

如果需要得到的是更光滑、柔和的大光斑效果，可以增加"最大光子数"和"搜索距离"的数值，数值的单位为"英寸"。

17.5.12　自发光贴图

自发光属性能够让材质在渲染时按特定的颜色或图片上的色彩信息产生自发光效果。在材质列表中的某个材质上单击鼠标右键，然后在弹出的快捷菜单中执行"创建材质层 > 自发光"命令，即可为材质添加自发光属性，图 17-122 所示为自发光卷展栏。

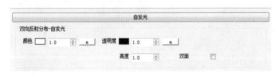

图　17-122

自发光卷展栏中常用的参数详解如下。

● 颜色：设定自发光的颜色，可单击 ▢ᵐ

按钮为该项添加贴图。

● 透明度：设定自发光层的透明度。因为在漫反射、折射、反射、自发光几个属性中，自发光属性权限最大，若自发光不透明，则意味着别的属性都不可见。可单击 ▢ᵐ 按钮为该项添加贴图。

● 亮度：设定发光的亮度。

● 双面：默认只有面的法线正方向发光，若勾选该项，则会双面都发光。

17.5.13　卡通材质

V-Ray 的卡通材质在制作模型的线框效果和概念设计中非常有用，可以渲染出带有比较规则轮廓线的卡通材质效果。在材质面板中，右键单击"场景材质 > 创建材质 > 卡通材质"命令，就可以创建一个卡通材质，图 17-123 所示为卡通材质参数选项。

图　17-123

● 基础材质：指定卡通材质的基本材质（该材质必须是材质列表中的材质）。

● 线颜色：设置轮廓线的颜色。

● 线宽：设置轮廓线的宽度。

● 不透明度：设置轮廓线的不透明度。

● 扭曲：设置轮廓线的扭曲变形程度。值为 0 时，不产生扭曲；值越大，扭曲变形效果越明显。

● Z 轴阈值：该值决定是否创建一个物

体表面的内部轮廓线（如一个长方体表面内部的边线）。当该值为 0 时，表示只有在两个面之间的角度大于等于 90° 时才渲染出轮廓线；该值越大，即使两个平滑过渡的表面也会渲染出轮廓线（注意该值不能为 1，否则轮廓线会填充所有曲面）。如果曲面的曲率较低，往往要将该值设为非常接近 1 才能渲染出内部的轮廓线。

* 使用二次光线：启用该选项时，轮廓线会出现在反射和折射中，会增加渲染时间。
* 轮廓使用材质：启用该选项时，材质的轮廓将使用基础材质。
* 追踪偏移：控制轮廓线偏移的程度。
* 法线阈值：当两个面相交时，该参数控制是否渲染出相交线。值越大，越容易渲染出相交线（该值不能为 1）。
* 轮廓材质倍增：调整该参数值可以调整轮廓材质的倍增强度。
* 区分远近：启用该选项时，材质按远虚近实的关系渲染。

17.5.14　实战：创建卡通材质

对卡通材质参数有了大致的了解以后，现在可尝试动手创建一个卡通材质。

❶ 打开对应的练习文件，如图 17-124 所示，创建一个 V-Ray 标准材质，命名为"颜色"，

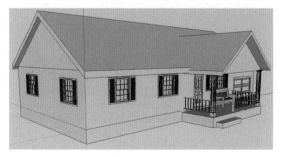

图　17-124

将漫反射颜色设为金黄色，如图 17-125 所示。

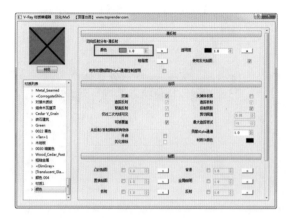

图　17-125

❷ 创建一个卡通材质，如图 17-126 所示。将其基础材质设置为刚刚创建的"颜色"，将其线条颜色设为墨绿色，线宽设为 3，如图 17-127 所示。单击渲染按钮，渲染效果如图 17-128 所示。

图　17-126

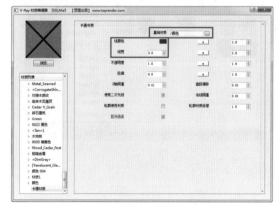

图　17-127

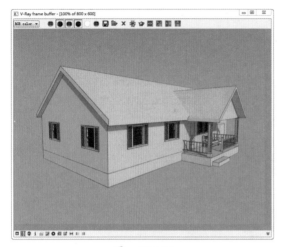

图　17-128

问：如果很多材质现在不用了，想从列表中批量删除，应该怎么办？

答：默认情况下，一个场景中所有被用过的材质都会存在于材质面板中。如果经过修改后，一些材质被废弃不用了，可以在"场景材质"的右键菜单中执行"清理没有使用的材质"命令，如图 17-129 所示，来清除材质。

图 17-129

17.5.15　双面材质

　　V-Ray 的双面材质是一个较特殊的材质，它由两个子材质组成，通过参数（颜色灰度值）可以控制两个子材质的显示比例，如图 17-130 所示。这种材质可以用来制作窗帘、纸张等薄的、半透明效果的材质，如果与 V-Ray 的灯光配合使用，还可以制作出非常漂亮的灯罩和灯箱效果。

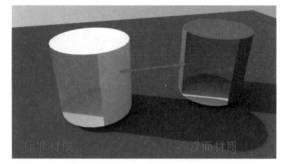

图　17-130

　　在材质面板中，右键单击"场景材质 > 创建材质 > 双面材质"命令，就可以创建一个双面材质，图 17-131 所示为双面材质参数选项。

图　17-131

　　双面材质中常用参数的详解如下。

　　● 前面：设置与模型法线正方向相同的面的材质。

　　● 背面：设置与模型法线反方向的面的材质。

　　● 颜色：设置正面与背面材质的混合比例。

17.5.16　Skp 双面材质

　　"Skp 双面材质"和"双面材质"有些类似，它也有正面和背面两个子材质，但它更简单，因为其没有颜色参数来控制两个子材质的混合比例。这种材质也不能产生双面材质的半透明效果，它主要用在概念设计中来表现一个产品的正反两面或室内外建筑墙面的区别等。

　　另外，"Skp 双面材质"可以允许只指定一个面的基本材质,此时另外一个面会显示为完全透明。但是"双面材质"则必须为两个面都指定基本材质。

17.5.17　角度混合材质

在制作车漆材质和布料材质时,可以使用角度混合材质,它使用菲涅耳原理来设置材质的漫反射颜色,让材质表面随着观察角度的不同而产生颜色变化,如图 17-132 所示。

图　17-132

17.5.18　实战:载入外部 V-Ray 材质

现在网上有很多的 V-Ray 材质库可供下载,利用材质库中现成的材质可以大幅提高我们的工作效率,下面就来学习一下如何载入外部的 V-Ray 材质。

❶　打开对应的练习文件,如图 17-133 所示。

❷　打开 V-Ray 材质编辑器,右键单击"场景材质"选项,在菜单命中选择"载入材质"命令,如图 17-134 所示。在对话框中打开练习文件中的外部材质文件"zebrano_

wood.vismat",即可载入该材质。

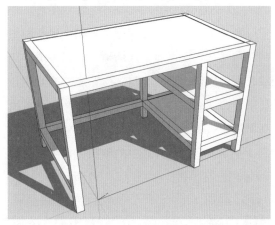

图　17-133

图　17-134

❸　使用"颜料桶"工具,将材质填充到桌子的模型,效果如图 17-135 所示。

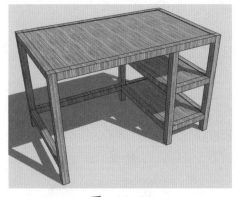

图　17-135

技术看板

如果大家需要获得更丰富的 V-Ray 材质库,可以到"设计软件通"官网 www.sjrjt.com 上下载使用(官网有几百种 V-Ray 材质可供选择,这些资源仅供学习交流使用)。

17.6　图像图样器

图像采样器会根据模型信息和之前所采集的光照信息，计算出纹理清晰、表面平滑、边缘光滑的图像，它的参数平衡着渲染的时间与质量，合理的参数可以帮助在短时间内渲染出高质量的效果图。

单击 V-Ray 工具栏中的 按钮，可以看到 V-Ray 的选项面板，如图 17-136 所示。

图　17-136

打开"图像采样器"卷展栏，单击"类型"下拉列表，可以看到图像采样器有"固定比率""自适应纯蒙特卡罗"和"自适应细分"3 种类型，如图 17-137 所示。

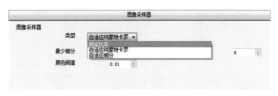

图　17-137

17.6.1　固定比率图像采样器

固定比率图像采样器（Fixed Rate）是 V-Ray 中最简单的采样器，对于每一个像素它使用一个固定数量的样本。它只有一个细分参数（Subdivs），如图 17-138 所示，这个值确定每一个像素使用的样本数量，实际使用的样本数量等于细分值得平方。当取值为 1 的时候，表示在每一个像素的中心使用同一个样本。

图　17-138

细分值越高，渲染质量越好，时间越长。图 17-139 为细分设为 1 的效果，用时较短，但是会缺失部分细节，有锯齿效果；图 17-140 为细分设为 5 的效果，渲染时间较长，但细节体现优秀，颜色过渡自然光滑。该采样器适用于拥有大量模糊效果（如反射模糊、景深模糊和运动模糊等）或具有高细节纹理贴图的场景。

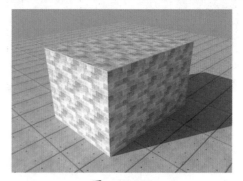

图　17-139

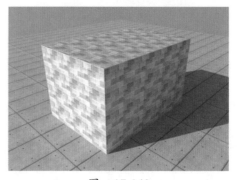

图　17-140

17.6.2　自适应纯蒙特卡罗图像采样器

自适应纯蒙特卡罗采样器（Adaptive DMC）会根据每个像素和它相邻像素的亮度差异使用不同数量的样本，在模型转角等位置会使用较高的样本数，在平坦区域会使用较低的样本数以节约系统资源。它适用于渲染有少量模糊效果和大量微小细节的场景，与固定比率采样器相比更加智能些，渲染出同质量的图像用时更短。图 17-141 所示为自适应纯蒙特卡罗图像采样器的参数选项。

图　17-141

自适应纯蒙特卡罗采样器中的参数详解如下。

● 最少细分：定义每个像素使用的样本的最小数量。一般情况下，该参数的值都不能超过 1，除非场景中有一些细小的线条。

● 最多细分：定义每个像素使用的样本的最大数量。最多细分一般设为 16，实际使用的采样数目将是这个细分值的平方（例如，细分值为 4 就会对每个效果图中每个像素产生 16 个采样）。并且采样点位于像素中心，如图 17-142 所示。

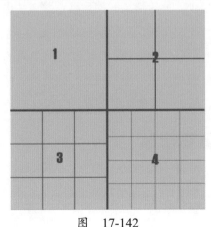

图　17-142

● 颜色阈值：决定了是否某个像素需要添加更多采样。当某些部分超过了这个值就再

增加细分。一般设置在 0.001~0.01 效果最好，值越大，渲染效果越差，渲染时间越快，如图 17-143 所示。

图　17-143

17.6.3　自适应细分图像采样器

自适应细分图像采样器是一个可以使用负值采样的高级采样器，适合没有模糊特效（景深和运动模糊等）的场景。这种采样器使用较少的样本就可以得到很好品质的图像，但是在具有大量细节或模糊特效的场景中最好选择其他两种采样器。与另外两种采样器相比，它会占用更多的内存，图 17-144 为自适应细分图像采样器的参数选项。

图　17-144

自适应细分图像采样器中常用的参数详解如下。

● 最小采样率：决定每个像素使用的样本的最小数量。值为 0 时，一个像素使用一个样本；值为 -1 时，每两个像素使用一个样本；值为 -2 时，每四个像素使用一个样本。采样值越大，效果越好。

● 最大采样率：决定每个像素使用的样本的最大数量。值为 0 时，一个像素使用一个样本，值为 1 时，每个像素使用 4 个样本；值为 2 时，每个像素使用 8 个样本。采样值越大，效果越好。

● 阈值：决定采样器在像素中的灵敏度。

数值低,计算速度慢,可以产生高品质的图像;数值高,则计算速度快,但图像品质会降低。一般设为 0.1 可以得到清晰平滑的图像效果。

● 物体轮廓:勾选该项,表示采样器强制在物体的边进行高质量超级采样而不管它是否需要进行超级采样。注意,这个选项在使用景深或运动模糊的时候会失效。

技术看板

通常情况下最小比率为 -1,最大细分为 2 时就能得到较好的效果。如果要得到更好的质量可以设置最小比率为 0,最大细分为 3;或最小比率为 0,最大细分为 2,但渲染时间会很长。

问:这么多图像采样器,怎样判断到底场景应该要使用哪个呢?
答:因为场景千差万别,所以并没有统一规定。以下给大家一些建议,仅供参考。

1.对于色彩过渡平滑且具有很少的模糊效果与平滑材质的场景,可以采用自适应细分取样器。

2.对于有大量材质细节或是模型细节较多,且只有少量模糊效果的场景,则自适应蒙特卡罗采样器的效果最好。

3.对于具有很多细节的动画的场景也推荐使用自适应蒙特卡罗采样器。

4.对于复杂的场景,具有大量模糊效果或是细节的纹理,固定比率采样器的效果最佳,可以产生高品质图像。

17.6.4 纯蒙特卡罗(DMC)图像采样器

DMC(Deterministic Monte-Carlo),即

纯蒙特卡罗采样器。场景中的抗锯齿、景深、间接照明、面光源、模糊反射 / 折射、半透明、运动模糊的计算等都与它有着密切的关系。纯蒙特卡罗采样器面板是一个总管全局的参数面板。如图 17-145 所示,更改这里的任何一个设置都会使场景的效果整体发生变化。

图　17-145

纯蒙特卡罗采样器卷展栏中常用参数的详解如下。

● 自适应适量:控制早期终止应用的范围,值为 1.0 意味着在早期终止算法被使用之前,使用最小可能的样本数量。值为 0 则意味着早期终止不会被使用。值越小,图像质量越高,渲染时间越慢。一般采用默认即可。

● 最小采样:确定在早期终止算法被使用之前,必须获得的最少的样本数量。值越大,渲染速度越慢,图像效果越好。一般测试时使用默认数值,出正式图像时用 16、20 或 25。

● 噪点阈值:控制模糊效果。值越小,噪点越少。一般测试时使用默认数值,出正式图像时改为 0.005,甚至是 0.001。

● 细分增倍:渲染时会倍增全局的细分值。数值大,可以降低噪点,但渲染时间也会增加,所以一般使用默认值。

技术看板

在每一次进行采样后,V-Ray 会对每个样本进行计算,然后决定是否继续采样,如果系统认为已经达到了用户设定的效果,会自动停止采样,这种机制被称为"早期终止"。

17.6.5　颜色映射面板

单击"颜色映射"标签可以打开颜色映射卷展栏，如图 17-146 所示。颜色映射，也就是常说的曝光方式，不同的颜色映射方式可以产生不同的图像色彩效果。

图　17-146

颜色映射卷展栏中常用参数的详解如下。

● 类型：包括 7 种曝光模式，分别为线性曝光控制、指数曝光控制、指数（HSV）曝光控制、指数（亮度）曝光控制、伽玛校正、亮度伽玛、莱因哈特，如图 17-147 所示。

图　17-147

➢ 线性曝光控制：是根据图像色彩的亮度来进行简单的倍增，那些太亮的像素点（1.0 或是 255）将会被限制，此模式会使靠近光源的像素点过分曝光。

➢ 指数曝光控制：是线性增倍的优化模式，基于亮度来使之更饱和，可防止靠近光源像素点的过分曝光，保证图像色彩饱和度的同时，不限制像素点的颜色范围。

➢ 指数（HSV）曝光控制：与指数非常相似，区别在于可以保证图像的色调和色彩饱和度，并且不计算高光，更好地消除曝光。

➢ 指数（亮度）曝光控制：对指数曝光的优化模式，抑制曝光过度，保证图像的色彩

饱和度同时，只影响颜色的亮度。

➢ 伽玛校正：使用伽玛曲线计算方式来修正场景中灯光的衰减及图像的色彩饱和度。

➢ 亮度伽玛：使用伽玛曲线增强颜色，代替每个独立 RGB 通道。与伽玛修正值作用相似，并可以修正场景中的灯光亮度。

➢ 莱因哈特：它可以把线性和指数曝光结合起来，是将曝光方式控制在线性曝光和指数曝光之间的一种效果。

● 亮色倍增：控制亮的色彩的倍增。

● 暗色倍增：控制暗的色彩的倍增。

● 钳制输出：勾选该项，V-Ray 会自动纠正超过 1 或 255 色彩值的像素。这可以防止样本过亮，默认勾选。

● 校正 RGB 颜色：勾选该项，自动修正 RGB 颜色。

● 影响背景：勾选该项，则当前的色彩贴图会影响背景颜色。

● 子像素映射：勾选该项，可以修正在高光处出现的杂色像素点，让图像看起来更加平滑。

● 线性工作流：勾选该项，V-Ray 会自动将设置的伽玛校正数值应用到场景中的所有材质上。

17.6.6　置换面板

单击"置换"标签可以打开其卷展栏，如图 17-148 所示。

图　17-148

置换卷展栏中常用参数的详解如下。

- 开启覆盖：勾选该项，将使用置换设置里的参数代替材质面板里所设的置换参数。

- 相对边界盒：控制实际位移量是否基于对象的边界框上的位移量。

- 最大细分：控制三角面的最大数量，模型上三角面的最大数量将是细分数值的平方。所以不推荐设置过高数值。

- 置换数量：决定置换的方向及置换偏移量。值大于 1.0 时，将正方向增加位移量；值小于 1.0 时，将反方向增加位移量。

- 紧凑边界：勾选该项后，如果使用的置换贴图有大量的黑色或者白色区域，V-Ray 就会对置换贴图进行预采样。不勾选该项的时候，V-Ray 将不再对纹理贴图进行预采样，建议勾选该项。

- 视口依赖：勾选该项后，边长数值将以像素为单位。例如，边长度值为 4，就相当于每一个小三角面的最长边长度是 4 个像素。不勾选该项的时候，小三角面的最长边长将使用世界单位。

- 边长：决定置换的品质，置换贴图会将原始模型的每个面细分为许多小三角面。边长数量越小，模型细节就越丰富，但同时会减慢渲染速度，占用更多的内存。

17.6.7 全局开关的设置

V-Ray 的全局开关主要用于对材质、灯光和渲染等进行整体调整，其参数选项如图 17-149 所示。

图 17-149

全局开关卷展栏中参数的详解如下。

- 反射／折射：控制在渲染时是否计算贴图或材质中的光线的反射／折射效果。

- 反射／折射深度：控制在渲染时是否计算贴图或材质中的光线的反射/折射深度效果。

- 最大深度：用于设置贴图或材质中的反射／折射的最大反弹次数。如果关闭该选项，反射／折射的最大反弹次数将使用材质／贴图自身的局部参数来控制；如果开启该选项，所有的局部参数设置将会被它所取代。

- 最大透明级别：控制透明物体被光线追踪的最大深度。

- 透明追踪阈值：控制何时终止对透明物体的追踪。如果光线透明度的累计低于该参数设定的极限值，那么将会停止追踪。

- 纹理贴图：控制是否渲染纹理贴图。

- 贴图过滤：控制是否使用纹理贴图过滤功能。

- 光泽效果：控制是否渲染场景中光泽的效果。

- 材质覆盖：勾选该选项时，在渲染中将使用"覆盖材质颜色"设置的颜色材质，替换场景中现有的所有材质。

- 覆盖材质颜色：设置覆盖材质的颜色。

- 自布光源：控制是否使用自己创建的灯光。如果关闭该选项，系统不会渲染手动设置的任何灯光效果。

- 缺省光源：控制是否使用 SketchUp 默认的光照系统。

- 仅显示间接照明：勾选该选项后，直接光照将不包含在最终渲染的图像中。

- 隐藏光源：勾选该选项后，光源本身不会出现在场景中，但渲染出来的图像中仍然有光照效果。

- 阴影: 控制是否开启灯光的阴影效果。

- 不渲染图像: 勾选该选项时, V-Ray 只计算相应的全局光照贴图（光子贴图、灯光缓存贴图和发光贴图）。

- 二次光线偏移: 设置光线发生二次反弹时的偏移距离。

- 低线程优先权: 让 V-Ray 渲染时处于低优先级别, 这样可以使用计算机做其他工作。

- 渲染聚焦: 控制是否开启渲染聚焦功能。

- 显示进度窗口: 控制是否显示渲染的进度窗口。

17.7 作品的输出

在 V-Ray 的选项面板中可以设置图像或者视频文件的输出大小, 保存格式和保存位置等参数, 用户能够根据不同需求, 灵活调整最终输出效果。

17.7.1 输出尺寸

单击"输出"标签栏, 可以打开"输出"卷展栏, 如图 17-150 所示, 在这里能对渲染的输出尺寸、分辨率、文件保存位置等进行设置。

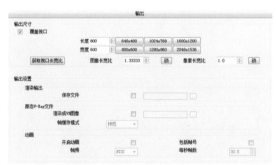

图 17-150

输出卷展栏中常用参数的详解如下。

- 覆盖视口: 勾选该项, 将使用下方设置的尺寸来渲染图像。

- 长度 / 宽度: 设置 V-Ray 渲染的图像长度 / 宽度, 预设了 6 种尺寸可供选择。

功夫在诗外

纸张打印尺寸对照表, 标准印刷 300dpi。
A3=4 960 像素 ×3 508 像素
A4=2 480 像素 ×3 508 像素
B3=3 248 像素 ×4 300 像素
B4=3 248 像素 ×2 150 像素

- 获取视口长宽比: 单击该按钮, 可以从 SketchUp 当前视口获取长宽比。

- 图像长宽比: 设置图像长宽比, 单击右侧的"锁", 可以锁定该比率。

功夫在诗外

电影视频常用比例（即 2.39∶1）, 传统屏幕比例为 4∶3（即 1.33∶1）, 宽屏比例为 16∶9（1.78∶1）

- 像素长宽比: 设置每个像素的长宽比, 一般默认为 1。单击右侧的"锁", 可以锁定该比率。

17.7.2 输出设置

在输出设置中可以设定文件的格式、保存位置和动画帧速率等参数。

输出设置卷展栏中常用的参数详解如下。

- 保存文件: 勾选该项, 单击右侧的 ,

可以设置渲染完成后，文件自动保存的路径和格式，V-Ray 支持 PNG、JPG、JPEG、BMP、EXR、HDR 这 6 种格式。

● 渲染成 VR 图像：勾选该项，可以将渲染完成的文件以高解析度图形文件形式自动保存。单击右侧的 [...]，可以设置自动保存的路径。

● 帧缓存模式：可以选择渲染图像时的内存使用方法。

● 开启动画：勾选该项后，V-Ray 将切换为渲染动画模式。

● 包括帧号：勾选该项后，输出动画渲染帧时将按照帧序重命名。如自动保存的件名为 ab.JPG，输 出 时 即 为 ab0001.JPG、ab0002.

JPG、ab0003.JPG，以此类推。一般建议勾选该项。

● 帧频：控制每 1 秒所需的帧数。V-Ray 提供了 4 种模式，分别为 NTSC 制式 =30FPS、PAL 制式 =25FPS、电影制式 =24FPS 和自定义模式。

● 每秒帧数：控制每秒需要播放的帧数。数值越大画面越流畅，渲染时间也会随之增加，一般设为 24 ~ 30 为宜。

技术看板

保存时，文件存放路径不要有中文，以免在保存时出错。

第三篇
综合实例篇

Chapter

第 18 章

综合实例

　　通过前面章节的学习，读者已经掌握了 SketchUp 的基本用法。在本章将分别通过 6 个综合实例来进一步巩固所学知识点，让读者能够更加娴熟地应用 SketchUp 软件。本章案例的文字部分仅讲述大致步骤，详细的制作步骤请大家参看视频教程。

18.1 别墅综合案例

这个实例主要讲解独栋别墅的创建过程，包括如何整理图纸并依据图纸创建楼层，如何填充材质、设置 V-Ray 渲染参数和使用 Photoshop 进行后期处理等内容。

18.1.1 图纸的整理

打开"平面图 -su8"文件，如图 18-1 所示。创建 7 个新的图层，分别为"一层平面""二层平面""三层平面""屋顶平面""西立面""东立面""北立面"和"南立面"，将三张平面图和四张立面图分别放置在对应的图层中，暂时隐藏屋顶平面。新建一个图层，命名为"墙体"，并将该图层激活，如图 18-2 所示。

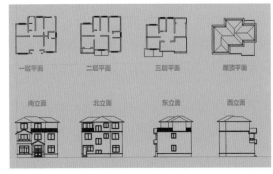

图 18-1

图 18-2

18.1.2 一层墙体模型的创建

现在开始创建一层的墙体，包括窗户、大门、屋檐等部分的模型。

① 使用旋转和移动工具将东、南、西、北四个立面图分别对照平面图放置在对应的位置上，如图 18-3 所示。

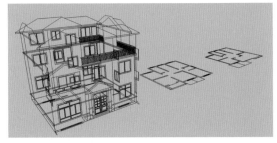

图 18-3

② 将视图切换到顶视图，在图层面板中隐藏四个立面图。依据 CAD 参考线，使用线条工具绘制出一层墙体轮廓，如图 18-4 所示。打开南立面图的可见性，依据南立面图的楼层高度，使用推拉工具提升一层的墙体高度，如图 18-5 所示。最后，选中所有一层墙体内容，将其组成一组。

③ 创建窗户。依据南立面图的窗户位置和高度，在墙上绘制一个矩形并打通，如图 18-6 所示。

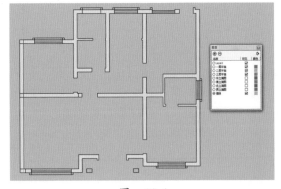

图 18-4

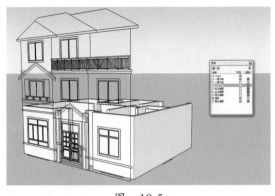

图 18-5

图 18-6

④ 使用矩形工具创建窗套，右键反转平面，并将其创建为组件。依据平面图上的尺寸，推拉出
窗套的高度，如图 18-7 所示。

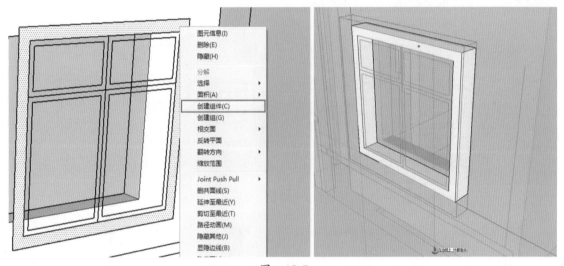

图 18-7

⑤ 同理，制作上半部分窗框的模型和玻璃，使用矩形创建玻璃，将窗框和玻璃也做成组件，如图 18-8 所示。

套的组件内，执行"编辑 > 原位粘贴"命令，将其粘贴到这个组件中。复制左上角的窗框和玻璃到右上角，并用同样的方法，制作窗户的其余部分。完成后，将其移动到墙上窗户所在的位置，如图 18-9 所示。

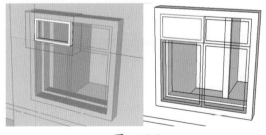

图 18-8

⑥ 将左上角的窗框和玻璃同时选中，按 Ctrl+X 快捷键剪切模型，然后双击进入窗

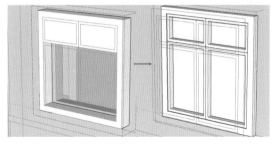

图 18-9

❼ 打开西立面图的可见性，依据南立面图绘
制出屋檐的截面，如图 18-10 所示。再依
据西立面图，使用推拉工具推出屋檐的厚
度，如图 18-11 所示。用同样方法来创建
门框和立柱的模型。

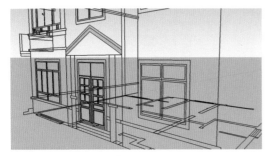

图　18-10

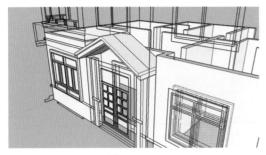

图　18-11

❽ 根据南立面图中门的形状，使用线条工具、
矩形工具和推拉工具，先制作半个门，并
将它创建为一个组件。选中左半个门的模
型将其复制并镜像到右边，完成门的制作，
如图 18-12 所示。创建出屋檐中间的三角
形模块，如图 18-13 所示。

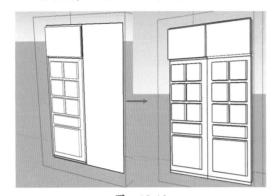

图　18-12

图　18-13

❾ 依据南立面图和西立面图制作出门口的阶
梯，如图 18-14 所示。使用之前讲到过的
方法，继续制作其他窗户和门的模型，如
图 18-15、图 18-16 所示。

图　18-14

图　18-15

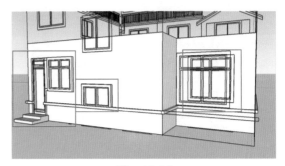

图　18-16

18.1.3 二层和三层墙体模型的创建

这一小节将根据二层平面图和立面图创建二层的墙体，包括窗户、阳台等。

❶ 在图层面板中，打开二层平面的可见性，将它放置在墙体模型上二层的位置，如图 18-17 所示。复制一层墙体截面并原位粘贴，根据二层平面的 CAD 参考图修改一层的截面。修改完成后，再次依据 CAD 立面上的参考图向上推拉创建二层墙面。根据 CAD 参考图中窗户的大小和位置在墙体打洞并创建阳台，如图 18-18、图 18-19 所示。

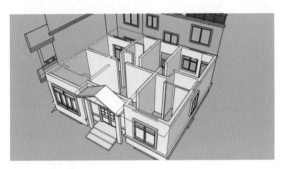

图 18-17

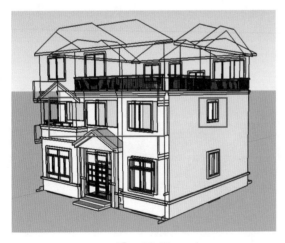

图 18-18

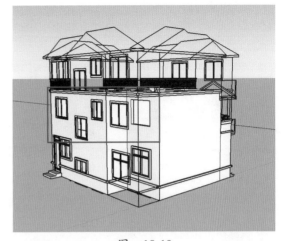

图 18-19

❷ 使用之前讲过的方法，继续为二层墙体创建好窗户模型，如图 18-20、图 18-21 所示。

图 18-20

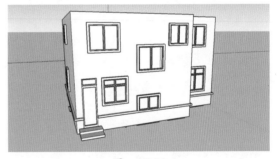

图 18-21

❸ 使用创建一层屋檐的方法，创建阳台的顶，如图 18-22 所示。根据南立面图和西立面图创建出阳台的围栏和其他部分，如图 18-23 所示。大家也可以将此处的窗户创建成为一个门，这样就可以进出阳台。

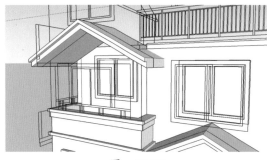

图 18-22

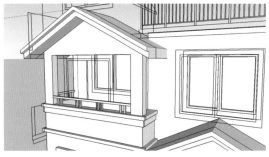

图 18-23

❹ 使用创建二层墙体同样的方法创建三层墙
体，窗户的模型可以使用之前创建好的窗
户组件，最终效果如图18-24、图18-25所示。

图 18-24

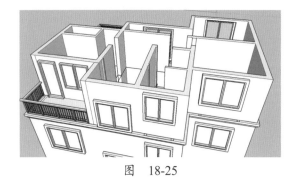

图 18-25

18.1.4 屋顶模型的创建

屋顶的部分结构比较复杂，在制作模型时，
需要同时参照多个视图才能完成创建。

❶ 将视图切换到顶视图，镜头切换为平行
投影，将屋顶的平面图放置在如图 18-26
所示的位置上。可以将其放置在高于立
面图的位置上，这样在创建屋顶模型的
时候，平面图不会被遮盖，如图 18-27
所示。

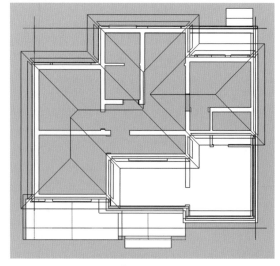

图 18-26

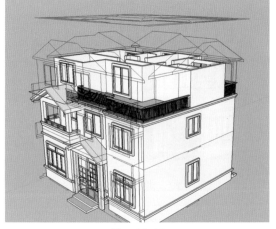

图 18-27

❷ 依据屋顶平面图与南立面图绘制左侧屋顶

的轮廓，如图 18-28 所示。再根据东西立
面图推拉出屋顶的宽度，将该屋顶的所有
面选中之后组成一组。

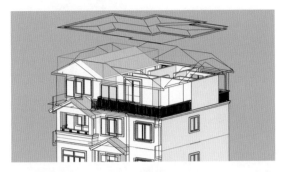

图 18-28

③ 将视图转到右视图，使用线条工具绘制屋
顶坡度的斜线，如图 18-29 所示。然后，在
等轴视图中绘制图 18-30 所示的连接线，
进入屋顶的组内并借助连接线绘制图 18-31
所示的分割线。

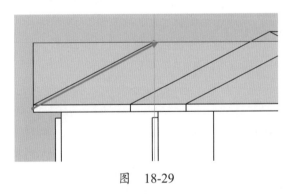

图 18-29

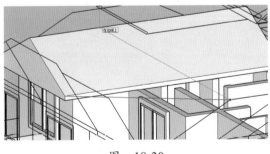

图 18-30

图 18-31

④ 删除屋顶中不需要的面和线，结果如图 18-32
所示。同理，为屋顶的另一侧也制作相同
的效果，如图 18-33、图 18-34 所示。

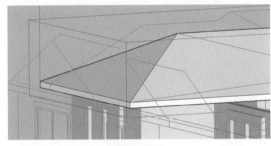

图 18-32

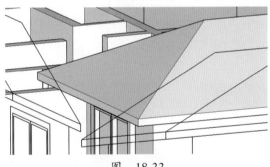

图 18-33

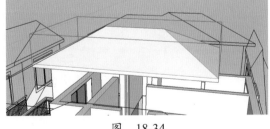

图 18-34

⑤ 依据南立面图，绘制图 18-35 所示的截面
形状，将其组成一组。然后，参考东、西
立面图，使用推 / 拉工具制作屋顶的大致

模型, 如图 18-36 所示。

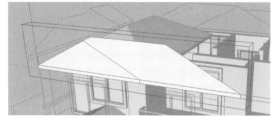

图　18-35

图　18-36

⑥　使用之前讲过的方法, 参考东、西立面图
　　为屋顶制作坡度, 如图 18-37 所示。根据
　　屋顶平面图, 这个屋顶的西北角需要被修
　　剪掉。这里, 首先绘制图 18-38 所示的矩形,
　　并使用线条工具将其连接到屋顶。

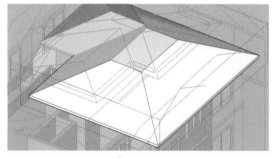

图　18-37

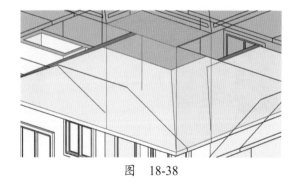

图　18-38

⑦　进入屋顶的组内, 使用线条工具, 绘制切

割线, 如图 18-39 所示, 最后删除屋顶多
余部分的面和边, 如图 18-40 所示。

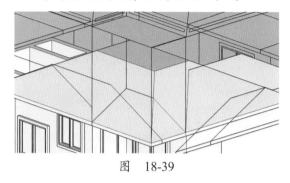

图　18-39

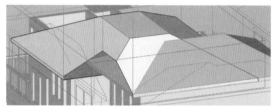

图　18-40

⑧　进入另一边的屋顶, 使用直线分割并删除
　　两个屋顶重合的面, 结果如图 18-41 所示。
　　参考屋顶平面图, 调整屋顶连接线, 结果
　　如图 18-42 所示。

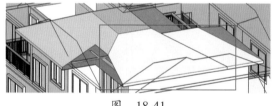

图　18-41

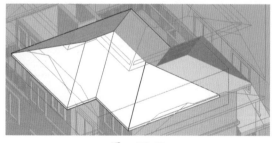

图　18-42

⑨　使用线条工具绘制第三个屋顶的截面, 如
　　图 18-43 所示。再推拉厚度并使用直线切

割的方法，参照平立面图修改屋顶造型，最终效果如图 18-44 和图 18-45 所示。

图　18-43

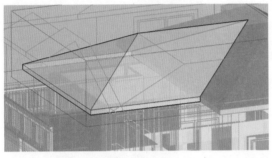

图　18-44

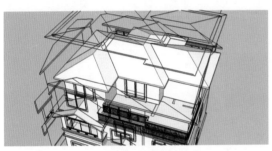

图　18-45

18.1.5　材质的填充

本节将学习如何为别墅模型填充材质，在制作时大家可以使用我们提供的材质，也可以发挥创造力根据自己的构思和喜好来改变材质。

❶ 在填充材质之前需要对场景中的模型进行整理，将屋顶、墙面、围栏、窗户分别组成组。打开材质面板，为屋顶填充"沥青

木瓦屋顶"材质，如图 18-46 所示；为屋顶的边缘填充"白色灰泥覆层"材质，如图 18-47 所示，填充完的整体效果如图 18-48 所示。

图　18-46

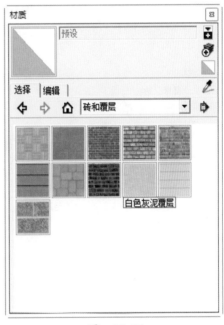

图　18-47

图　18-48

② 为三层墙体填充"白色覆层板壁"材质，为阳台填充"多色混凝土铺路块"材质，为围栏填充"深岩灰色"材质，如图 18-49 所示。为窗框分别填充"白色灰泥覆层"材质和"深岩灰色"材质，如图 18-50 所示。创建"玻璃"材质并填充给玻璃的部分，效果如图 18-51 所示。

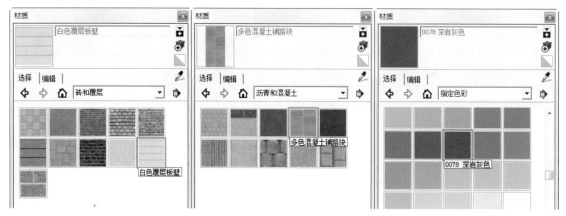

图　18-49

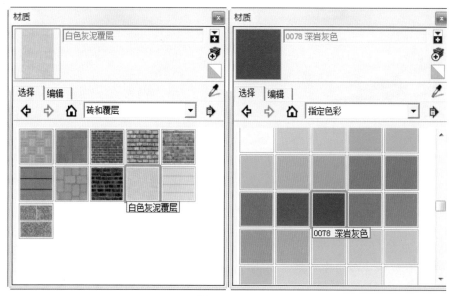

图　18-50

图 18-51

❸ 为阳台的围栏和大门填充"木地板"的材质，如图 18-52 所示；为台阶填充"黄褐色碎石"材质，如图 18-53 所示；为阳台的立柱等填充"白色灰泥覆层"材质，如图 18-54 所示；为一层墙面的上半部分填充"层列粗糙石头"的材质，如图 18-55 所示；下半部分填充"抛光砖"的材质，如图 18-56 所示，最终效果如图 18-57 所示。

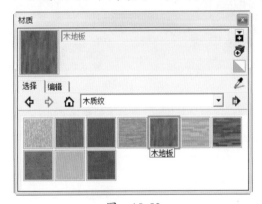

图 18-52

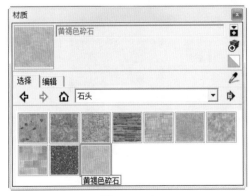

图 18-53

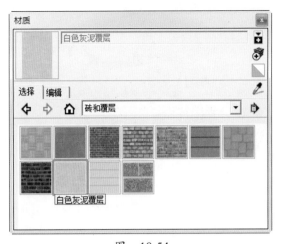

图 18-54

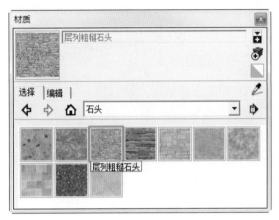

图 18-55

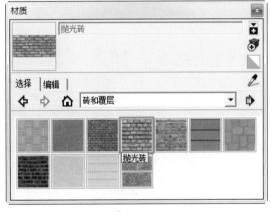

图 18-56

图　18-57

④ 在场景中用矩形工具绘制一个地面,将其
组成一组,并填充"8×8 灰色石块状混凝
土"材质,如图 18-58 所示。

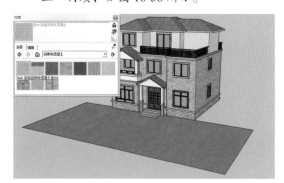

图　18-58

18.1.6　渲染的设置

填充完之后,我们就可以结合之前学习到
的 V-Ray 用法来渲染场景。

❶ 打开"模型的渲染 .skp"文件,这里已经把
建筑放置在了配景之中,效果如图 18-59 和
图 18-60 所示。

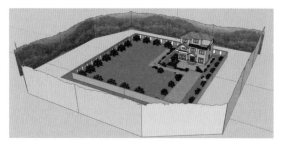

图　18-59

图　18-60

❷ 打开 V-Ray for SketchUp 工具栏,打开"渲染设置"面板,单击"输出"卷展栏,单击"800×600"
按钮,再单击"获取视口长宽比"按钮,使用默认参数渲染场景,效果如图 18-61 所示。

图　18-61

❸ 现在场景中部分区域太亮，回到材质面板，降低阳台和门口立柱等的材质颜色明度。目前模型的投影很锐利，为了让投影效果更柔和一些，可以在 V-Ray 参数面板中单击"环境"卷展栏中的全局光颜色贴图，如图 18-62 所示；将阳光的尺寸设置为 20，如图 18-63 所示；再次渲染场景，效果如图 18-64 所示。

图　18-62

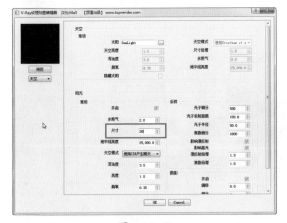

图　18-63

图　18-64

❹ 效果满意后，在 V-Ray 参数面板中单击"图像采样器"卷展栏，将颜色阈值设为 0.005，如图 18-65 所示；单击"发光贴图"卷展栏，半球细分设为 200，如图 18-66 所示；单击"灯光缓存"卷展栏，

将细分设为 1 500，如图 18-67 所示。在"输出"卷展栏中，单击"1600×1200"按钮，再单击"获取视口长宽比"按钮，如图 18-68 所示，渲染效果如图 18-69 所示。单击渲染窗口中的■按钮，保存图像，格式为 JPG。

图　18-65

图　18-66

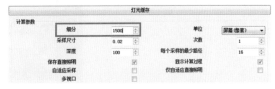

图　18-67

图　18-68

图　18-69

18.1.7　Photoshop 后期的制作

　　图像渲染出来后，为了让整体效果更好，需要将图像在 Photoshop 中进行一些后期处理。效果图的后期处理，没有统一的标准，在工作中可以根据不同需要灵活调整。

❶ 在 Photoshop 中打开渲染图像和练习文件夹中"天空 .jpg"，将渲染图转换成智能对象，新建蒙版，并将蒙版中天空部分填充为黑色，如图 18-70 所示。

图　18-70

❷ 将天空素材复制粘贴到场景中，将其放置在图层面板中的底层，适当缩放其大小，效果如图 18-71 所示。

图　18-71

❸ 使用画笔工具修改蒙版的细节，虚化背景与天空的边界，如图 18-72 和图 18-73 所示。

图　18-73

图　18-72

❹ 创建"颜色查找"调整图层，采用"Fuji ETERNA 2500 Fuji 3510.cube"的预设来调整画面整体的色调。接着，将三个图层转换成一个智能对象，执行"模糊 > 模糊

画廊 > 光圈模糊"命令，调整光圈模糊的大小，模糊设为"4像素"，如图 18-74 所示。完成后，单击"确定"按钮。

图 18-74

⑤ 创建曲线调整图层，适当加强场景的黑白对比度，最终效果如图 18-75 所示。图 18-76 所示为另一个角度的渲染效果。

图 18-75

图 18-76

⑥ 打开练习文件夹中的"山脉 .jpg"文件，创建蒙版，让其只在玻璃区域显示，并降低该图层的不透明度，创建玻璃的反光效果，如图 18-77 所示。

图 18-77

18.2 展馆综合案例

在这个实例中将参考 CAD 图纸来创建中型展馆的建筑模型，这个展馆由 A 和 B 两个相连的建筑组成，如图 18-78 所示。

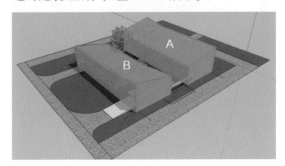

图 18-78

18.2.1 展馆模型的创建

本节将讲解展馆模型的创建过程，先从 A 栋建筑开始创建。

① 打开"展馆 CAD.skp"文件，如图 18-79 所示，这里已经将 CAD 的平立面图像文件导入 SketchUp 中，导入方式在之前的实例中已经讲解过，这里不再赘述。

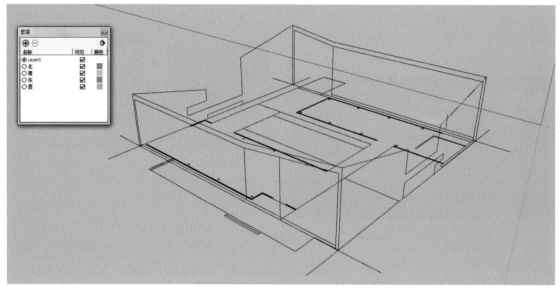

图　18-79

② 根据南立面的CAD图，使用线条工具
绘制出图18-80所示的建筑外墙轮廓，
并参考东立面图推拉出墙体的宽度，如
图18-81所示，将墙体模型组成一组。

③ 选择后部的线条，使用移动工具，参考
CAD图纸将其向下移动到如图18-82所示
的位置。

④ 根据CAD参考图创建如图18-83所示的
模型。创建立柱的组件，并等距离复制2个，
如图18-84所示。

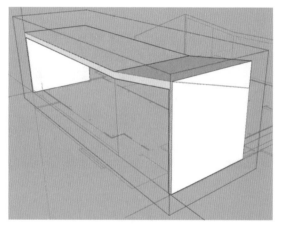

图　18-81

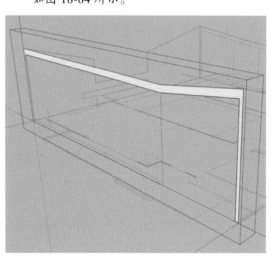

图　18-80

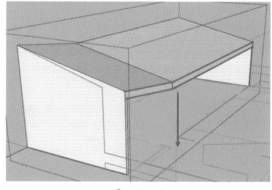

图　18-82

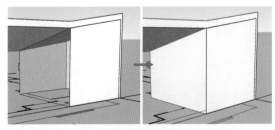

图　18-83

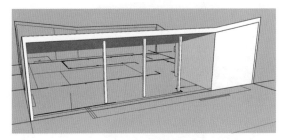

图　18-84

⑤ 将立柱复制到后面一排，并创建地面模型，如图 18-85 所示。完成创建地面后暂时将地面模型隐藏，开始创建玻璃幕墙的构件，如图 18-86 所示。

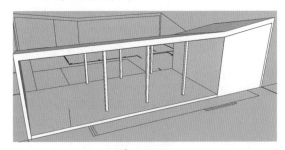

图　18-85

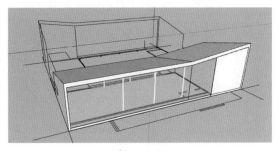

图　18-86

⑥ 将横向的构件移动到地面上，并继续创建纵向的玻璃幕墙构件，如图 18-87 所示。

接着，创建玻璃的模型，注意留出出口的位置，如图 18-88、图 18-89 所示。

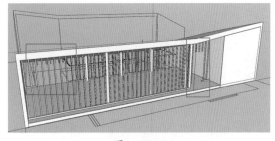

图　18-87

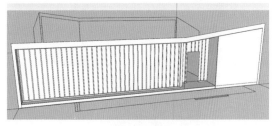

图　18-88

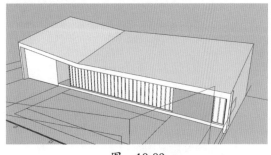

图　18-89

⑦ 使用线条工具和推拉工具创建好台阶的模型，如图 18-90 所示。使用类似的方法，将展馆 B 栋的模型也创建出来，如图 18-91 所示。

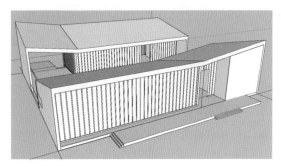

图　18-90

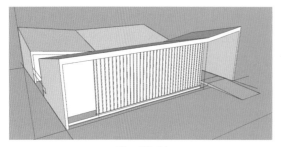

图　18-91

⑧　制作 B 栋展馆的玻璃幕墙，并参照 CAD
图纸制作两栋建筑之间的链接部分和门的
模型，如图 18-92 和图 18-93 所示。

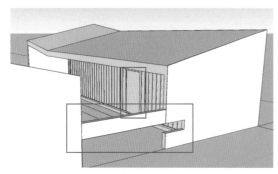

图　18-92

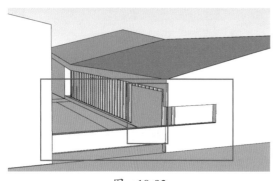

图　18-93

⑨　在两栋建筑之间可以放入一些街具模型，
如图 18-94 所示，这里大家可以发挥创造
力，自己做一些设计。

⑩　为展馆的外围做一些铺地的模型，效果如
图 18-95 所示。

⑪　在 B 栋建筑的玻璃幕墙外围做一层装饰表
面，如图 18-96 所示。对 A 栋建筑也做同
样处理，如图 18-97 所示。

图　18-94

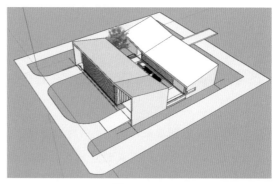

图　18-95

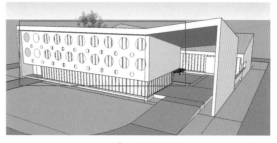

图　18-96

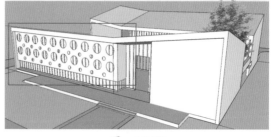

图　18-97

⑫　使用线条工具和推拉工具对外墙进行细化
处理，如图 18-98 所示。

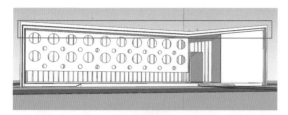

图　18-98

18.2.2　展馆材质的填充

　　下面为展馆建筑填充材质，这里使用的材质大多为外部载入的材质，大家也可以自行设定觉得合适的材质。

❶　打开"V-Ray 材质编辑器"，载入练习文件夹中的预设材质"外墙材质"，将其赋予展馆的外墙模型。载入预设材质"木材"，并将其赋予内墙，如图 18-99 和图 18-100 所示。

图　18-99

图　18-100

❷　分别为钢筋、地面填充预设好的"不锈钢"和"水泥"材质。使用之前课程中讲到过的方法创建玻璃材质，并为玻璃幕墙填充玻璃材质。使用默认参数对场景进行测试渲染，效果如图 18-101 所示。

图　18-101

❸　下面，继续为模型的其余部分填充材质，在填充材质的同时，可以继续丰富模型的细节，在前面的装饰物上添加圆圈的图形，如图 18-102、图 18-103、图 18-104 所示。

图　18-102

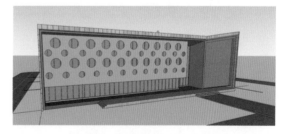

图　18-103

图　18-104

❹　为整个场景创建一个地面模型，如图 18-105 所示，便于在渲染时能够正确接收模型的

投影。为了后续能够加快渲染速度，可以把所有材质中的凹凸参数关闭。

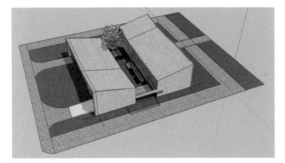

图　18-105

18.2.3　Photoshop 后期制作

本节将学习场景的渲染和后期处理方法。

❶ 将场景视图调整至如图 18-107 所示，为文件创建"场景 1"，打开 V-Ray 的渲染设置面板，单击"输出"卷展栏，单击"2048×1536"按钮，再单击"获取视口长宽比"按钮，如图 18-106 所示，A 栋建筑渲染结果如图 18-107 所示，将文件另存为"A.png"以保存其透明信息，便于后期制作。

图　18-106

图　18-107

❷ 将场景视图调整至如图 18-108 所示，创建"场景 2"，使用默认参数渲染，将文件另存为"M.png"。

图　18-108

❸ 为了让建筑物的另一面在渲染时处于阴影中，可以旋转一下场景中建筑物的朝向，然后将文件另存为"B.png"，B 栋建筑渲染效果如图 18-109 所示。

图　18-109

❹ 现在，依次为效果图进行后期制作。使用 Photoshop 软件打开"B.png"。应用蒙版技术将天空与绿地的图像加入图像中，降低草地的明度。使用画笔工具绘制，让建筑物与草地的连接处更加自然，如图 18-110 所示。

图　18-110

⑤ 降低天空的饱和度，使用曲线编辑器加大建筑物的对比度，并将种花箱中的花朵添加到画面中，适当降低花朵的饱和度与明度，如图 18-111 所示。

低画面的饱和度，最终效果如图 18-113 所示。对于另外两张图像，大家可以使用这里讲解的方法进行类似的处理。

图　18-111

图　18-112

⑥ 为场景中添加前景树和人物图像，为前景树添加"高斯模糊"滤镜，将人物设置为半透明，并使用"镜头光晕"滤镜为场景创建阳光的效果，如图 18-112 所示。

⑦ 创建"曲线"调整图层来降低画面明度，创建"颜色查找"调整图层，使用"filmstock_50"的预设来提高画面对比度。最后添加"色相/饱和度"调整图层，降

图　18-113

18.3　高层办公楼综合案例

在本实例中，将讲解创建高层办公楼的全过程，包括从建模、填充材质到渲染和后期制作的整个流程。

18.3.1　高层办公楼功能分析

这个案例中需要创建办公楼群楼，一共分为 A、B、C、D 4 座楼，A 座与 C 座之间由走廊连接，如图 18-114 所示。

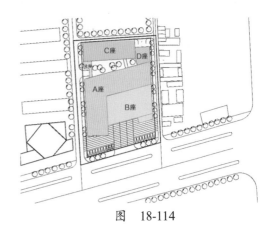

图　18-114

18.3.2 高层办公楼图纸的整理

这一小节主要是讲述设定 CAD 参考图图层并对参考图进行锁定的过程。

❶ 打开练习文件中的"办公楼 平面图 .skp"，如图 18-115 所示，CAD 平面图的导入方法与之前案例一致，这里不再赘述，文件中已经为大家导入了 CAD 图纸。

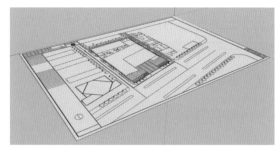

图 18-115

❷ 新建图层，并命名为"平面图"。选中平面图并将其移动至该图层中，锁定平面图，如图 18-116 所示。

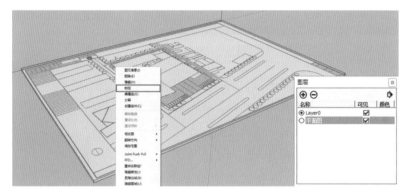

图 18-116

18.3.3 高层办公楼模型的创建

这一小节主要讲解办公楼群楼的模型创建过程。

❶ 根据平面图绘制 A 座的底面，并向上拉升 96m，如图 18-117 所示；绘制 B 座的底面，并向上拉升 17m，如图 18-118 所示。

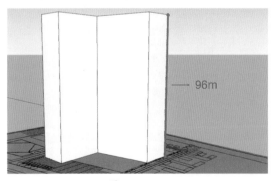

图 18-117

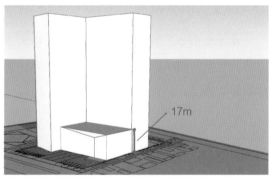

图 18-118

❷ 绘制 C 座的底面，并向上拉升 22m；绘制 D 座的底面，并向上拉升 18m，如图 18-119 所示；创建走廊，高度 9m，如图 18-120 所示。

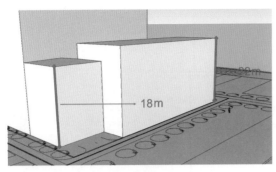

图 18-119

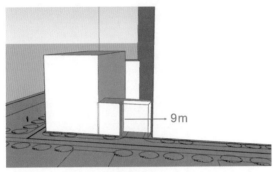

图 18-120

❸ 从 A 座 的 模 型 中 切 出 一 个 长 方 体，高
83m，宽 9m，长 30m，并制作出侧边的凹陷，
如 图 18-121 所示。为 B 楼 制 作 高 10m 的
入口，如图 18-122 所示。

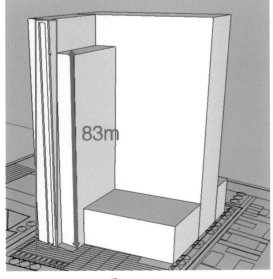

图 18-121

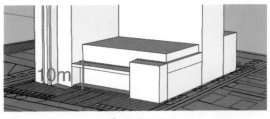

图 18-122

❹ 依据正视图，如图 18-123 至 图 18-128 所 示，
来继续丰富建筑物的细节。具体制作步骤，
可参看视频教程。

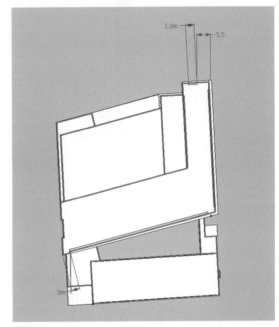

图 18-123

平面图

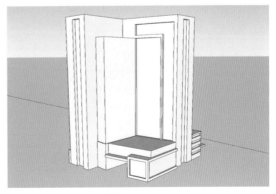

图 18-124

效果图

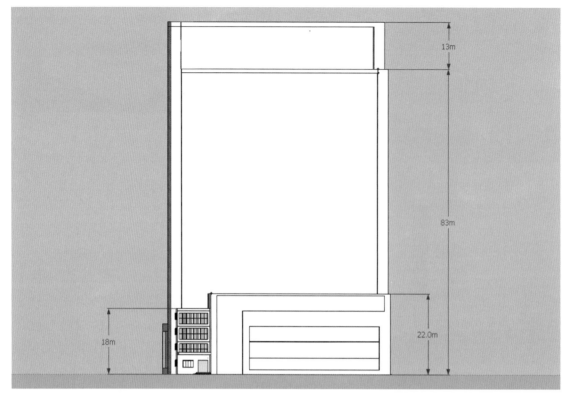

图　18-125

北立面

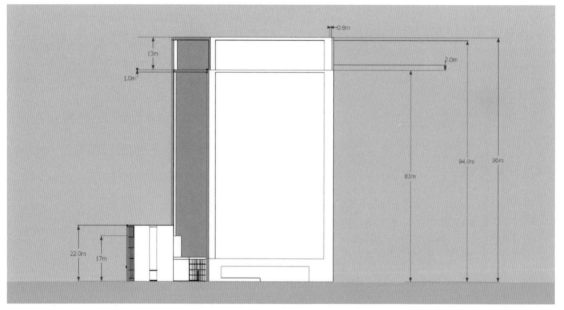

图　18-126

西立面

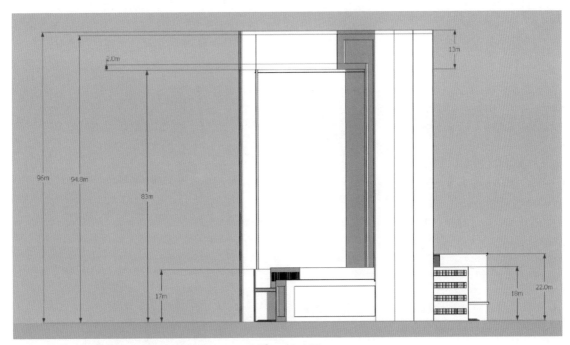

图　18-127

东立面

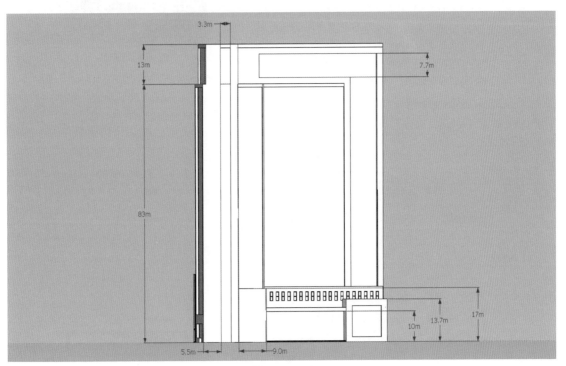

图　18-128

南立面

❺ 对模型的细节进一步加工处理，之后创建玻璃幕墙的结构件部分，这里注意使用组件和等距离复制的技巧，效果如图 18-129 所示。

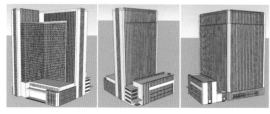

图 18-129

18.3.4 高层办公楼材质的填充及渲染

本节我们将为办公楼的建筑外墙和玻璃幕墙填充材质，并渲染用于后期合成的图像。

❶ 打开材质编辑器，为建筑墙面填充"8×8 灰色石块状混凝土"材质。新建大红色的材质，将其填充给建筑物上的玻璃部分，如图 18-130 所示，隐藏平面图。

❷ 打开阴影的显示，旋转整个模型的方向，

让建筑物正面朝向光源方法，调整视图到图 18-131 所示视角，新建"场景 1"。

图 18-130

图 18-131

❸ 打开"V-Ray 渲染设置"对话框，单击"相机 / 摄像机"卷展栏，将"镜头平移"的数值设为 0.2，如图 18-132 所示，以减弱建筑物垂直方向上的透视效果。接着单击"输出"卷展栏，单击尺寸"2048×1536"按钮，再单击"获取视口长宽比"按钮，如图 18-133 所示。

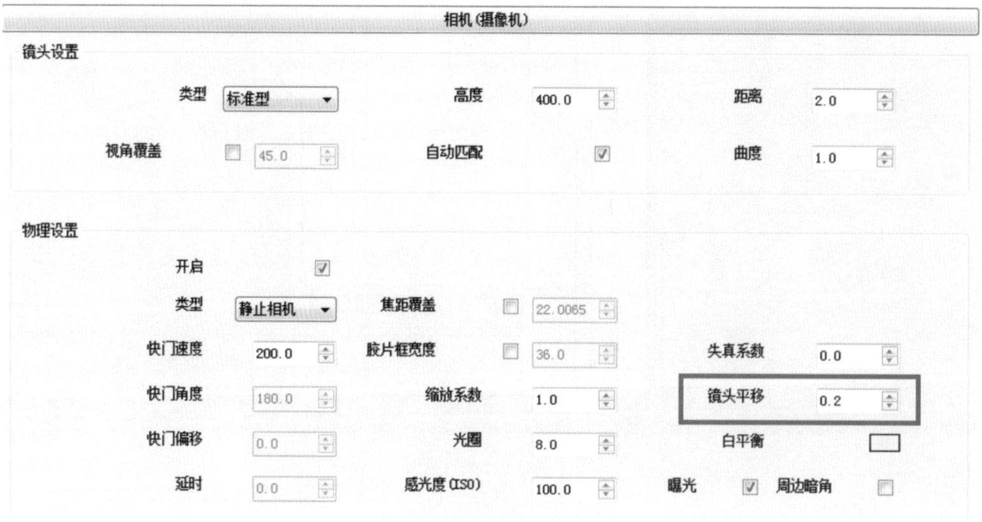

相机 (摄像机)

镜头设置

| 类型 | 标准型 | 高度 | 400.0 | 距离 | 2.0 |
| 视角覆盖 | ☐ 45.0 | 自动匹配 | ☑ | 曲度 | 1.0 |

物理设置

开启	☑				
类型	静止相机	焦距覆盖	☐ 22.0065		
快门速度	200.0	胶片框宽度	☐ 36.0	失真系数	0.0
快门角度	180.0	缩放系数	1.0	镜头平移	0.2
快门偏移	0.0	光圈	8.0	白平衡	☐
延时	0.0	感光度(ISO)	100.0	曝光 ☑ 周边暗角 ☐

图 18-132

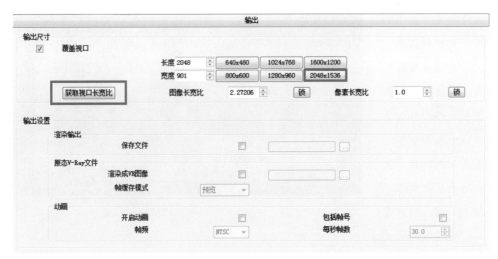

图　18-133

④　渲染效果如图 18-134 所示，将文件存储为“渲染图 .png”，这张图像主要用于将来后期制作玻璃幕墙的反光。将玻璃材质设为深蓝色，再次渲染图像，渲染效果如图 18-135 所示，将文件存储为“渲染图 02.png”。

图　18-134

图　18-135

18.3.5　Photoshop 后期制作

本节学习把建筑物合成到现有配景之中的方法。

①　打开练习文件“配景 .psd”，导入两张渲染图，链接两个图层，将其适当缩放并放在图 18-136 所示的位置。

图　18-136

❷ 导入练习文件夹中的
"风景.jpg"的图像，
将它放在图层面板的
顶层，并使用大楼红
色颜色的部分作为蒙
版，降低其图层不透
明度至 50%，模拟大
楼玻璃的反光效果，
如图 18-137。制作完
成后，关闭红色大楼
的可见性。

图　18-137

❸ 将"图层 4"转换为
智能对象，提高其对
比度；将其他配景转
换成智能对象，降
低配景的饱和度，如
图 18-138 所示。

图　18-138

❹ 对玻璃反射的图像做一些调整，不让图像
在不同的面上连续，如图 18-139 所示。

图　18-139

❺ 新建图层，将其填充为黑色之后转换为智
能对象图层，并为其添加"光照效果"滤
镜，将光源放在左上方，图层混合模式设
为"颜色减淡"，把该图层不透明度设为

50%。由于目前配景的光照方向和建筑物
的光照方向相反，所以可以选中配景图
层，按 Ctrl+T 快捷键调出变换命令，再
执行右键菜单中的"水平翻转"命令，将
配景进行水平翻转，最终效果如图 18-140
所示。

图　18-140

⑥ 打开练习文件夹中的"建筑物配景.psd"文件，这里有一些建筑物配景素材，将建筑物配景加入图像中，并将其不透明度设为 50%，最终效果如图 18-141 所示。

图　18-141

18.4　商业综合体案例

商业综合体的概念，源自"城市综合体"的概念，但是两者有着明显区别。城市综合体是以建筑群为基础，融合商业零售、商务办公、酒店餐饮、公寓住宅、综合娱乐五大核心功能于一体的"城中之城"。

而"商业综合体"，是将城市中商业、办公、居住、旅店、展览、餐饮、会议、文娱等城市生活空间的三项以上功能进行组合，并在各部分间建立一种相互依存、相互裨益的能动关系，从而形成一个多功能、高效率、复杂而统一的综合体。

18.4.1　商业综合体功能分析

本例中的综合商业体主要由三栋楼构成，这三栋楼的建筑外形相互呼应，具有整体感。从功能上看，具有集团办公、餐饮/娱乐和商场这三大功能区域，如图 18-142 所示。

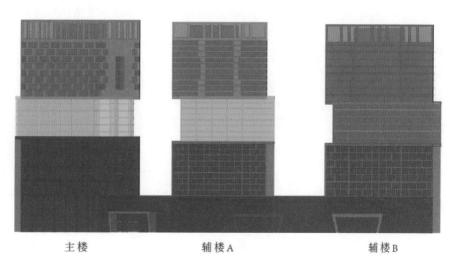

图　18-142

18.4.2 CAD 文件的导入与整理

在 CAD 软件中，将建模过程中不需要参考的元素删除后再导入 SketchUp，以提高后续的建模效率和 SketchUp 软件的运行效率。这里已经在练习文件夹中为大家提供了整理后的 CAD 文件。

❶ 新建 SketchUp 文件，在文件中导入练习文件夹内的 3 个 DXF 格式文件，这 3 个文件分别为主楼的平面图、南北和东西立面图，按照图 18-143 所示的位置拼合好。

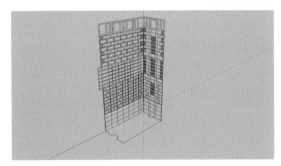

图　18-143

❷ 将东、南两个立面分别复制到西、北两个立面的位置，如图 18-144 所示。

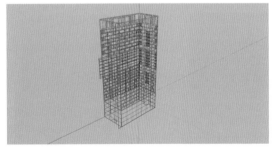

图　18-144

❸ 新建 5 个图层，分别命名为"平面""东""南""西"和"北"，将每个平面放入对应的图层中，然后隐藏西、北两个立面的图层，如图 18-145 所示。

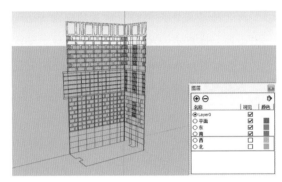

图　18-145

18.4.3 商场功能区模型的创建

❶ 锁定所有平立面图，参考东南立面图，使用矩形工具绘制出图 18-146 所示的立方体。

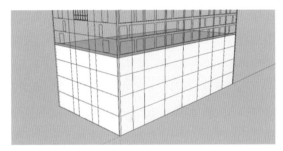

图　18-146

❷ 将这个立方体暂时隐藏，制作如所示的楼板模型，厚度为 10cm，依据立面图向上复制 3 次，如图 18-147 所示。

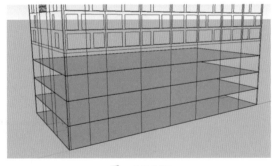

图　18-147

❸ 创建一个宽度和长度都为 0.45m 的玻璃幕墙构件，并根据参考图放置好位置，如图 18-148 所示。

④ 使用矩形工具和线条工具，绘制建筑表面，如图 18-149 所示。

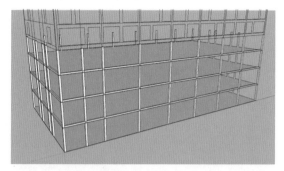

图　18-148

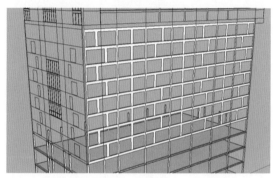

图　18-149

⑤ 为建筑表面模型创建 0.45m 的厚度，并使用同样的方法创建东立面的墙体，如图 18-150 所示。

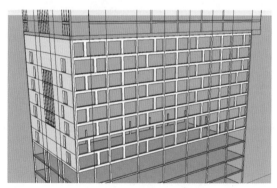

图　18-150

⑥ 创建楼板模型，并将东南立面的模型复制到西立面和北立面，如图 18-151 所示。

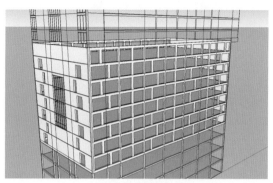

图　18-151

18.4.4　餐饮和娱乐功能区模型的创建

这个功能区的制作方法与商场区域类似，可以先从创建楼板开始。

① 创建东立面的墙体模型，制作窗户的组件并参考 CAD 图纸复制多个窗户，如图 18-152 所示。

图　18-152

② 继续根据 CAD 图纸创建餐饮和娱乐功能区的楼板，如图 18-153 所示。

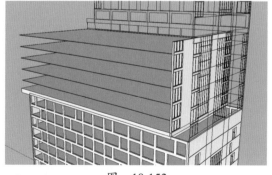

图　18-153

③ 将东立面的所有模型组成一组，并复制到西立面，之后创建南北立面的玻璃幕墙构

件，如图 18-154 所示。

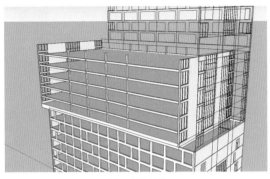

图　18-154

18.4.5　集团办公功能区模型的创建

集团办公区的建模方法与其他区域一致，在楼顶设计了镂空的女儿墙。

❶ 参考立面图，创建南立面建筑表皮和屋顶的女儿墙，如图 18-155 所示。

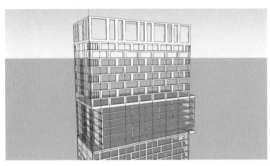

图　18-155

❷ 创建窗户部分的模型，并将其变为组件，复制到相应的窗户的位置，如图 18-156 所示。

图　18-156

❸ 创建东立面建筑墙体和屋顶的女儿墙，并依据 CAD 图纸创建窗户的模型，如图 18-157 所示。

图　18-157

❹ 将东、南立面的模型复制到西、北的立面，如图 18-158 所示。

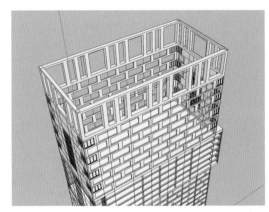

图　18-158

❺ 创建楼板和屋顶水箱模型，最终效果如图 18-159 所示。

图　18-159

⑥ 在建筑物内创建玻璃幕墙和窗户玻璃的模型，如图 18-160 所示。隐藏 CAD 参考图，对场景模型进行整理。将商场功能区、餐饮／娱乐功能区和集团办公功能区分别组成组。打开"其他模型.skp"文件，将大楼模型导入环境中，适当旋转大楼的方向，如图 18-161 所示。这里的其他建筑也是使用之前所讲到的方法创建的，不再赘述。

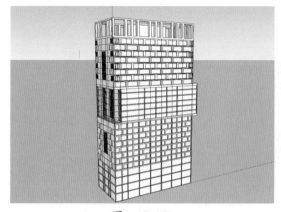

图　18-160

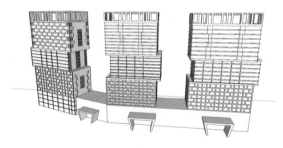

图　18-161

18.4.6　商业综合体材质的填充

在本实例中为主楼每个不同功能区域设计了不同的建筑表面颜色以示区分，为了保持辅楼与主楼视觉上的统一性，辅楼的表面材质与主楼一致，只是分布不同。

① 先为建筑表皮和楼板填充"纳瓦白色"颜色材质，如图 18-162 所示。

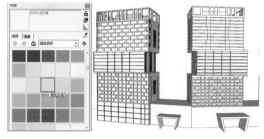

图　18-162

② 因为现在周围场景没有更多丰富的物体，所以这里可以只给玻璃 85% 不透明度的深蓝色材质，如图 18-163 所示。后期将在 Photoshop 中添加玻璃的反射效果，为玻璃幕墙构建和窗框填充灰色的颜色材质。

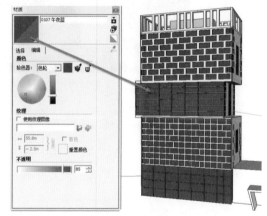

图　18-163

③ 将商场玻璃幕墙和窗户玻璃部分的模型隐藏起来，为楼板填充棕色材质，如图 18-164 所示。

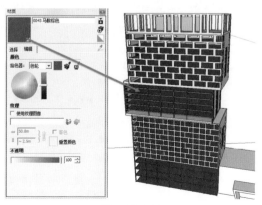

图　18-164

❹ 为另外的两栋楼和入口等也填充类似的材
质，这里可以重复使用之前设定好的材质，
让这 3 栋楼感觉是一组建筑物，为入口和
底部连接的建筑填充具有反射属性的灰色
材质，如图 18-165 所示。

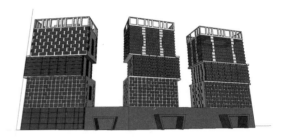

图　18-165

❺ 目前建筑整体处在阴影之中，将整个模型场景整体旋转 180°。使用"阴影设置"工具栏，
把光源方向设为从左往右照射，让模型大部分处于亮部，如图 18-166 所示。

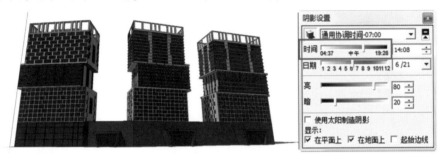

图　18-166

❻ 新建"场景 1"，单击"V-Ray 渲染设置面板"中的"相机（摄像机）"卷展栏，将"镜头平移"
设为 0.2，如图 18-167 所示。单击"输出"对话框，单击"1024×768 按钮"，再单击"获
取视口长宽比"按钮。单击"开始渲染"按钮，测试渲染效果如图 18-168 所示。

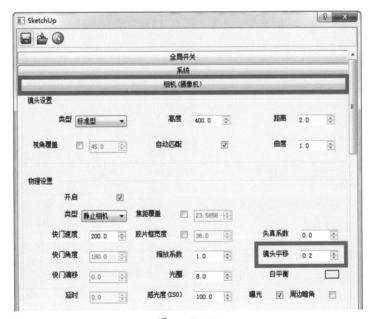

图　18-167

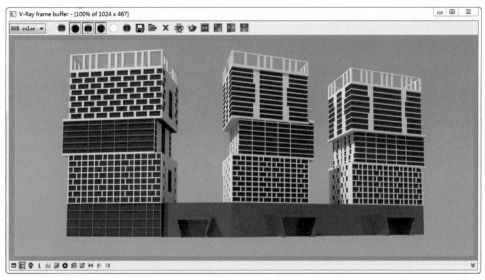

图 18-168

18.4.7 渲染场景

现在对模型场景进行渲染，为后期在
Photoshop 中的处理提供素材。

❶ 打开 V-Ray 的渲染设置对话框，单击
展开"输出"卷展栏，单击"2048×
1526"按钮，再单击"获取视口长宽比"
按钮，如图 18-169 所示。

❷ 单击渲染按钮，把渲染的图像存为 PNG
格式，命名为"渲染图.png"，如图
18-170 所示。

图 18-169

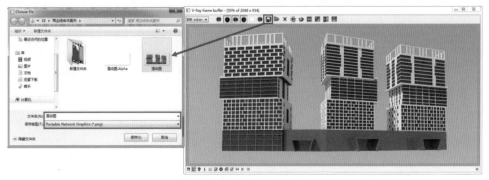

图 18-170

18.4.8　Photoshop 后期制作

现在为图像做后期处理，为了加快制作速度，已经为大家准备好了建筑物的配景，这些配景都是从其他的图片中抠图合成的，读者只要掌握基本的 Photoshop 抠图技巧就可以很方便地制作所需配景，这里不再赘述。如需学习更多 Photoshop 的使用技巧，可以到"设计软件通"（www.sjrjt.com）查找相关教程，在 Photoshop 中后期制作的具体步骤如下。

图　18-171

❶ 在 Photoshop 中打开"渲染图 .png"，如图 18-171 所示；以及练习文件夹中的"配景 .psd"文件，如图 18-172 所示。

图　18-172

❷ 将"渲染图"文件中的"图层 0"拖动到"配景"文件中，将图层命名为"建筑综合体"后放置在"后 01"图层上方，图 18-173 所示。

图　18-173

❸ 为"建筑综合体"图层添加"曲线"调整命令，将曲线调整为"S"形，如图 18-174 所示。增强建筑物的对比度，效果如图 18-175 所示。

❹ 将"建筑物反光 .jpg"导入图像中，命名为"反光"，执行"选择>色彩范围"命令，选中"建筑综合体"图层中蓝色的玻璃部分作为该图层的蒙版，将图层不透明度设为 70%，这样就有了玻璃幕墙的反光效果，如图 18-176 所示。

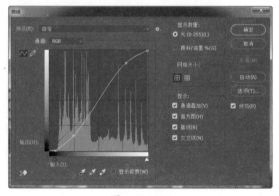

图　18-174

图　18-175

图　18-176

⑤ 选中图层面板中所有的图层，按Ctrl+G快
捷键将其组成一组，然后再按Ctrl+J快捷
键复制图层组，最后将新复制的图层组转
换为智能对象。对该智能对象执行"滤镜
>高斯模糊"命令，模糊值设为40，将图
层混合模式设为柔光，将图层不透明度设
为70%，如图18-177所示。图像效果如
图18-178所示。

⑥ 现在天空的颜色饱和度过高，新建"色相
/饱和度"调整图层，降低图像的饱和度，
如图18-179所示。

⑦ 现在整个图像的饱和度都降低了，为了提
高前景物体的饱和度，这里可以为"色相/

饱和度"调整图层添加一个蒙版，使用黑
色画笔在前景区域进行绘制，如图18-180
所示，可以看到现在前景的草坪和树木的
饱和度提高了。

图　18-177

图　18-178

图　　18-179

图　　18-180

18.5　商业街入口广场景观综合案例

这是一个西班牙风格的商业街，本实例中我们将为其制作入口广场景观。商业街入口景观的设计除了应该烘托建筑的特色与气势，更应该是一个适合人们停留的、开放的，人与绿地交融的公共休憩场所。

图　　18-181

18.5.1　入口花坛模型的创建

❶　打开练习文件夹中的"商业广场 SU 模型 .skp"文件，如图 18-181 所示。

❷　首先为商业街入口广场设计一个花坛，花坛将借用入口广场的圆形轮廓。使用圆工具绘制半径为 5m 的圆，将其组成一组。使用推拉工具将圆形花坛向上推拉 0.1m，

如图 18-182 所示。

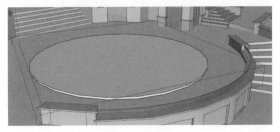

图　18-182

❸ 在花坛中心创建一个圆柱体，半径为 4m，高度为 0.6m，如图 18-183 所示。对该圆柱体进行再加工，制作成左右两个花池和台阶，如图 18-184 所示。

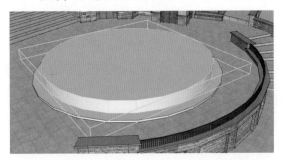

图　18-183

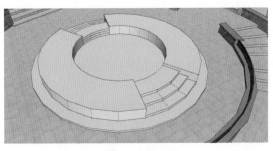

图　18-184

❹ 复制花坛的底座，隐藏花池、台阶和原花坛的底座部分。创建一个圆形的小花坛，使用布尔运算的拆分命令，用花坛底座的模型，将小花坛拆分成两个部分，如图 18-185 所示，删除重叠的部分并显示出所有模型。

图　18-185

❺ 使用缩放工具拉升小花坛至花坛中第二级台阶的高度，利用偏移工具和推拉工具制作小花坛的厚度并复制 3 个，如图 18-186 所示。

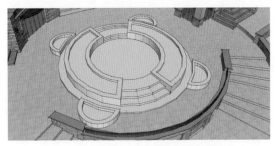

图　18-186

❻ 创建花坛中心雕塑的底座，将花坛的所有模型组成一组，适当缩放模型到合适的大小，如图 18-187 所示。

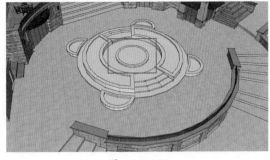

图　18-187

18.5.2　中心雕塑模型的创建

这里先隐藏所有模型，然后再开始创建花坛中心雕塑模型。

❶ 创建一个正方体，在一个面绘制随机的直线。删除不需要的部分，制作镂空的效果，再删除不需要的线条和其他几个面，结果如图 18-188 所示。

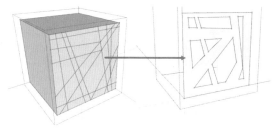

图　18-188

❷ 将这个面复制给其他六个方向，并使用推拉工具推拉出一定厚度。复制并使用旋转和缩放工具向上叠加单个立方体，如图 18-189 所示。

图　18-189

❸ 显示出其他模型，并将雕塑放置在花坛的中心，如图 18-190 所示。

图　18-190

18.5.3　休闲座椅的创建

为了给人们打造一个可以休憩的环境，在花坛的周围设计木质长椅。

❶ 隐藏所有模型，开始座椅的创建。这里将创建一个木质带靠背的座椅模型。使用矩行工具和推拉工具制作座椅和靠背的模型，如图 18-191 所示。

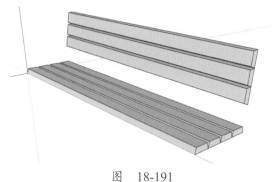

图　18-191

❷ 在侧面的平行投影镜头模式下，创建椅子腿部和支撑结构。使用推拉工具推拉出厚度，再复制两个并等距离排列，如图 18-192 所示。

图　18-192

❸ 将座椅放置在花坛的周围，如图 18-193 所示。在填充材质之前，大家可以发挥创造力为花坛模型添加一些细节，这样可以让画面更加丰富。

图　18-193

18.5.4　入口花坛模型材质的填充

本小节将为花坛填充材质，为了突出花坛从里到外的层次关系，这里分别使用了 3 种材质。

❶ 如图 18-194 所示，为花坛的不同区域填充不同的石材。这些材质都在练习文件夹中，可以直接载入。在填充过程中，注意适当调整贴图的大小。

图　18-194

❷ 继续填充 4 个小花坛的材质，如图 18-195 所示。现在花坛里没有放置任何植物的模型，植物的模型将在后期制作中加入。

图　18-195

18.5.5　中心雕塑模型材质的填充

花坛中心雕塑为重复的几何体重叠而成，因为有大小和旋转角度的变化，所以有统一而不枯燥的感觉。

下面将为花坛中心的雕塑填充材质，首先制作 3 个不同颜色的油漆材质，如图 18-196 所示。为每个材质都添加反射属性，都使用菲涅耳反射，渲染效果如图 18-197 所示。

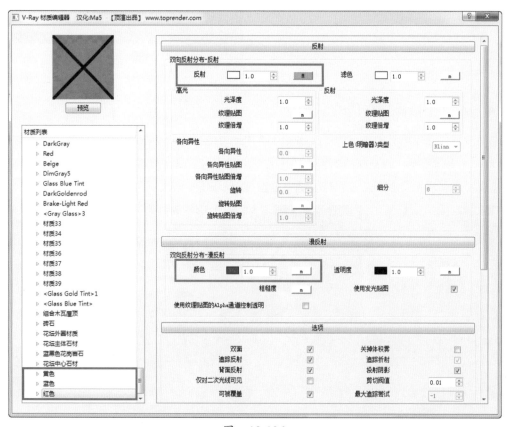

图　18-196

图　18-197

18.5.6 休闲座椅材质的填充

这里的座椅材质以木材和不锈钢为主，是公园中最常见的一种座椅。

1. 为休闲座椅填充材质。座椅的主体部分为木材，腿部和其他支撑结构为不锈钢材质。可以使用练习文件夹中的"座椅木材"和"不锈钢"预设材质为其对应部位填充材质，如图 18-198 和图 18-199 所示。

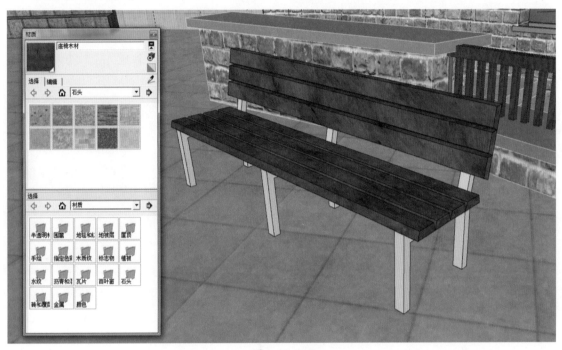

图　18-198

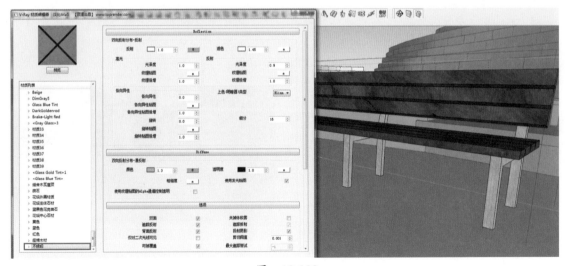

图　18-199

❷ 将视图转换到图 18-200 中，并新建"场景
1"。打开"V-Ray 渲染设置"对话框，单
击"输出"卷展栏，单击"2048×1536"
按钮，再单击"获取视口长宽比"按钮，
渲染效果如图 18-201 所示，将渲染图像存
储为 PNG 格式，命名为"渲染图 .png"。

图　18-200

图　18-201

18.5.7　图像的合成

接下来，将渲染好的图像在 Photoshop 中
进行后期处理。

❶ 使用 Photoshop 打开已经渲染完成的图像，
用裁剪工具适当加大画布的高度，并利用
练习文件夹内的"天空 .jpg"为其添加山
脉和天空的背景。新建图层，在山脉上使
用白色柔边画笔绘制，并降低该层透明度，
使用这种方法可以夸大空间的距离感，如
图 18-202 所示。

图　18-202

❷ 使用 Photoshop 中的蒙版功能，利用练
习文件夹中的"草地 .jpg"为花坛和周
围绿化带添加草地的图像，适当降低草地
的明度和饱和度，图像效果如图 18-203
所示。

图　18-203

❸ 打开练习文件夹中"花坛花朵 .psd"，
将花朵图像拖动至花坛位置，为花坛添
加花朵等植物，在制作过程中注意巧用
Photoshop 的蒙版功能，效果如图 18-204
所示。

图　18-204

❹ 利用练习文件夹中"人物 .psd"素材，为
场景添加人物，人物可以做半透明处理，

以突出景物为主。在制作过程中要注意为
人物添加投影，并注意投影方向需与建筑
物投影方向一致，如图 18-205 所示。

图 18-205

18.5.8 图像的调色

下面，开始为图像进行调色。关于到底什么色调最佳，没有硬性标准，大家可以根据项目的
需要或自己的偏好进行调色。

① 将所有图层组合到一个图层组，然后添加"颜色查找"调整图层，找到一个心仪的 3DLUT
调色预设，这里选择"FallColors.look"预设，效果如图 18-206 所示（欲获取更多预设效果，
欢迎到"设计软件通"下载，网址为 www.sjrjt.com）。

图 18-206

② 新建一个黑色智能对象图层，为其添加光照效果滤镜，如图 18-207 所示。将图层混合方式设
为"颜色减淡"模式，效果如图 18-208 所示。

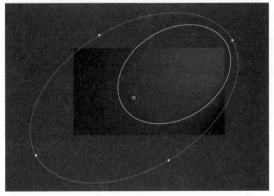

图 18-207

图 18-208

③ 新建"曲线"增加画面对比度，再新建"色相/饱和度"图层，适当降低画面的饱和度，效果如图 18-209 所示。

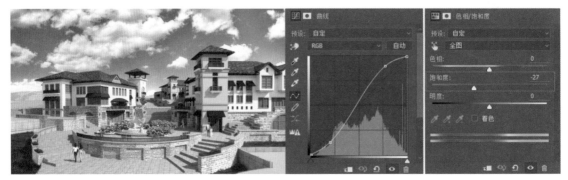

图　18-209

④ 利用练习文件夹中"前景树 .png"素材添加前景树，最终效果如图 18-210 所示。

⑤ 可以使用类似的方法，制作其他角度的效果图，图 18-211 所示为鸟瞰图的效果。

图　18-210

图　18-211

18.6　室内综合案例

在这个室内综合实例中，将重点讲解室内场景的创建和渲染过程。

18.6.1　房屋框架的创建

这一小节，将通过一张平面图来制作墙体模型。

① 将练习文件中的"平面图 .jpg"导入 SketchUp 中，如图 18-212 所示。

② 根据平面图绘制墙体平面，并将其推拉 2.5m 的高度，墙面材质统一设置为灰色，如图 18-213 所示。墙体创建完毕后，使用推拉工具和线条工具制作图 18-214 所示的

窗口和门洞。

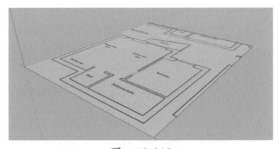

图　18-212

③ 为了防止将来渲染时有漏光效果，可以先使用推拉工具为底面创建厚度，如图 18-215 所示。然后使用线条工具封闭模型的底面，如图 18-216 所示。

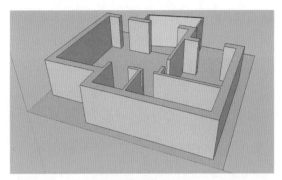

图 18-213

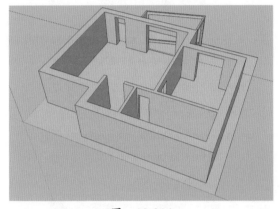

图 18-214

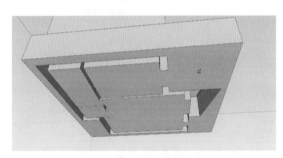

图 18-215

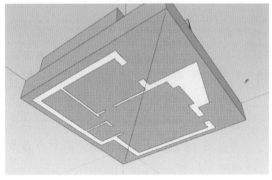

图 18-216

❹ 为了避免将来渲染时，屋顶漏光，也使用
线条工具先封闭顶面的开口，将其组成一
组，如图 18-217 所示。再使用推拉工具将
其推拉出一定的厚度，如图 18-218 所示。

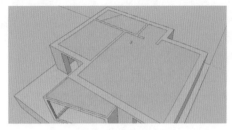

图 18-217

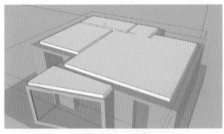

图 18-218

❺ 选择图 18-219 所示周边的面，将其推拉制
与顶面同高，如图 18-220 所示。

图 18-219

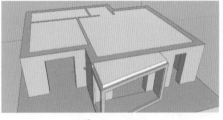

图 18-220

❻ 接下来创建门和窗户的模型，如图 18-221
所示，具体的步骤参看视频教程。

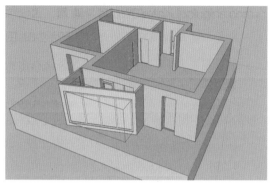

图 18-221

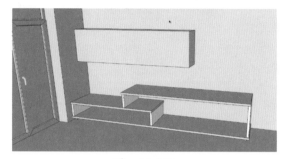

① 使用线条工具、矩形工具和推拉工具制作图 18-222 所示的电视柜和橱柜。

图 18-222

18.6.2 橱柜和茶几的创建

这一小节将学习如何配合使用 SketchUp 自带的工具和三维倒角插件制作橱柜和茶几的模型。

② 创建柜子的门，这里可以使用三维倒角插件，为所有转折处创建倒角效果，如图 18-223 所示。

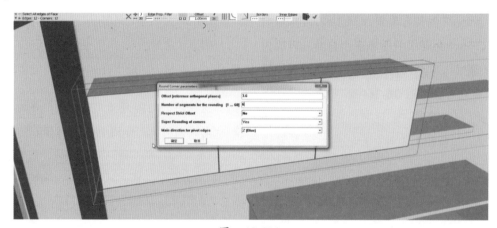

图 18-223

③ 创建茶几的模型，如图 18-224 所示，并为模型的每个转角都制作倒角效果。

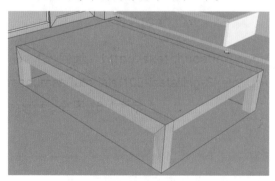

图 18-224

18.6.3 沙发和靠垫的创建

这一小节将学习如何使用 SketchUp 的自带工具和高级细分等插件制作沙发和靠垫的模型。

① 创建一个立方体，将其组成一组，使用 Artisan（高级细分插件）工具栏的切割表面（Knife Subdivide）工具 ，对立方体做图 18-225 所示的切割，来划分沙发座垫。

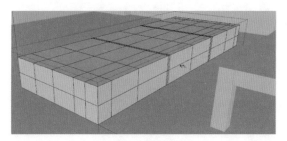

图 18-225

② 选择中间的一条边线，将其向外移动，如
图 18-226 和图 18-227 所示。再选择上面的
一圈边线，向下方移动，如图 18-228 所示。

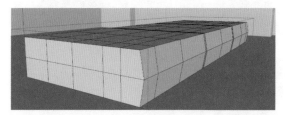

图 18-226

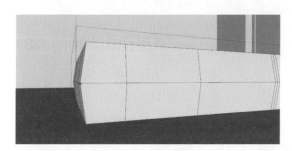

图 18-227

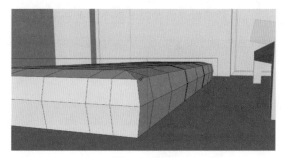

图 18-228

③ 选中立方体的所有面，单击"细分所选"按钮
，再使用柔化边线命令，将法线之间的
角度调整为 6°，模型效果如图 18-229 所示。

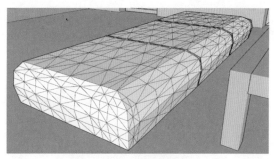

图 18-229

④ 同理，创建一个图 18-230 所示的沙发靠
背。使用自由缩放插件（Fredo Scale），把靠
背折弯，效果如图 18-231 所示。

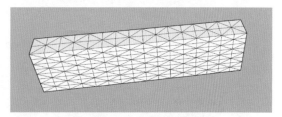

图 18-230

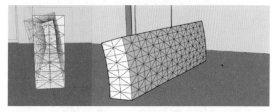

图 18-231

⑤ 将沙发靠背向上移动，放置在座垫旁边，
效果如图 18-232 所示。

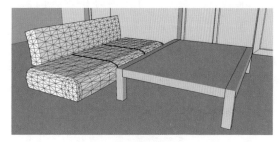

图 18-232

⑥ 创建图 18-233 所示的沙发扶手，使用圆弧
工具绘制扶手的倒角，并使用推拉工具将

突出的部分删除。将创建出的扶手移动复制到沙发的两边，如图 18-234 所示。

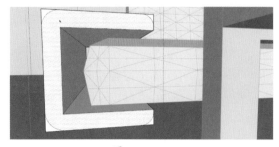

图　18-233

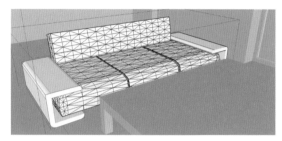

图　18-234

❼ 创建靠垫。首先制作一个图 18-235 所示的立方体，使用三维倒角插件为其制作倒角。

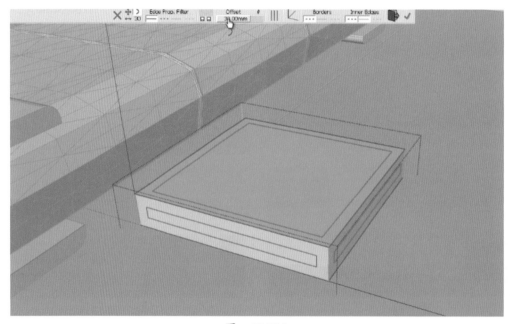

图　18-235

❽ 倒角制作完成后，使用柔化边线命令，将其法线之间的角度设为 0°，可得到图 18-236 所示的效果。在其侧边绘制两个矩形，如图 18-237 所示。

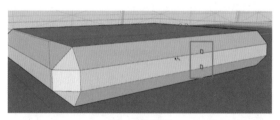

图　18-237

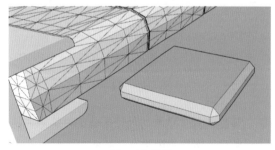

图　18-236

❾ 使用跟随路径工具，结合刚刚绘制的矩形，制作靠垫的边缘，如图 18-238 所示。选中靠垫，单击"细分所选"按钮细分模型，使用柔化边线命令，将法线之间的角度调整为 0°，效果如图 18-239 所示。

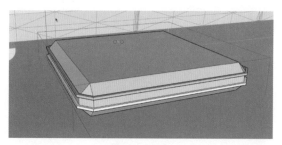

图　18-238

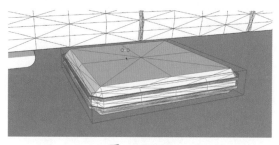

图　18-239

⑩　选择靠垫中的所有面和边，单击高级细分
插件的"细分光滑工具"按钮，为靠垫
执行细分光滑，效果如图 18-240 所示。使
用自由缩放插件，为靠垫做弯曲效果，如
图 18-241 所示。

图　18-240

图　18-241

⑪　使用雕刻插件，随机对靠垫起伏做一些修改，
让靠垫形状更加自然一些，如图 18-242 所
示。复制两个沙发靠垫，放置在沙发靠背
上，放的时候可以使用旋转工具适当旋转
模型，不要排列太整齐，要自然一些，如

图 18-243 所示。

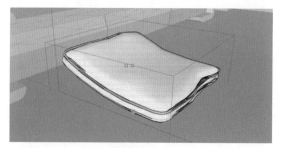

图　18-242

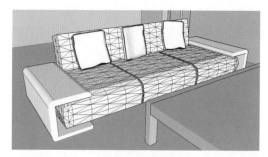

图　18-243

18.6.4　饰品的创建

这一小节学习如何为房间创建一些装饰
品，如小鸭子、书、蜡烛、盘子等。

❶　导入练习文件夹中鸭子的参考图，使用线
条工具、圆工具和圆弧工具，绘制鸭子的
截面图形和旋转路径，如图 18-244 所示。
使用跟随路径工具，旋转出鸭子的身体部
分，如图 18-245 所示。

图　18-244

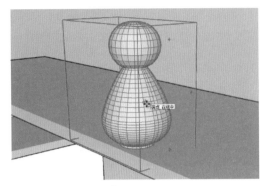

图　18-245

❷ 创建鸭子的眼睛。制作一个圆柱体，放在眼睛的位置，如图 18-246 所示。全部选中两个模型，执行"编辑 > 相交（平面）> 与选项"命令，删除不需要的面和线，效果如图 18-247 所示。

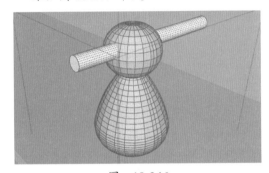

图　18-246

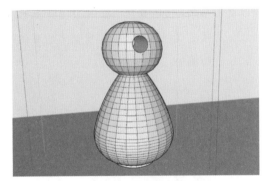

图　18-247

❸ 创建一个圆柱体，并且使用缩放工具缩小顶面，得到图 18-248 所示的效果。

❹ 使用缩放工具将圆柱体适当缩小并压扁，放置在鸭子嘴部的位置，再复制两个鸭子

放置在隔板上，如图 18-249 所示。

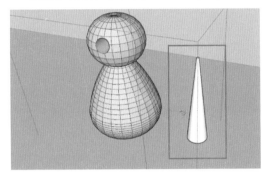

图　18-248

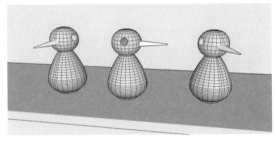

图　18-249

❺ 使用线条工具、矩形工具和推拉工具创建出书的模型，如图 18-250 所示。选中书模型的边缘转折处，为其做倒角，如图 18-251所示。

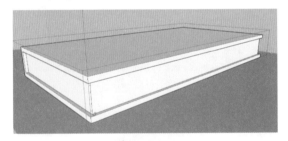

图　18-250

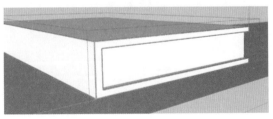

图　18-251

⑥ 绘制一个正方形，使用偏移工具向内偏移一段距离，选择边缘的线向上抬起，如图 18-252 所示。接着，将其复制一个并向上提升一段距离，这段距离就是盘子的厚度，如图 18-253 所示。

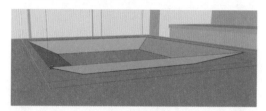

图　18-252

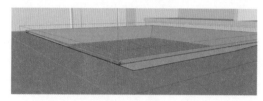

图　18-253

⑦ 使用线条工具连接两个盘子，如图 18-254 所示。单击"细分所选"按钮，再将软化边线的角度设为 0°，接着单击"细分光滑"按钮，就得到了一个圆润光滑的盘子，如图 18-255 所示。

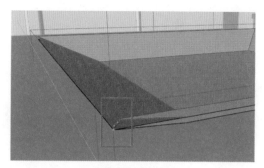

图　18-254

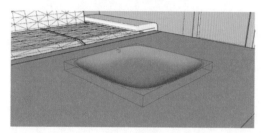

图　18-255

⑧ 制作蜡烛的模型。先创建一个图 18-256 所示的圆柱体。

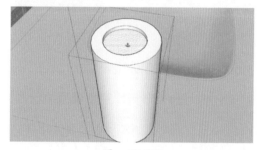

图　18-256

⑨ 绘制一根图 18-257 所示的路径，使用"路径成管"插件创建蜡烛的芯，如图 18-258 所示。

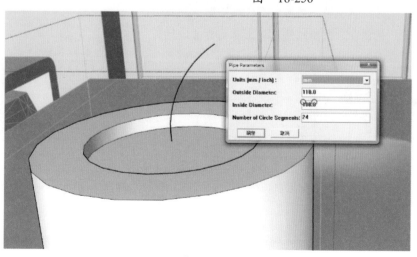

图　18-257

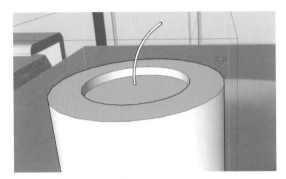

图　18-258

⑩　将蜡烛放置在盘子上，之后再复制一个，适当缩小并旋转放置蜡烛的方向，如图 18-259 所示。

图　18-259

18.6.5　电视机的创建

这一小节将介绍一些家电模型的创建方法，例如电视机、落地灯等。

❶　导入练习文件夹中灯的图片素材，依照图片绘制模型半边的轮廓，再绘制一条圆形的路径。使用跟随路径工具制作落地灯的模型，如图 18-260 所示。

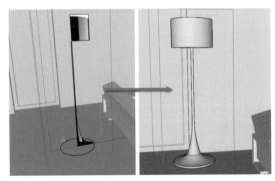

图　18-260

❷　在灯罩的顶部使用偏移工具绘制一个圆形，并使用推拉工具将其镂空，将落地灯的所有转折处都做倒角处理，如图 18-261 所示。这样，就完成了落地灯的创建。

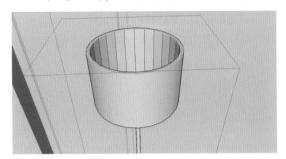

图　18-261

❸　制作电视机的模型。首先使用推拉工具绘制出屏幕部分，如图 18-262 所示；接着，使用偏移工具将边框与屏幕分离并向内推拉出分割带，如图 18-263 所示。

图　18-262

图　18-263

❹　在电视机的背部偏移出一个面，并将其向外侧移动，如图 18-264 所示；使用圆形工具、推拉工具和缩放工具制作电视机的底座，如图 18-265 所示。

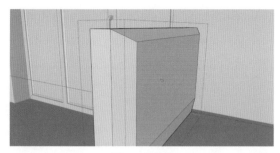

图　18-264

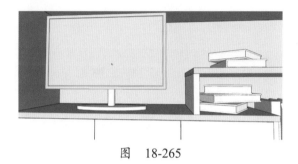

图　18-265

18.6.6　植物的创建

本小节将介绍如何制作植物的方法，读者学会后可以举一反三制作各种植物的模型。

❶ 使用矩形工具和推拉工具创建一个圆柱体，再使用缩放工具放大圆柱体的顶面，将其组成一组，如图 18-266 所示。

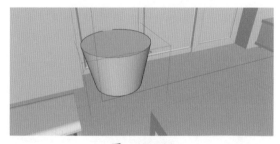

图　18-266

❷ 使用偏移工具在顶面偏移出一个圆形，向下推拉，结果如图 18-267 所示；为转角做倒角处理，并且封闭顶面，使用线条工具绘制一个垂直于该顶面的四边形，如图 18-268 所示。

图　18-267

图　18-268

❸ 在该面上使用圆弧工具绘制植物的主干，如图 18-269 所示；绘制完成后，删除不需要的面和线，效果如图 18-270 所示。

图　18-269

图　18-270

❹ 制作一个平面，并填充练习文件中叶子的图片作为材质纹理，如图 18-271 所示。在矩形上绘制一些切割线，并将中间的面向

上移动，如图 18-272 所示。

图　18-271

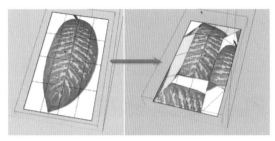

图　18-272

❺　使用之前学过的转角贴图技巧，调整叶子
上不同面的贴图。将叶子的模型创建成组
件，通过旋转复制的方法，制作其他的叶
子。在复制过程中，可以适当缩放叶片，
尽量让叶片感觉是随机分布的。最后，使
用跟随路径工具制作主干的模型，效果如
图 18-273 所示。

图　18-273

❻　修改叶子模型的材质，为叶子的反射
添　加"LeavesTropical0216_1_STrans.
jpg"；为叶子的漫反射透明度添加
"LeavesTropical0216_1_STrans.jpg"；为
叶子的凹凸添加"LeavesTropical0216_1_

SBUMP.jpg"，以上图像可在练习文件中
找到，反射值设为 0.7，如图 18-274 所示。

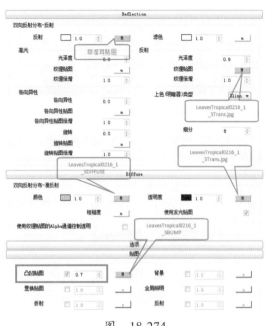

图　18-274

❼　至此，室内模型的建模方法已经讲解完
毕，剩余的模型如画框、取暖器和地毯等，
希望大家可以尝试自行创建，也可以观看
视频教程中的详细步骤来学习。这里要注
意的是画框内部要创建两层模型，外层是
玻璃，内层用于填充照片，最终效果如图
18-275 所示。

图　18-275

18.6.7　渲染的设置

　　V-Ray 不仅可以很好地表现室外光影效果，
也适合用于室内场景的渲染。本小节将介绍使

用 V-Ray 渲染室内的场景技巧。

❶ 打开练习文件夹中的"22 渲染参数的设置 .skp"文件，如图 18-276 所示，这里已经将沙发的底座与靠背做了细分光滑，并为模型填充好了材质，材质的填充方法在前面课程中已经有充分的讲解了，这里不再赘述，大家可以使用本练习文件，也可以自行填充完自己喜欢的材质后再进行渲染的学习。

图 18-276

❷ 选中窗户和门的玻璃模型，将其隐藏，打开 V-Ray 参数面板，单击"恢复到默认值"

按钮 ⚫，如图 18-277 所示，让所有参数恢复到默认值。

图 18-277

❸ 渲染场景，用默认参数渲染场景的效果，如图 18-278 所示。可以看到，场景非常暗，这是因为外面的太阳光不能完全照射进来，而且室内也没有其他光源。

❹ 打开 V-Ray 参数面板，单击"环境"卷展栏，将全局光的倍增值调整为 20，再次渲染，效果如图 18-279 所示。

图 18-278

图　18-279

⑤　场景明显亮了很多，但仍然较暗。在
　　V-Ray "相机" 卷展栏中将 "快门速度"
　　设为 80，如图 18-280 所示，进一步提亮
　　场景。现在墙面上有很多斑块的效果，这
　　是因为渲染数值设置品质较低，可做如图
　　18-281 至图 18-283 所示的调整。

图　18-281

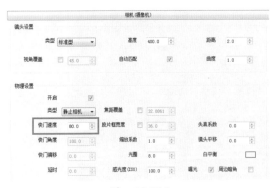

图　18-280

图　18-282

图 18-283

图 18-284

图 18-284 所示, 渲染效果如图 18-285 所示。

❻ 单击"输出"卷展栏, 先单击"800×600"按钮, 再单击"获取视口长宽比"按钮, 如

图 18-285

❼ 可以看出现在的渲染品质已经有了明显提升, 继续提高灯光缓存的细分值至 1 500, 如图 18-286 所示; 将发光贴图的半球细分设为 200, 如图 18-287 所示; 图像采样器颜色阈值设为 0.002, 如图 18-288 所示。单击"输出"卷展栏, 先单击"1280×960"按钮, 再单击"获取视口长宽比"按钮。

❽ 单击渲染按钮, 效果如图 18-289 所示。在渲染面板中, 单击保存按钮, 保存渲染的图像到桌面, 命名为"渲染图", 格式为 JPG。此时, 桌面上会存有两个文件, 一个是"渲染图 .jpg", 另一个是"渲染图 .Alpha.jpg"。

图 18-286

图 18-287

图 18-288

图　18-289

18.6.8　Photoshop 后期的制作

　　本小节为大家介绍如何用 Photoshop 进行
后期处理，以提升效果图的视觉效果。

❶　在 Photoshop 中打开"效果图 .jpg""山 .jpg"
　　和"渲染图 .Alpha.jpg"。将"效果图 .jpg"
　　的背景层转为智能对象。创建"曲线"调整
　　图层，如图 18-290 所示，适当增加场景的
　　亮度，结果如图 18-291 所示。

图　18-291

❷　创建"颜色查找"调整图层，使用"Fuji
　　F125 Kodak 2393"3DLUT 的预设，如图
　　18-292 所示，并将该层的不透明度设为
　　50%，图像效果如图 18-293 所示。

❸　将练习文件夹中的"山 .jpg"复制到图像中，
　　适当缩放，并使用"渲染图 .Alpha.jpg"
　　作为该层的蒙版，将该层转为智能对象。
　　创建一个曲线调整图层，将该智能对象作
　　为曲线调整图层的剪切蒙版，调整曲线，
　　让背景更亮，将山和曲线调整图层效果转
　　为智能对象，如图 18-294 所示，图像效果

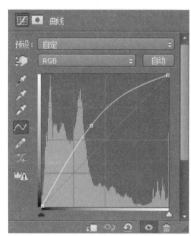

图　18-290

如图 18-295 所示。

图 18-292

图 18-293

图 18-294

图 18-295

④ 创建一个色相／饱和度调整图层，让曲线2图层作为它的剪切蒙版，如图 18-296 所示。背景的饱和度设为 -60，如图 18-297 所示。降低山的饱和度，如图 18-298 所示。

图 18-296

图 18-297

图 18-298

⑤ 为画面添加一些柔光效果。将所有图层组

成一组，并按 Ctrl+J 快捷键复制该组，将复制出的组转换为智能对象。为该智能对象添加"高斯模糊"滤镜，半径设为 6 像素，如图 18-299 所示。将层的混合方式设为柔光，不透明度设为 50%，如图 18-300 所示，这样可以获得一种柔和的光线效果，如图 18-301 所示。

图　18-301

⑤ 为"曲线 2"图层添加高斯模糊的滤镜，半径设为 1 像素，模糊山脉的图像，最终效果如图 18-302 所示。

图　18-302

图　18-299

图　18-300

番 外 篇

　　读者要放开思路，SketchUp 本质是一个三维建模软件，主要用于室内、建筑、景观设计。与其他三维软件相比，其体量小、容易上手，但是不适合创建有机体或曲面过多的模型。

　　学会了 SketchUp 以后，在从事一些信息图表、图标设计、标志设计、字体设计和广告设计时，如果需要加入一些三维元素，其实都可以用 SketchUp 来辅助作品的制作。以下为一些包含三维元素的广告设计作品和字体设计作品。

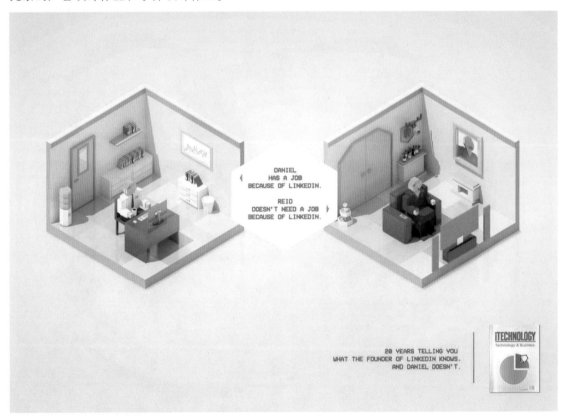

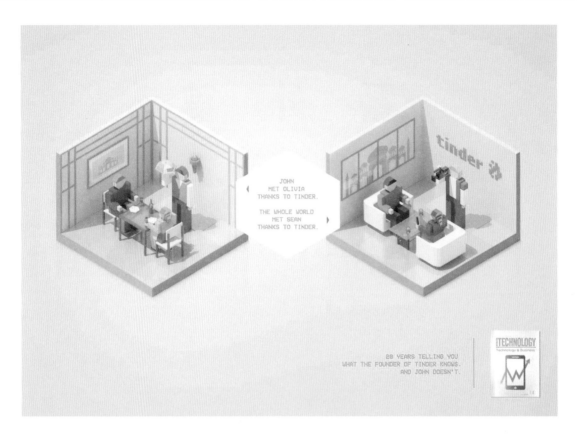

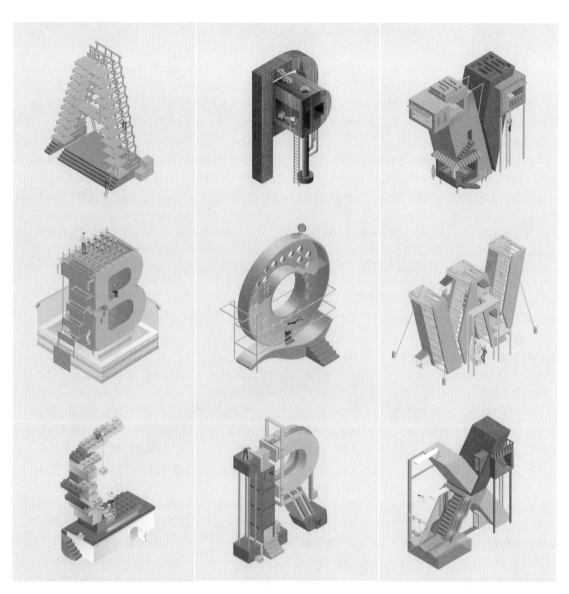

　　当然要制作出吸人眼球的作品，仍然需要比较娴熟的 Photoshop 技能，在设计软件通的官网（www.sjrjt.com）为读者提供了国内重量级的 Photoshop 系列教程和图书，希望可以帮到有需要的读者。

延伸阅读　　　AutoCAD 2017 从入门到精通

全书分为5篇，共14章。第1阈值篇为基础入门篇，主要介绍 AutoCAD 2017 阈值的安装与配置软件及图层等；第2篇为二维绘图篇，主要介绍绘制二维图、编辑二维图、绘制和编辑复杂对象、文字与表格，以及尺寸标注等；

第3阈值篇为高效绘图篇，主要介绍图块的创建与插入及图形文件管理操作等；第4阈值篇为三维绘图篇，主要介绍绘制三维图、三维图转二维图及渲染等；第5阈值篇为行业应用篇，主要介绍绘制东南亚风格装潢设计平面图与城市广场总平面图设计。

在本书附赠的 DVD 阈值多媒体教学光盘中，包含了16阈值小时与图书内容同步的教学录像及所有案例的配套素材文件和结果文件。此外，还赠送了大量相关学习内容的教学录像及扩展学习电子书等。为了满足读者在手机和平板电脑上学习的需要，光盘中还赠送龙马高新教育手机 APP 阈值软件，读者安装后可观看手机版视频学习文件。

本书既适合 AutoCAD 2017 阈值初级、中级用户学习，也可以作为各类院校相关专业学生和电脑培训班学员的教材或辅导用书。

简要目录